谢普◎编著

GANYUMENGXIANG

敢于梦想

我们因梦想而伟大，所有的成功者都是大梦想家：在冬夜的火堆旁，在阴天的雨雾中，梦想着未来。有些人让梦想悄然绝灭，有些人则细心培育、维护，直到它安然度过困境，迎来光明和希望，而光明和希望总是降临在那些真心相信梦想一定会成真的人身上。——威尔逊

中华工商联合出版社

图书在版编目(CIP)数据

敢于梦想 / 谢普编著. — 北京 : 中华工商联合出版社, 2013.7
ISBN 978 - 7 - 5158 - 0583 - 2

Ⅰ. ①敢… Ⅱ. ①谢… Ⅲ. ①成功心理 - 青年读物②成功心理 - 少年读物 Ⅳ. ①B848.4 - 49

中国版本图书馆 CIP 数据核字(2013)第 153472 号

敢于梦想

作　　者:谢　普
策 划 人:隆利新　李斌勇
责任编辑:王　静　熊　娟
责任审读:郭敬梅
责任印制:迈致红
出版发行:中华工商联合出版社有限责任公司
印　　刷:北京海德伟业印务有限公司
版　　次:2013 年 11 月第 1 版
印　　次:2013 年 11 月第 1 次印刷
开　　本:710mm × 1020mm　1/16
字　　数:260 千字
印　　张:18.5
书　　号:ISBN 978 - 7 - 5158 - 0583 - 2
定　　价:35.00 元

服务热线:010 - 58301130
销售热线:010 - 58302813
地址邮编:北京市西城区西环广场 A 座 19 - 20 层,100044
http://www.chgslcbs.cn
E - mail:cicap 1202@ sina.com(营销中心)
E - mail:gslzbs@ sina.com(总编室)

前　言

梦想是石，可以敲击出星星之火，帮你点燃心中的灯；梦想是灯，能够照亮夜航的路。世间万物都有自己的梦想，花儿的梦想是开放出多姿的花朵，鸟儿的梦想是建造坚固的巢穴，而我们的梦想是成为对社会有用的人。

没有梦想的人生一定是苍白的。人一旦有了梦想，将会甘愿奉献出自己的一生去为之奋斗，不断充实自己的人生。只要有了梦想，你就要坚定不移地去实现它。只有这样，你才会离梦想越来越近，当功成名就之时，当梦想变成现实之时，自己的精神境界就会提升，自己的人生价值才能得以实现。这样的一生，不会是碌碌无为的一生。走在实现梦想的道路上，你才是一个胜利者，成功者，才是真正登上“珠穆朗玛峰”的人，才会满眼星光，迎着朝阳唱凯歌。

只要有坚定的信念，努力奋斗，勇往直前，相信你将会一步一步地到达理想的境界！如果人生是一首优美的乐曲，那么，梦想则是必不可少的音符。有了梦想，人生才会精彩，才会有价值。如果说人生是一望无际蔚蓝的天空，那么，梦想则是一朵朵飘浮的白云。天空正因为有了白云，才会变得多姿多彩。

那么，梦想到底是什么呢？梦想对于现在的你来说，也许还仅仅是一张纯白的纸，需要你来点缀、丰富，并不断地探索。

有一首歌唱得好：人生就像走一条属于我们自己的路，未知前方有着多少崎岖，有着多少迷雾，只要自己坚定信念，决不放弃自己的梦，哪怕前方的路再苦，都要坚定信念决不放弃。

有了梦想，还要不断拼搏进取，才能实现远大的人生目标。马云就是这样一个不断定目标，敢定目标，而且总能实现目标的人。他的故事，多多少少能给我们一点启发：也许我们没办法拥有他那样的智慧和才能，但我们可以和他一样常有梦想和目标，对自己的未来常有期望。用他的话说，就是：人应该要有想法，而且要敢于想，只有这样才会成功。天下无难事，只怕有心人。在实现梦想的道路上有很多事情需要我们不断努力，也有很多困难需要我们不断克服。当我们知道该做些什么，并且努力去做了，梦想就不再遥远。

儿时我们都曾有梦想，可随着年龄的增长，梦却变远了，甚至我们不敢再有梦想。未来不是梦，可是连梦都没有的未来会是什么样？你可曾写出过自己的梦想？你还愿再带着梦想上路吗？一艘没有航行目标的船，任何方向的风都是逆风，你的船会驶向哪里？一个明晰自己前行方向的人，自然会想方设法找到前进的道路。请记住丘吉尔的名言：“我没有路，但我知道前进的方向。”

目　录

第一章　梦想点亮人生

第二章　想象与梦想激发无限潜能

第四章　正确把握人生道路

第五章　稍作改变,提升梦想

第六章　细节催开梦想之花

第七章　掌控心智,实现梦想

第八章　阳光心态助你实现梦想

第九章　放飞梦想的心灵

第十章 青春不追梦,枉作少年时

第十一章　面对未来，给自己一个梦想

第一章 梦想点亮人生

有了梦想就去实现

中专毕业后，他去了深圳打工。不到半年的时间，他就凭借着个人的勤奋和超强能力，成为一名管理人员，每月能挣到 5000 元。那时他才 17 岁，可他并不满足，为了大学梦，他放弃了优越的工作条件，回到家乡复习功课，准备参加当年的高考。可是没想到的是，居然没有一所学校愿意接纳他，因为他没读过高中，所有人都认为他考不上大学，会影响学校的升学率。后来好不容易有个学校收了他，可是，第一次月考他考了全班倒数第二，但他毫不气馁，依然刻苦努力。第二次月考，他升到全班第一，第三次已经是全市第一。一个学期后，他成为当地 15 年来的第一个清华大学的学生！

大学毕业后，他进了一家报社做财经记者。凭着勤奋好学，仅仅用了 4 个月，他就成为报社最出色的记者之一。有一天，他看到一个同事正在埋头苦干，那位同事 30 多岁了，每天和自己做同样的事，有时工作业绩还不如自己，他忽然想，再过 10 年，自己不就也成了这样吗？这与他的梦想相差太远，他那颗年轻的心又躁动起来。他决心去创业，经过几个月的准备，他写出了第一份商业计划书。可是光有创意没有资金，等于是纸上谈兵，他又开始主动出击，寻找风险投资。

一天，听说雅虎创始人杨致远要来，他兴奋得一夜没睡好，心想天赐良机，明天就去堵杨致远，管它成功与否，先堵住了再说。他是记者，很容易就进了会场，却始终找不到机会与杨致远单独交谈。直到散会，看到杨致远进了电梯，他才一个箭步冲了进去，不管三七二十一，先按了电梯的关门按钮。杨致远猝不及防，急得大叫："我的同事还没进来呢！"可是门已经关上了。这时，他拿出了计划书，杨致远这才恍然大悟，接过计划书看了看，然后给了他一张名片，说："我回头看看再答复你。"他满怀憧憬地回去等待答复，可是左等右等，几个月过去了，始终没有等来回音。

梦想的大门未能打开，记者还得继续做下去。不久，他参加了一个科博会，记者们都争着向那些海归名流提问，唯独有一个人在台上坐冷板凳。那是个民营企业家，当时名气不是太大，没人向那个企业家提问，那个企业家只好一言不发地在那儿干坐着，样子颇为尴尬。他觉得应该帮帮人家，于是接连向那个企业家提了好几个问题，替其解了围。散会后，企业家心怀感激，主动找他聊天。

他向企业家谈起了自己的创业梦想，企业家看了他的计划书说："创意不错，就冲你这个人，我给你投1000万元！"他兴奋不已。可那毕竟不是个小数目，还得经过董事会讨论，几天后的董事会上，企业家请来了大批专家论证。会议结束，企业家告诉他："我们认为你这个人很不错，但是很遗憾，董事会经过慎重考虑，认为你这个项目风险太大。""我做了充分准备，对这个项目很有信心……"他不甘心看着机会从眼前溜走，试图做最后的努力，可是董事会的决定无法改变。

回去的路上，他的手机忽然响了，是企业家打来的："我决定给你100万元——你这个项目风险确实太大，但是你这个人没有风险！"第二天，他收到了第一笔风险投资，从此他的梦想被插上了翅膀。那个企业家就是远东集团董事长蒋锡培，他的眼光很准，这个年轻人的确没有风险。这个年轻人叫高燃，2004年创立Mysee直播网，当时年仅23岁，至今身价已过亿！

在常人眼里，高燃的成功就像一个传奇，但他说："如果我能最终成功，肯定是因为我有一个大的梦想，哪怕明知'不可为'，我也会用全部的精力去追求，至少不给人生留下遗憾。"

成功青睐每个有准备的人

每个人都有能力在现有的水平上使生活有所转机，做一个出类拔萃的人。抱有这样的态度就是成功的起点。"我能做"的态度——"胜利"的信念——将促使你达到目的。

要形成成功的信念，一定要有渴望成功的梦想，要让自己变得振奋、自信和热情，在屡受挫折之后，要有把这一切转化为成功的信念。在这方面，辛迪的经历值得每一个人借鉴。

辛迪在公司当兼职雇员，干得不错。后来，丈夫同她一起从事这一工作。然而不幸降临，女儿染上重病，房子起火，公司许多同事退职，而且经营处于停滞状态。家里的两辆轿车也卖掉了，钱花得一干二净。然而情况却越来越严重，母亲又突然生病。她让丈夫去照料母亲，自己回到家里（房子也要卖掉），却发现家里既没有吃的，也没有钱。如果换了别人，或许会永远认为那样的日子是生活中的灾难。但辛迪不是这样的！对于辛迪来说，这是她生活的转折点，是她决定驾驭自己的生活并取得成功的时刻。

丈夫回来后，他们便商量，他到外面去工作而辛迪从商。在不名一文、背着沉重债务的情况下，他们重新开始了工作。一点一点地，一天一天地，一次还一点债，他们终于熬过来了。现在，辛迪在某一繁荣的商业领域任总经理。

是什么力量促使辛迪重新振作起来？是渴望成功的梦想，是不甘失败的决心，是不找借口开脱的决定。在梦想的激励下，她发现了自己成为成功者的能力，甚至当社会的每一个标准都表明她是彻底的失败者的时候，她有了动力而且坚持到底，直至最后取得成功。

147，我的梦想

1994年9月1日，和小伙伴一样，我高高兴兴地背上书包，迈进学校的大门。

学校的一切对我来说都是新鲜的，新的环境，新的伙伴。说到学习，一年级和二年级的时候，我的成绩还可以，每次考试最起码是个中上等，得过一次三好学生。小学的主要学科是语文和数学，我数学比语文学得好一点。数学好的人脑子聪明，我想，我的台球之所以打得好，也有这方面的原因吧。打台球需要计算，包含了数学领域里面的三角、几何等。

到了三年级以后，有件事在我心目中超过了上学，这就是打台球。当时，在有些人眼里，我简直是个坏典型，整天打台球，不好好上课，还经常旷课。这种话我听得多了，也就不在乎了。这真的不能怪他们，很多家长也是这样看我的。

大多数家长怕打球影响学习。这是肯定的。人的精力是有限的，球打得多了，学习的精力必然会分散；总是想着考试成绩，球也肯定不能打好。对我来讲，比起学习来，我更喜欢打台球。

一天，爸爸问我：“小晖，你喜欢打台球吗？”

“喜欢啊。”

爸爸简直是明知故问，可看他一本正经的样子，我又觉得他不是在开玩笑。

“如果让你一直打球，你能打好吗?”

“能。”

那时的我，并不知道爸爸正在为我的将来做规划。那时的我，也不懂什么“将来”、“职业”这些词的重要性，只是凭着第一反应回答他的问题。这是我的真心话。也就是这些话，决定了我以后的命运。

“那好，爸爸就让你打球。”爸爸说。

从那天开始，打球对我的意义就不同了。以前，我也几乎天天打球，但现在，打球多出了一份责任。

我每天上午去学校，下午去练球。学校的课程一般上午是语文和数学这样的主课，下午则是一些辅助课。别人上什么课，我也上什么课，不局限在语文和数学。不过，考试时，我只参加这两门考试。

学校对我们的做法当然有意见，老师不止一次地来家访。每次，爸爸都重复着他的立场。老师也有自己的立场，爸爸说服不了老师，老师也不可能改变我们父子的决定。这没什么错，老师一定要学生专心学习，因为那是他的工作。爸爸却要考虑一条最适合孩子的道路。

我天生就是个做台球选手的料儿，爸爸是这样认为的。老师却觉得，好好上学，将来一样有前途。他们谁也说服不了谁，而我半天打球半天上学的情况一直延续着，直到我离开宜兴，去了东莞。

告诉大家一个小秘密。我的作业本上，学号一栏总是填着147。大部分老师不知道这是什么意思，还以为我记错了学号，或者干脆就是成心捣乱。我真正的学号是多少，我从来就没记住过。

147，这三个普通的阿拉伯数字，对我来说，有着非凡的意义。那是台球比赛中单杆能打出的最好成绩，也是我一直努力的目标。自从我和爸爸之间有了那次郑重而严肃的对话，这三个数字在我心里的分量比其他任何东西都重得多。

不懈地追求你的理想

皮尔·卡丹生活在一个天天都要为吃饭穿衣而发愁的家庭里，可他对各式各样的服装十分感兴趣。

在他念中学的时候，由于贫困和父母年迈多病，皮尔·卡丹的父母再也无法维持这个家庭了。皮尔·卡丹不得不从中学退学去做工，他的选择是去裁缝店当小学徒。

由于他天资聪慧，加之勤奋好学，皮尔·卡丹的技艺很快就超过了师傅。他经常别出心裁地设计出一些新颖的样式，很受当地年轻小姐们的青睐，常常有人找上门来请他设计时装。他不仅白天当裁缝、搞设计，晚上还到一个业余剧团当演员，以便更好地观摩和研究各种新奇高雅、绚丽多彩的舞台服装，这对他未来的设计风格产生了深远的影响。

这时候的皮尔·卡丹在当地已小有名气。然而，他清楚地知道自己想要的是什么。他并不是要当一名制衣匠，他的梦想是成为一名“时装设计大师”。他下决心要去世界时装艺术中心巴黎闯荡一番。然而，初闯巴黎的尝试却失败了。

当时第二次世界大战刚刚拉开序幕，巴黎乌云密布，所有时装店都关了门。皮尔·卡丹随着逃难的人流，从巴黎流落到一个小城市，几经周折，总算找到一家服装店安定下来。几年以后，他又成了这家裁缝店里最出色的裁缝。虽然生计有了着落，皮尔·卡丹却越来越苦恼，他觉得在这里待得越久，离巴黎就越远。他不甘心自己的梦想变得越来越渺茫。

有一天，他遇到一位同样因战争流落到此的贵妇人。贵妇人对他身上高雅奇特的服装很感兴趣，听说这是皮尔·卡丹自己设计制作的之后，她更是十分惊讶。皮尔·卡丹向她述说了自己的苦恼和梦想，贵妇人不由得感叹说："孩子，你一定会成为百万富翁，这是命中注定的。"这预言更激起了他心中压抑已久的激情和愿望。皮尔·卡丹带着贵妇人提供的地址，再次来到巴黎。

他按那贵妇人提供的地址找到了巴黎爱丽舍宫对面街上的女式服装店，这是一家专为大剧院设计、缝制服装的颇有名气的服装店。凭着他高超的技术和对舞台服装的独到见解，老板毫不犹豫地收下了他。

在那里，皮尔·卡丹潜心于自己的工作中，对高级服装的制作有了更成熟的经验。

服装店开始为法国先锋派电影《美女与野兽》设计服装，皮尔·卡丹参与了这次设计制作。他为角色设计的一套刺绣绒服装使角色在影片中大放光彩，也使皮尔·卡丹一举成名，成为巴黎服装界引人注目的新星。

从此以后，皮尔·卡丹开始不断地激励自己去追逐和实现自己的梦想。他曾为当地最负盛名的时装大师夏帕瑞当过助手，也曾为被尊为时装界领袖的迪奥当过助手。终于，在1949年，他以自己多年的积蓄，办起了一家小公司。4年后，他的第一家服装店正式开张了。

皮尔·卡丹不仅要圆自己的梦，而且要使这个梦想日益完美，在他的生命中日益放射出夺目的光彩。他要以不断的创新，不停的标新立异来确立他作为一个最成功的时装设计大师的地位。

他设计的时装千姿百态、色彩鲜明，充满浪漫情调，很对巴黎人的口味，再加上配有音乐伴奏的时装表演，使他的时装更富有魅力。

他不失时机地提出了"时装大众化"的口号，把设计重点放在一般消费者身上，让更多的人买得起、穿得起。这个口号成了巴黎时装界的一个历史性的突破。皮尔·卡丹源源不断地推出风格高雅、质地适度、价廉物美的时装，并深受中产阶级妇女的欢迎。这使他的时装店天天门庭若市。

皮尔·卡丹大胆的甚至离经叛道的创举，招致了法国保守的时装界同行的攻击，他却依然我行我素，继续进行他的"时装革命"。他说：

“我已被骂惯了。我的每一次创新都被人抨击得体无完肤。但是那些骂我的人，接着就会去做我做过的东西。”

皮尔·卡丹在经营上也是新招迭出，令人目不暇接。他不遗余力地在全球拓展他的品牌和商业帝国的疆域。他的成功似乎永无止境……

五十步和一百步

中学的时候，我有一位画画的朋友。那时候我们常常凑到一起画静物水粉画，或者在星期天的时候跑到野外写生。那时候我们的愿望就是将来能够成为一名画家，最起码也要从事与美术相关的职业。

后来我们一起报考了美术师专，却分别在初试和复试的时候被淘汰，记得那段日子我们的心情很灰暗，仿佛世界已彻底抛弃了我们，一切都失去了意义。我们常常探讨的一个问题就是，要不要将画画继续下去？

后来由于种种原因，我们一起考上了一所职业高中，又一起毕业，分配到一个山区的酒厂。我们都做着和美术毫不相干的事，每天，两个人都累得腰酸背痛。现实与梦想差距太大，似乎我们只能够接受现实。

的确，那时我们已经不再外出写生，只是偶尔在宿舍里摆一组静物，动两下画笔。后来他终于连静物也不画了，他说他打算彻底放弃。我对他说：“难道你还想在这里干一辈子吗？”他说：“不是。”我说：“难道你不想找个和画画有关的工作，把爱好变成职业吗？”他说：“当然想，可是现在我们还有机会吗？”我说：“只要我们坚持画下去，或许就会有机会。”他说：“可是如果把画画的精力放在别的事情上面，比如攻读一下酿酒方面的专业书籍，难道不可以在这方面有所突破？”我说：“难道你喜欢酿酒？”他说：“不喜欢。可是没办法，好像现在只剩下这一条路了。”顿了顿，他无奈地说：“我被现实打败了。现在，我正在溃逃，你也是。”我说：“我承认我们现在的确被现实击败了，也的确是在溃逃。可是我们不能够败得太彻底，换句话说，我们不能够逃得太远。否则将来万一有了机会，我们也只能错过。”他笑了，说：“是这样。我彻底不画了，等于退了一百步；你和画画现在还藕断丝连，等于退了五十步。你听过五十步笑百步吗？其实我们都一样。”我说：“我听说过。但五十步和一百步肯定不一样，假如退五十步能够暂时摆脱困境，那么，我肯定不会退到一百步。退得越远，给自己将来的反击留下的机会就会越少。”他说：“你想反击吗？”我说：“难道你不想？”他想想，说：“我也想。可是我还是打算先在厂子里混个一官半职，然后想办法调出这个山区酒厂——我甘愿退到一百步，甚至更远。万一将来真有可以画画的机会，我再想办法就是了。”

就这样，朋友彻底告别了他的画板和颜料。而我在星期天时，仍然闷在宿舍里画静物。

三年后一家韩国独资服装厂公开招收服装设计，我意识到这是一个机会。得到消息的时候，距考试的日子只剩下一个星期。我把这个消息告诉朋友，朋友也非常兴奋。可是我们只有一周的时间。一周能干什么呢？只能匆匆复习一下有关的理论知识。

朋友那时候已经升到车间主任了。我问他：“你去考吗？”他说他当然去，为了能够画画，他可以放弃眼前的一切。

可是我考上了，他却没考上。因为当他重新拿起画笔时，他已经找不到丝毫画画的感觉。尽管他很想画好，可是在考场上，他还是画得一团糟。离开酒厂那天，他去送我。他说：“你说得对，你退了五十步，而我退了一百步。我退得太远，错失了反击的机会。我可能一辈子都不再有机会画画了。”他显得很失落，因为，一个人一生中所能拥有的属于自己的机会，毕竟太少。错失了，谁也不知道以后还会不会再有。

生活给了我们太多无奈。当现实打败梦想，我们常常不得不暂时放弃梦想，甚至溃不成军。可是在你战败时，当你不得不撤退时，请记住，五十步和一百步，绝对不一样。假如一百步是失败的终点，那么，退到一百步，你就不会再有任何机会；假如五十步和一百步都是你休整的兵营，那么，当你反击时，五十步的机会，肯定要比一百步多得多。

我想说的是，永远给梦想一个机会，不要撤得太远。

还记得你十六岁时的梦想吗

无论当年的你是想做一个三毛，还是做一个亦舒，或者是做一个无疆行者写看不懂的文字，或者是当一个艺术大师画看不懂的画，或者是做一个花样游泳队的金牌队员……随便什么，我敢肯定你的梦想绝对不是十年后仅仅在某个城市的某个角落系着围裙给三个月大的孩子热奶或者是给即将出门的老公烫西服上的褶皱。

十六岁的时候，艾明雅小姐的梦想是去非洲草原，做一个动物学者。她很喜欢动物，尤其喜欢豹子、狮子、老虎、野牛这样极擅奔跑的动物。当年的她，对动物的热情超过了对高考的热情，更不知道婚姻为何物。她鄙视一切带着油烟味儿和葱花味儿的事物，鄙视所有不做头发、不加修饰的女人。她热爱文学也热爱肤如雪，她热爱艺术也热爱亦舒，她热爱山无棱天地合的爱情小说，暗暗发誓绝不让自己的人生沦落到买菜做饭和嫁人生子这么简单的生活。

多年以后，她再回想起来，觉得当年之所以喜欢那些动物，其实是喜欢它们奔跑起来的那种强烈的鲜活感，那似乎代表着灵魂的释放与热情的燃烧。在电视屏幕里，如血的夕阳下，一群野牛在奔跑，她跟着莫名其妙地激动起来，仿佛看到了一种沸腾的思维和蓬勃的青春。

二十二岁，艾明雅小姐大学毕业。

她在南方某城市的一家公司找到了一个实习生的职位，薪水少得可怜，每天顶着一头乱发睡眼惺忪地去上班，香香的面霜味儿下了公交车就会变成臭臭的汗味儿。此时她最大的梦想是立刻转正加薪，因为这样就可以搬出合租的房子，拥有一个属于自己的干净公寓；可以不用再挤公交车，即使打车上班也不用担心白白浪费了足以买一瓶“coco小姐”香水的几百大洋。

后来，房价涨了，涨到有钱也买不起了。工作了几年的艾明雅小姐绝望了，她成了众多逃离北上广的人潮中的一员，风尘仆仆的她暗暗发誓要在二线城市给自己找一个安身立命的地方。她开始不停奔波，为了在某个城市给自己找一处便宜的房子几乎跑断双腿。那段时间，她最大的梦想是售楼小姐能给自己打个九二折，银行能够把贷款利息打到七折。

后来的后来，她的眼角开始隐隐出现了细纹，亲娘的电话多了，无非就是催婚。艾明雅小姐开始每天都给自己做面膜，补水、美白、保湿、去角质，统统尝试，她要求自己务必保持着如花的美貌去和不同的男人相亲约会。高得像竹竿儿的，矮得像冬瓜的，瘦得像油条的，胖得像肥肠的，她通通都见了。她能够在十五秒内以做报告的方式背完自己的个人简介给对方听，然后保持僵硬的微笑问对方：“我就是这样，您呢?”这时她最大的梦想是立马找到个靠谱的男人，结束这暗无天日惨不忍睹的相亲生活。甚至有一次见了一个不愿意要小孩儿的男人后，她回到家精疲力竭地往床上一倒，发现自己的脸因为长时间保持微笑而抽筋了。

再后来的后来，某一天，艾明雅小姐挽着某男人的手在某座城市的某个角落给刚装修的房子做装饰。三室两厅的房子，有一间被她刷成了淡蓝色，墙壁上空空的。她拆开网购来的墙纸，然后嘻嘻哈哈地往墙上贴各种图案——那是她留给未来宝宝的房间。淡蓝色的墙壁上贴着热带鱼、维尼熊、Hello Kitty，还有——狮子和野牛。

望着那些狮子和野牛的卡通壁纸，一瞬间，那年的梦想变得清晰起来——她想起十六岁的那个女孩，在某个下了课的黄昏，蹬着自行车往家赶。那时她并不知道要追赶什么，就是喜欢把自行车骑得飞快飞快，然后笑起来很爽朗，说话声很大。她在小县城读完了高中，身边都是同样骑着自行车、剪着童花头的女孩子，她们穿着白色衬衣、校服裙子，在小巷子里穿梭，在叽叽喳喳地讨论隔壁班的某个男生，然后在夕阳下嬉笑追逐。她依稀能记得家门口的那条巷子，两边的水泥围墙里，经常探出一朵朵白色的栀子花，墙垛上有时还会蹲着一只懒洋洋的花猫。她骑着自行车呼啦一声穿进巷子，接着便听见母亲的骂声从巷子那边传过来："骑那么快！摔不死你！"她咧着嘴哈哈一笑，有时干脆来个大撒把跟母亲打招呼，对于母亲惶急的表情，她丝毫不放在心上。

……

她最快乐的青春，而今，已是一去不复返了。

艾明雅小姐回过神来。她依然年轻，还不到三十岁，但是她觉得自己仿佛已经走过了很长的路。那段路一直有迷雾，她一直摸黑向前走，一直看不到自己的模样，似乎有什么追赶着她在黑暗里一直气喘吁吁地往前跑，直到有一天她在黑暗里看到了灯火，她向着灯火狂奔而去，终于歇下一口气，却发现走来的已经是一个穿着高跟鞋、背着CHANEL包、擦着紫色眼影的女人，见到熟人一开口就问："今天的大盘跌了没有?"

依然是那个热爱着狮子和野牛的女孩，但是镜子里的那个她，好像已经熟透了，熟到已经变成了谁的妻子。她回头望，父母健在；她扭头看，有人在身边；她向前看，仿佛又看到她要成为谁的母亲。

可是她还是记得狮子与野牛，虽然已不再那么狂热。她庆幸，在一路的奔跑中，她依然没有丢失某些东西。

有时候觉得像是一场梦。最好的年纪仿佛已经过去，又懵懵懂懂地感觉最好的岁月仿佛还没有来。

有一天，她坐在新房子里给新买的茉莉花浇水，小金毛在笼子里懒洋洋地睡觉。那天的天空如同水晶一般，呈现出一种透明的蓝，她想起《海的女儿》里的一句话：海的深处是那么那么蓝，蓝得像矢车菊的花瓣。

突然间她听见什么声音，然后跳起来，跑去厨房关掉煮牛奶的火。

她系上围裙，一边擦拭着溢出来的牛奶，一边笑。

她想，有些梦想可能永远都不会实现了。

她想，有些梦想也许明天就可以实现。

洗衣大王的五个梦想

19岁那年，黄进能有了人生第一个梦想：研制洗涤剂。那时，他只是台湾嘉义县一家化工厂的学徒工。为了实现这个梦想，他起早摸黑地干，有时甚至通宵达旦。终于，他研发出来的“神水”，能让衣服上的污渍一点不留。

黄进能为检测自己的洗涤剂效果，出了狠招：把沥青、牛奶、圆珠笔水，甚至割破自己的手指流的血，一股脑儿全涂在一件衣服上，用吹风机吹干，放上一个月后，再拿出来洗。结果效果非常好，衣服洗得像新的一样，看不出一丝痕迹。

他卖出第一桶洗涤剂之后，又萌生了第二个梦想：成立一家洗化公司。随着他的生意越做越好，这个梦想很快就实现了，并一路顺风顺水，最后他组建了“象王国际集团”。

1997年，黄进能来到上海，与大陆同行进行交流。他惊奇地发现，大陆有着非常广阔的市场。于是，他自然而然产生了第三个梦想：来大陆二次创业！但是，他的家人以及公司的职员一致反对。他拿出破釜沉舟的勇气，硬着头皮，一个人来到上海创业。

价值100万元的洗涤剂都是优质环保的产品，从台湾到上海，却惨遭“水土不服”。在台湾热销的产品，在上海却毫无市场，整整3个月，他一滴洗涤剂也没卖出去。带来的钱很快花完了，仓库的租金都交不起，黄进能把自己的汽车卖掉，买了一辆自行车，像民工一样沿街兜售自己的象王牌洗涤剂。夜里，他一个人猫在租来的七八平方米的阁楼里，耳边的吴侬软语，让他倍感孤独，生意上的惨败，让他十分痛苦。

开弓没有回头箭，离开台湾时他那么坚决，现在这样灰溜溜地回去，还不如跳海呢。于是他暗下决心："不成功决不回台湾!"

在推销洗涤剂的时候，黄进能发现上海的洗衣店生意非常好，从未开过洗衣店的他，不由得有了第四个梦想：何不用自己的洗涤剂开一家洗衣店呢？这样，一边积累资金，一边还可以给自己的产品做广告。

1998年11月，黄进能在上海法华镇路开设了第一家象王洗衣店，做了几十年实业，改行做起了洗衣服务来，其中的落差不可谓不悬殊啊。他用三把火，把洗衣店的生意做火了。一是要求每位员工对进店顾客喊一声"欢迎光临"；二是每天开店门时，带领员工做早操；三是在上海的所有街头报栏做广告：洗不掉，找象王。难洗的脏衣服源源不断地送来，生意蒸蒸日上。

年终盘点，黄进能吃惊地发现，利润主要来自洗衣业务，卖出的洗涤剂很少。此时，他的第五个梦想越发清晰起来：专业洗衣，服务全球；洗衣技术，领先全球。为了实现这个梦想，黄进能从诸多理念上进行挖掘。他的洗衣理念十分特殊：衣服是有生命的，要休息，也要美容。他把古时棒槌捶打法运用到洗衣过程中，先滴入洗涤剂，再用木棒敲打，使纤维蓬松，然后再搓一搓……另外，他分析人们的饮食，针对不同饮食人群所产生的不同汗腺分泌物采用相适应的洗涤剂。

1999年，上海闵行区第一家"象王洗衣店"分店开业，之后，分店、加盟店迅速开遍全国。2004年，在印度尼西亚首都雅加达，黄进能开设了第一家国外分店。2006年底，加拿大温哥华分店开业。现在，黄进能的"象王洗衣店"每天要洗20多万件衣服，日营业额高达180万元，成为名副其实的"洗衣大王"。

再回首，黄进能深有体会地说："有梦最美。"

有梦想的人都会闪闪发亮

乔薇薇是我高三时最好的朋友，虽然我是文科生，她是理科生，但是同病相怜的经历，却促进了我们的友谊。

一天，我十分郁闷地告诉薇薇，老妈以耽误高考复习为由，卖掉了我用零用钱买来的《青春文学》杂志。我本来只是想对她倾诉一下，却没有想到，半个月后，她送了一大箱子各种文艺杂志给我。我如获至宝，欣喜地说："我该怎么谢你啊？"

"你要是实在觉得过意不去，周日你下了补习班，来'水印'找我，陪我一起回家吧。"

师大东门对面有条狭窄的胡同，道路两旁点缀着各种特色小店。每到周日，艺术系的学生们就会聚在名为"水印"的水吧里开文艺沙龙。隔着清爽的玻璃，薇薇正捧着画夹子，和美术系的学生们一起临摹风景画。"如果可以，我想考师大美术系！"我记起她说这话时的无限向往。原来，她一直在努力着。

从"水印"出来，我和薇薇在师大的校园里漫步，看着充满活力的大学生们，我突发奇想：要是我和薇薇也能像他们一样该多好。"你真的要考这里的美术系吗？"我问她。她愣了愣，明亮的眼睛闪烁了几下，却还是坚定地点点头："我真的很喜欢画画。"细小的声音迅速消失在空气中，奇妙的豪迈感却倏地布满我的全身，我下意识地握住她的手，宣誓般地说道："我和你一起考，我报中文系，我真的很喜欢写作。"

"好啊，等那时，你写了文章，我给你画插图。"她脸上挂着天真的笑，目光中却有些难以捉摸的深远。

因为有了梦想，有了约定，那之后，我学得格外刻苦。高考成绩出来，我考得不是一般的好，不仅够了师大的分数线，还够了老爸随手填报的那所提前招生院校的管理系。本应开心的我，却多了几分茫然。我想联系薇薇，问问她的情况如何，可是从考前放假开始，她的电话始终处于停机状态。万般无奈下，我跑到学校问教导处赵主任。

赵主任告诉我："薇薇的父母早就离了婚，她母亲家在北京。但她的户口在河北，得回老家参加高考。她最后好像上了当地一所大学的政治系……本来她父亲打算托人把她的户口迁到北京的，可没办下来。说起她父亲，还真不容易，在北京找不到正式工作，宁愿在废品站做临时工……"

废品收购站！我身体一颤，猛地记起那箱码放整齐的旧杂志。原来，这背后远不如我想象得那么美好。她早就知道自己考上师大希望渺茫，可"梦想"、"努力"、"坚持"却是她跟我说得最多的话。这到底是她的理想使然，还是友谊促使她撒了个善意的谎？我想不出真正的答案，可从和薇薇的那个再也无法实现的约定里，我却找到了自己真正的力量，体会到了为梦想拼搏的苦与乐。

进入大学，我依旧坚持着自己喜欢的写作。只是，我不知道薇薇是否还在坚持？一天，我领到了新寄来的样刊，看着看着，泪水就啪啪地连成了线，落在彩色的插图上闪烁着盈盈的光亮。就在我的文章的左侧，那幅精美的插图的底端，竟清晰地印着"绘图：薇薇乔"。

对与错的选择

他从一开始就以为自己错了，但他始终不肯向朋友认错，不是因为他不想认错，而是他觉得也许他能找到一个合适的办法让开始的错误变成最后的正确和胜利。朋友们都劝他："别再痴心妄想了，快干些正经事儿吧，没有人会花钱去买你的大杂烩！"

朋友们所说的大杂烩就是他的梦想。他梦想有朝一日能够发行自己的杂志，杂志的风格定位在关怀人生和弘扬人道主义以及人间亲情上。他的想法很奇特，他不想发各地作者的来稿，而是想从别的报刊上摘选精品，然后汇聚到自己的杂志上。朋友一听这个主意就笑他太笨，声称别人发过的作品已有不少读者看过，还有谁会再花钱买你的全是在别处发过的作品的杂志！他反驳朋友说："一个人不可能浏览完所有的报刊，而我做的正是这样的一件事——让每个人都看到各地的报刊精品。"朋友还是不相信并且不支持他。

他不灰心，决定将错就错，把别人的错误变成自己的正确。他找到出版社，说明了自己的来意。出版商毫不留情地否决了他的想法："这不可行！这本来就是一个错误的决定，我劝你还是放弃这个想法，重新找一条路吧！"

受到了一系列的打击，他有些心灰意冷，也有些动摇：真的是错误的梦想吗？但他还是对自己说：也许现在为时尚早，但终有一日我会证明给别人看，错误只是一个相对的概念，在适当的时候，错也会变成对。

当时是1910年。后来他开始了漂泊生涯，颠沛流离间，他一直没有泯灭被别人否定的错误的梦想。直至有一天他遇上了他的妻子。

妻子在得知他的想法后十分赞成，鼓励他大胆去做，不必顾虑别人的反对意见。于是他开始着手去做每件事，先是摘选作品，然后给潜在的订户发征订单。一切都在有条不紊地进行。终于他等来了这一天，1922年，他的杂志创刊了，受欢迎的程度大大出乎所有人的意料，连他自己都难以置信会有这么多的人认可他的"错误"！他成功了，被几个朋友和一些出版商否定的"错误"，最终被大众所认同，成为正确和胜利的标志。

他的名字叫华莱士，他创办的杂志是美国的《读者文摘》。如今，这个最初"错误"的梦想至少被18种语言传播着，全世界有许多个国家和地区的读者都可以看到它，并对它交口称赞。

对与错的选择有时就是这样的不可思议。你相信自己的坚持还是相信众人的反对？如果握在左手是错误，那么为何不放到右手，换一个时间和地点，或许一切会恰恰相反。而且，不论梦想在哪只手中，记住，一定不要松手。像华莱士一样，将一个对与错的难题珍藏了 12 年后又重新选择了自己的决定，最终他还是成为了胜利者。

梦想是你的脊梁

小时候，我的梦想是当一名画家。我认为只有画家才可以天天画画。稍大些时我开始为这个梦想努力，似乎那时我所做的一切，都是为了将来能够成为一名画家。可是对一个没有经过专业指导的农村孩子来说，想成为画家谈何容易？当我终于因没能考上美术师范而不得不就读于一所职业高中时，我认为，我的梦想在那一刻破灭了。我在高中浑浑噩噩地度过了 3 年时光，那 3 年里，我似乎将梦想彻底隐藏。

现在回想起来，其实我只是没有了继续画画的信心，而并非没有梦想。是失败让我变得更加“务实”，而那样的“务实”，其实才是最可怕的。

毕业后，我被分配到一个啤酒厂，仍然浑浑噩噩地度日。一个偶然的机会，我认识了一位韩国商人。他在城市里开着一个很大的公司，在他的邀请下，我去了他的公司，从一名普通的工人，变成一位白领。

新的梦想就是在那时诞生的。必须承认，那位韩国商人颠覆了我的一些既成的人生观和价值观。那时我不再想成为画家，而是想办一个属于自己的公司。我在他那里做了 3 年，然后辞职，办起了自己的公司。

其实很多人和我一样，梦想并非只有一个。在不同的时间、不同的背景下，新的梦想随时可能诞生。

一开始我的公司经营异常艰难。那时候我又有了新的梦想，就是天天有生意可做。后来真的天天有生意做了，我又希望把我的公司做得更大，做成跨国公司。梦想在我这里不停地升级，我从中得到源源不断的快乐和动力。

可是，我逐渐发现我的性格其实并不适合做生意。尽管我努力使自己在生意场上左右逢源，但事实上，我骨子里是一位不愿意和别人打交道的人。或者说，我并不擅长生意场上的左右逢源，并不喜欢针锋相对的商场拼争。相反，我越来越喜欢安静，越来越喜欢一个人独处。当我意识到这个问题以后，我有过一段痛苦的思想斗争。终于，在某一天，我下定决心，弃商从文。

于是新的梦想再一次诞生。把文章越写越好，把更多的好作品交给读者，成为我文学路上的唯一梦想。现在我仍然在这条路上跋涉，很快乐，也很艰难。

既然旧的梦想可以轻易抛弃，那么，梦想还有什么用？当然有用。其实不管你的梦想能不能最终实现，或者你会不会在某一天抛弃你原有的梦想，这些梦想都会给你的生活增加无穷的动力和激情。在我梦想成为画家的时候，我天天练画，我的每一天都过得充实和快乐；同样，在我梦想开一家自己的公司的时候，在我梦想把自己的公司做成跨国公司的时候，在我梦想可以出一部让自己满意的长篇小说的时候，我每一天都会努力。我们不一定能够实现自己的梦想，但是为了实现这个梦想，你必须充满激情、勇往直前。你靠着这梦想才让自己站得笔直。这种状态才是最重要的，这是你的财富。梦想不能够实现，真的并不可怕，因为你还会诞生出新的梦想。梦想总会在前面等着你，它是你的脊梁，靠了它，你才能够站起来，才不至于倒下去。这与你能不能够将它最终实现，并没有太直接的关系。

最珍贵的礼物

在西方有一个古老的故事，西方国家的父母经常把这个故事讲给那些有志向的孩子听。故事是说一个国王添了一个可爱漂亮的王子，在孩子洗礼的那一天，有12个仙女受上帝的派遣前来祝贺，而且每一个仙女都带来了一样珍贵的礼物。第一个仙女带来的礼物是智慧，国王很高兴地收下了。第二个仙女带来的是高贵，国王同样高兴地收下了。第三个带来的是力量，第四个带来的是财富，第五个带来的是英俊，第六个带来的是情感，第七个带来的是健康，第八个带来的是朋友，第九个带来的是爱情，第十个带来的是知识，第十一个带来的是关怀，国王都十分高兴地一一收下了。但是到了第十二个的时候，国王愣住了，因为她带来的礼物是不满。国王认为，我的儿子什么都不缺少，要什么有什么，怎么能够让他有不满呢？他毫不犹豫地拒绝了第十二个仙女的礼物，国王甚至对这个仙女有些不客气。随着岁月的流逝，王子渐渐长大了，继承了王位的他英俊漂亮，性情温和，身体健康。但是，在他的心灵里，却没有那种因为不满而产生的追求未来的梦想，没有因为不满而产生的要建功立业的抱负。他对已经拥有的什么都满意，对自己的国家什么都满意，对于再平庸的大臣，也没有什么不满意的，从来都没有改革创新，没有力图把国家治理得更加繁荣富强的宏图大志。久而久之，因为他每一天都在自得意满的状态里，大臣们也都变得不思进取。他的国家渐渐变得穷困，很快沦落为一个落后的国家，不久就被邻国吞并了。

在他的国家被消灭的时候，老国王还没有死。面对灾难，他才幡然醒悟。原因是他把上帝送给儿子的最珍贵的礼物拒绝了，不满的礼物对于儿子来说才是最珍贵的。

因为只有一个人的心灵里时刻存在着不满，才会有追逐完美的梦想，才会不断地克服弱点，才会不断地向更高的目标进取。伟大的法国作家巴尔扎克一生创作出了100多部伟大的文学作品，在他临终的时候，有人问他一生创作的动力是什么。他说："就是因为我一直认为我没有写出最优秀的作品。写出一部，可能比原来的要好，但是我总是不满意，总是有这样那样的不足。"用几十年的时间缔造了微软帝国的世界首富比尔·盖茨，当记者请他谈谈自己成功的秘诀时，他说："没有什么秘诀，我就是一个一直不满足的人，不满足已经取得的成就，不满足正在做的事情，总是抱着激励自己不断超越自己，不断开拓新的领域的梦想。"

如果你想要成为一个杰出的人，就精心地收藏起"不满"这个珍贵的礼物，助推梦想成真。

宽容给梦想插上翅膀

某学校教室里学生正在上课，突然"啪"地一声响，就像平静的湖面落下一枚银币，惹得满教室的学生躁动起来。

靠窗户边那排坐在最后的一位同学，弄碎了一块小镜子。

这是上午的第二节课，老师的讲述已停下来，同学们正进行课堂练习。

有初冬的阳光从窗外涌进来，流淌在摊开着的课本上的字里行间。在教室的课桌间来回踱步，看长长短短的7排秀发及秀发下亮晶晶的112粒黑葡萄，捕捉沙沙的写字声合成的音乐，男老师感觉到自己好像一位农民在田间小憩，擦汗的同时聆听着庄稼的拔节之声。

一个小姑娘把心爱的小镜子摔坏了。教室里低低地有了议论：

"臭美！扮啥酷呀！"

“上课怎么能照镜子？”

“活该受批评了。”

“看老师怎么办？”

老师没有言语，他有意无意地听着同学的每一句议论。

这些女孩子呀，全是十五六岁年龄，作为旅游职中的新生，脸蛋身材口齿当初都曾经过精心挑选，一笑甜爽爽的，开了口也如一巢出窝的小鸟，三五分钟是静不下来的。男老师的心里笑着，他知道她们在等讲台上的反应。

其实，开始练习后不久，老师就看见那位同学悄悄地摸出了小镜子。

他看到她将镜片偷偷压在作业本下，写几笔作业就照一照。

借着阳光，一只蝴蝶形的淡黄色的发夹舞动在她的前额，花季的脸真是漂亮。

男老师想提醒她，但一直没有想好合适的话，现在经同学一番议论，他忽然有了一种灵感。他微笑着先开口问了一个物理问题。

“请说说平面镜的作用。”

“有反射作用。”这很简单，全班56个同学几乎异口同声地回答。

“是啊，”老师说，“同学们，几分钟前，我们教室里56位同学变成了57朵花，有一个同学借镜子反射出一朵。但是。镜中的花是虚的，镜片只能反射美丽，并不能增加美丽。要增加美丽或者让美丽面对岁月雨雪风霜的一笔笔减数，还能保持总数不变，我们唯一的办法就是从另一方面给它再一笔笔添上加数。这加数是指，我们一次次为了进步所做的努力，一次次为自己的目标不轻言放弃，或者，一次次向我们的周围伸出善良的手……而此刻，对坐在教室里的你们来说，帮助你们增加美丽的是桌上的书本。”

教室里再也没有任何声音，一池吹皱的春水再度平静。

当天晚自习时，照镜子的小女孩在日记中写下了这么一句话：用积极的心态给美丽做道加法。

谎言编织的美丽梦想

在一次盛大的舞会上，实话先生见到一位风韵犹存的老女人，他走过去向她行礼，说："您使我想起您年轻的时候。"

老女人微笑着问："怎么样？"

"很漂亮。"

"难道我现在不漂亮吗？"老女人带着几分戏谑说。实话先生非常认真地说："是的，比起年轻的您，现在您的皮肤松弛，缺少光泽，还有皱纹。"

老女人的脸一阵白一阵红，尴尬地瞪着那双略微愠怒的眼睛，刚才的自信一下子消失了。

这时，撒谎先生来到老女人面前，彬彬有礼地邀请老女人跳舞，说："您是舞会上最漂亮的女人，如果您能接受我的邀请，我将是舞会上最幸福的人。"

老女人的眼睛里顿然闪出迷人的神采，她伸出了双手。

撒谎先生和老女人在舞池里跳了一曲又一曲。老女人沉浸在无比的幸福之中。

实话先生坐在一边看着这对年龄不协调的舞伴。撒谎先生微笑着对老女人说了句什么，那老女人突然间像萌发了青春活力，全身洋溢着生命的激情与魅力，舞跳得就像个年轻人——一个出色、漂亮的年轻女郎！

舞会结束了。

实话先生叫住刚送走老女人的撒谎先生，问道："跳舞的时候你对她说了什么？"

撒谎先生说："我对她说：'我爱你，你愿意嫁给我吗？'"

实话先生惊愕地瞪大眼睛，气愤不已地说：“你又在撒谎了！你根本不会娶她。”

“没错。可她很高兴，难道你没看见吗?”俩人争执不下，各走东西。

第二天，他们各自从邮差那里得到一封信：“×日于×地参加×××的葬礼。”

在墓地他们不期而遇，他们的目光落在了棺木中，那里躺着的正是那位老女人。

葬礼结束后，一位仆人走过来，将两封信分别交给了实话先生和撒谎先生。

实话先生打开信后看到这样一行字：“实话先生，你是对的。衰老、死亡不可避免，但说出来却如雪上加霜。我将把一生的日记赠送给你。那才是我的真实。”

撒谎先生打开了老女人留给他的遗言；“撒谎先生，我非常感谢你的谎言。它让我生命的最后一夜过得如此美妙幸福；它让我生命的枯木重新燃起了青春的活力；它化去了我心中那厚厚的霜雪。我将把我的遗产全部赠送给你，请你用它去制造美丽的谎言吧!”

第二章　想象与梦想激发无限潜能

是什么钳制了你想象的翅膀

人拥有巨大的潜力，可是为何我们迟迟没有发现它呢？因为，它被扼杀了。“刽子手”不是别人，正是你自己。也许你会觉得很无辜，因为你对此事毫无感知而且无所作为。恰恰是由于你的一些消极的观念和生活习惯，阻碍了潜力的迸发。最终，你只能一个人苦闷为什么别人总是比你更为出色，你总是落在别人的后面。

究竟是什么原因呢？赶紧抓出幕后元凶，还你一个自由翱翔的天空吧！

1. 沉重的压力让你喘不过气来

这个世界变化得太快了，如今再去评说当今社会如何飞速发展变化已经不能引起人们的兴趣了。知识、财富、技术的激增，不知不觉地加快了人们的步伐。在过去，人们可以根据自己的现有经验去安排计划明天的生活，下个月的开支，明年的打算，甚至是十几年后的生活。但是现在不行了，人们必须快马加鞭，为了生存而不断地奋斗，甚至生存已不再是唯一目标了，为了赋予生活更多的意义，人们更是被迫着思考更多的问题，必须解决更多的难题。

“我该选择哪份工作？”

“未来的路该走向何方呢？”

“这个大学好吗？”

“为什么在感情中我总是受伤呢？”

……

接踵而来的问题让人们陷入了不断的烦心忧虑中，深陷苦恼中不能自拔。人们已经被压迫得失去了自由翱翔的机会了，很多人的思想已经中规中矩地生怕碰撞到其他界限或打击。

如此人的压力面前，你要学会释放压力，给自己的思想松绑。一切套在思想上的桎梏都会限制你对生活的向往，都会阻挠你潜力的提升。单是与这些压力作斗争已经耗去你大半的力气了，你还会有其他精力来挖掘那些潜藏的力量吗？恐怕你正疲于应付压力呢！

释放压力的办法有很多，比如听音乐、散步、向朋友倾诉、参与一些社区义工活动……总之你要找到适合你的释放压力的方法，让你的思想脱离负担，储存更多的精力和能量来挖掘你的潜力。

2. 消极的心态正吞噬你的力量

美国成功学学者拿破仑·希尔曾说过：“人与人之间只有很小的差异，但是这种很小的差异却造成了巨大的差别！很小的差异就是你所具备的心态是积极的还是消极的，巨大的差别就是成功和失败。”另一位潜能成功学家罗宾也说：“面对人生逆境或困境时所持的信念，远比任何事都来得重要。”有些人在历经了一些挫折失败后便开始消沉，认为不管做什么事都不会成功，这种消极的信念蔓延开来让他觉得无力、无望，甚至于无用。如果你想成功、想追求所期望的美梦，就千万不可有这样的信念，因为它扼杀你的潜能，毁掉你的希望。如果你想成功，想把美梦变成现实，就必须摒弃这种扼杀你潜能、摧毁你希望的消极心态。

许多时候，我们都会听到有人抱怨“人才被社会埋没了”，但是仔细思考，原来是那个所谓的人才缺乏信心和勇气、安于现状、不思进取，自我埋没！许多情况下，我们需要给自己一点意外的和足够的刺激，适当的时候给自己某些特殊的、有益的暗示，让自己对事业多一份信心、多一点勇气、多一些胆略和毅力，就有希望使自己的潜能从休眠状态中苏醒，发挥无穷的力量，创造成功。

3. 安于现状会让你裹足不前

有些人对现状心满意足，一心一意想要继续维持下去。然而，“要维持现状”这种观念是采取“守”的态度，终究只是一种消极的态度，没有积极向前的动力，成长便会停顿。不要满足于现在的自己，要追求更好，时时努力超越自己，才能创造一个更美好的人生。

“只要能安稳地过一辈子就行了。”“只要生活过得去就好，不必过于苛求。”如果你有了这种念头，那你只能过一种安稳单调的生活。

英国新闻界的风云人物，伦敦《泰晤士报》的老板来斯乐辅爵士，在刚进入该报时，就不满足于90英镑周薪的待遇。经过不懈的努力，当《每日邮报》已为他所拥有的时候，他又把取得《泰晤士报》作为自己的努力方向，最后他终于狩猎到他的目标。

他一直看不起生平无大志的人，他曾对一个工作刚满3个月的助理编辑说：“你满意你现在的职位吗？你满足你现在每周50镑的周薪金吗？”当那位职员答复已觉得满意的时候，他马上把他开除，并很失望地说：“你应了解，我不希望我的手下对每周50镑的薪金就感到满足，并为此放弃自己的追求。”

一些人之所以一辈子碌碌无为，直到走到人生的尽头也没有享受到真正成功的快乐和幸福的滋味，就是因为他们安于现状，不敢冒险，从来没有更上一层楼的信心。

要知道潜力通常是在极端艰苦的条件下形成的。比如在你最困难的时候、没人帮助你的时候，你的求生潜力就会爆发出来。以往不敢做的事都会敢于去做，胆子会变大。正如兵家打仗有句话说：穷寇莫追，倘若你把人家逼到绝路了，他就会发挥潜力和你玩命了。

如果你意识到了那些掐住你想象力的翅膀的邪恶元凶，与那些永远不知道自己为何庸碌一生的人相比，你是幸运的。这些邪恶的力量犹如毒瘤，不仅会让你的身体虚弱渐渐失去力量，甚至会夺去你继续依美好生活的权利。意识到它们的存在，必须马上阻止它们继续附于你身上吸取你的能量。没有人是生来完美的，只有在人生一路走来时不断地调整改变自己，让自己不断适应这个瞬息变幻的世界。一个敢于去发现、敢于去突破、敢于去实现的梦想人，个性绝非平庸，人生也注定会丰富多彩。

人人都有无限的潜能

心理学研究表明，人人都有巨大的潜能。对于每一个人来说，充分发掘、利用人的潜能，是创造积极人生、走向成功的重要条件。依据人的潜能发挥作用不同，潜能可以分为身体潜能和心理潜能。

从身体潜能来说，人在绝境或遇险时，往往会发挥出不寻常的能力。人的身体潜能已经很大，而心理潜能更是大得超乎你的想象。比如，无穷的创造力是人类巨大潜能表现之一；在逻辑方面，人的大脑接受、储存和整合各种信息的潜能也是巨大的。

而且不同的人有不同的思维特质，根据这些特质还可以把人分为两类，即左脑人和右脑人。你可以根据自己平时的思维习惯来判断自己属于哪种类型。

左脑人的概念——心理学家发现，人的左右脑是有严格的分工的。左脑属于逻辑的、理性的、功利的、分析的、算计的大脑，要想成功就必须充分利用好左脑。长期奔命于负荷、事业、追求功名利禄而忽视娱乐、生活的人被称为“左脑人”。

右脑人的概念——人的右脑是属于灵感的、直觉的、音乐的、艺术的，可以令人产生美感和喜悦。一个人的精神世界的丰富离不开右脑的开发。有很多艺术家就是充分发挥了右脑的功能，从而在艺术领域上获得巨大的突破。

一般情况下，左脑能使人感觉和享受到成功，却无法使人享受到长久的幸福感。而善于使用右脑的人可以使人脑分泌更多的内啡肽，一种促进人能产生充分的幸福和满足感的物质。左脑是人的“自身脑”，所有人积累的，长期的工作、学习的知识和经验全部都储存在这个部分。长期的工作、学习的负荷都是由左脑的超工作运转而产生的感知。学会右脑的使用，能使人从超负荷的生活中解脱出来，从而调节生活和工作给人带来的压力。

例如运动、郊游、散步、娱乐、愉快的聊天……这些都是不错的解决办法，都能把人从左脑状态调节过来，左右脑交替使用更利于保持良好的思维状态。

盘活你那奄奄一息的潜藏资本

人究竟有多少潜能可以利用呢？

根据能量守恒定律，一个人的能量总是处于一种平衡状态。能量在不断的转变并处于平衡状态中。但是能量可以通过积聚来达到减少损耗的目的，只有那些不断地激发自己潜力的人，才能不断积聚能量并能够不断得到提升。

能量该怎么去激发呢？

一个人的已知的能力已经被利用得差不多了，所以增强一个人的能量就必须挖掘一个人的潜在能量。

许多人到了垂暮之年，忽然发现自己有这样或那样的能力，这种能力过去从未被发现，只有到了老年，才派上用场。这些人和那些徒有这种本领而不得其用最后抱憾终生的人相比，显然要强得多。美国著名的艺术家摩西老母在她的晚年才发现自己有惊人的艺术才能，所以我们往往把她当作范例，解释这类现象，并称之为“摩西老母效应”。

与此相提并论的还有“短路理论”：如果我们不去唤醒我们的潜在能力（这种潜在能力包括能力源），这些能力就会转化成自我毁灭的渠道——“不用，自会失去，逼近毁灭”。正如肌肉如果不运用，就会萎缩。当这种萎缩达到一定程度时，就会加害于身体。

如果你不断地挖掘你的潜在能量，你的一生都会充满令人激动的探险。这种激动人心的探险，少不了发挥潜藏在你体内的能量，这是属于你的资本，别人是无法夺取的。怎样才能盘活你潜藏的资本？可以参考下面推介的一些途径。

1. 用好习惯来鞭策懒惰的头脑

养成大胆设想、敢于幻想的习惯，把潜藏在你体内的力量唤醒起来协助你更好地发挥。习惯的力量很强大，一个微不足道的习惯甚至会改变你的命运。有一句古老的印度格言是这样说的：

注意你的思想，它们会变成你的言语；
注意你的言语，它们会变成你的行动；
注意你的行动，它们会变成你的习惯；
注意你的习惯，它会决定你的命运。

有人说3个月可以养成一种习惯，如果你坚持了3个月，就会自然形成一种习惯。而“习惯成自然”，当一切自然而然，不用苛求，无须暗示，不必提醒，“从来如此”，形成了一种意识和本能时，那就是性格了。能养成一种好的习惯不容易，能形成一种好的性格就更不容易了。成功，往往是习惯使然。

懒惰平庸的人往往不是不动手脚，而是不动脑筋，这种习惯制约了他们大展宏图的时机。相反，那些有梦想、有追求的人，都养成了敢于想象、勤于思考的习惯。可以说，任何一个有意义的构想和计划都是出自他们对事情的专注，对事物倾注的热忱。积极大胆的想象可以产生巨大的能量，可以驱使、鞭策一个人采取行动将想象变为现实。

所有计划、目标和成就，都是思考的产物。你的思考能力是在你大胆的想象中不断增强和升华的，是你唯一能完全控制的东西。

所以，想要成功的人，必须学会“肆无忌惮”地思想——思想是一个人唯一能完全控制的东西。因为你的思想会受到周围环境的影响，所以，你必须借用有利的心理习惯来控制这些影响因素，这种过程叫作“习惯控制”。

控制习惯的过程是不可思议的，它将你的想象的力量转变成行动，但如果你没有这种习惯，或所学到的是不良习惯的话，则它可能会给你带来悲惨和失败，你能否成大事须视你控制习惯的能力和品质而定。

从这个层面上而言，成功往往是良好的习惯使然。

2. 打破思维樊篱异想天开

打破思维的樊篱，不仅是在思维上要拐大弯，还要避免拐死弯，即使是心中一闪而过的灵光也不要轻易放过，说不定也会给你很多的启示。

每当灵感被激发时，自然水到渠成。

我们知道掌握了一定的知识，不一定就有了丰富的想象，只有拓展知识面后而又好奇，并善于思考，才能够推动想象的发展，才能使思维经常性地处于活跃的想象状态之中。展开奇特的联想，其实就是异想天开地创造想象。

冲破“标准答案”的樊篱，能够用心思考、有所发现，就可以有效地培养你的创新思维和创新能力。一个奇妙的世界的大门将会为你开启。敢于打破旧的思维模式，超凡脱俗，逆向思维，会给你带来很多意想不到的惊喜和机会。摆脱以往的习惯性逻辑，不断地深入挖掘事物的其他层面，用另一种思路去解读它的构成，集思广益不忘推陈出新，创造思考又一景。

像天才、像疯子一样去探索世界

抛开我们的假设，大胆地设想，跳出樊篱，没有拘束地想。给自己插上想象的翅膀，记住，想象不花你一分钱，但是却能激发你巨大的潜力。

当思想、观念在极度兴奋的大脑中云集、奔逸，一个接一个，思维呈现出空前活跃的自由联想。然后等到精神平静，恢复到了清醒状态，再去收心内视、反省、提炼，发掘里面的积极成果，那么你非凡的创造力就诞生了。

人是有敏捷思维的动物，任何情况下都有可能会产生新奇大胆的设想，一旦出现，请别压制它，请展示你的新奇构思，放飞你的大胆设想。

幻想和设想——两个不同的概念，但都蕴含着共同的意义：在你大胆设想（幻想）、勇于尝试之后，你会发现你进步了，你的思维更开阔了。所以我们更加期待新奇大胆的设想！

幻想往往是现实的先导，没有幻想就没有发展，没有进步。昨天的幻想常常是今天的现实，今天的幻想又是人们为之努力奋斗的目标。

伟大的科学家之父儒勒·凡尔纳作品中幻想的电视、电脑、潜水艇，不是都在今天成为现实了吗？并得到了人们的赞许。所以这并不是没有意义的幻想，也许哪一天那些曾被人们幻想的东西就会变成现实，给人们带来无限的惊喜和欢乐。而且，即使幻想的“东西”没能实现，但你一定同样的快乐，因为你幻想过、展示过。

著名的拉斯金（J·Ruskin，1819—1900）是一个全才，也可以说是一个“幻想狂”。他曾经遭受严重的精神疾病的困扰，甚至在他人生最辉煌的时期，他的思想和行为表现都是很荒诞的，夸张古怪。但是拉斯金不竭的激情和涵盖极广的兴趣爱好成就了他一生的才华，他是英国维多利亚时代杰出的散文家、诗人、文学批评家、建筑哲学家、政论家和有关自然科学问题的著作家。他无疑是左右脑并用、左右逢源和时时处处都有创造灵感附身的天才人物。

还有就是众人皆知的达·芬奇，他是天才中的天才，是人中人。如果把达·芬奇的主要头衔列出来，保证令你咋舌称奇：画家、雕刻家、建筑师、数学家、天文学家、博物学家、解剖学家、工程师、音乐家、发明家、舞台美术家和哲学家……

在他的创作手记中，他写道："你是否知道，光是人类的动作就有多少种？你难道不知道动物有那么多不同的种类？树木、植物和花草也是如此！山丘与平地是不同的；泉流、河水、城市、公共建筑与私宅，都呈现出不同面貌；人类使用的工具种类又是何其繁多；服饰、装潢和艺术，更是五花八门，无奇不有！"

这段文字足以说明达·芬奇视野的宽广和观察力的敏锐，这是他的巨大创造力的前提和基础。更重要的是他那无限深度和广度的想象力！将所取景物在心中大胆假设，由景触情，衍生更多的发散思维，而且不失精雕细琢，然后一一加工、组合、创造。这就是这位天才的秘密中的秘密。

带着好奇心和不竭的热忱，我们要像疯子一样去思考，去幻想。突破思维定式，打破经验的樊篱，一一破译这个充满神秘充满吸引力的世界，它是如此的丰富多彩。

好奇是对自己不了解的事物觉得新奇而感兴趣，当人们对不了解的事物感到好奇的时候，往往正是创造性思维与创造性想象迸发的时候。客观的事物客观存在，这些事物看起来司空见惯，平凡无奇。其实，许多事物的本质人们尚不了解，在科学技术发展史和人类认识史上，往往是那些对平淡无味的事物产生了好奇心和惊奇感，促成打破沙锅问到底的意识，从而形成了创新意识，导致重大发现、发明、创造，这样的事屡见不鲜。牛顿对苹果落地产生好奇，发现地心引力而创造牛顿力学就是典型的例子。爱因斯坦说："我们思想的发展在某种意义上常常来源于好奇心。"

古人云："疑者觉悟，觉悟之机也。"一番觉悟，一番长进。怀疑是创造性意识不可或缺的。既要大胆怀疑，又不怀疑一切。怀疑要对某项客观事物具有一定的知识。

像天才、像疯子一样去大胆想象，不仅是好奇心在作祟，同样也需要宽广的胸怀来起到辅助作用。对于新的想法和观点，应该勇于吸收合理性的成分，而不要对违反自己意志的东西横加干涉、滥加批驳；否则，就拿出具有足够说服力的证据证明你的正确，不然，就请你一起大胆设想，也许某天它就会成为不可磨灭的事实。与此同时，也请你记住，这些并不是"幻想"，并不是只有权威的东西才是正确的、只有成功才值得褒奖。所以请打开你的思维，开拓创新，像天才、像疯子一样去想象这个奇妙的世界吧！

放大梦想重写你的历史

梦是可以重新开始的。无论我们年龄大小或条件好坏，我们内心仍有未触及的可能性，新的美人正在等待出生。

——戴尔·特纳

你的思想控制了你的生活，谱写你自己的生活。不要为了你的梦想而妥协，创造你自己理想中的未来。现在开始去设计你的生活：创造一个梦想列表。一切都会从今天开始改变！

首先我们来看一个真实的故事：

有个孩子，他叫蒙地，他的父亲是一位驯马师。驯马师终年奔波，从一个马厩到另一个马厩，从一条赛道到另一条赛道，从一个农庄到另一个农庄，从一个牧场到另一个牧场，训练马匹。其结果是，儿子的中学学业不断地被扰乱。当他读到高中时，老师要他写一篇作文，说说长大后想当一个什么样的人，做什么样的事。

那天晚上，他写了一篇长达 7 页的作文，描绘了他的目标——有一天，他要拥有自己的牧场。在文中他极尽详细地描述自己的梦想，他甚至画出了一张 200 英亩大的牧场平面图，在上面标注了所有的房屋，还有马厩和跑道。然后为他的 4000 平方英尺的房子画出细致的楼面布置图，那房子就立在那个 200 英亩的梦想牧场。

他将全部的心血，倾注到他的计划中。第二天，他将作文交给了老师。两周后，老师将批改后的作文发给了他。在第一页上，老师用红笔批了一个大大的“F”（最低分)，附了一句评语：“放学后留下来。”

心中有梦的男孩放学后去问老师：“为什么我只得了‘F’?”

老师说：“对你这样的孩子，这是一个不切合实际的梦想。你没有钱。你来自一个四处漂泊居无定所的家庭。你没有经济来源，而拥有一个牧场是需要很多钱的，你得买地，你得花钱买最初用以繁殖的马匹；然后，你还要因育种而大量花钱，你没有办法做到这一切。”最后老师加了一句，“如果你把作文重写一遍，将目标定得更现实一些，我会考虑重新给你评分。”

男孩回家后，痛苦地思考了很久。他问父亲他应该怎么办，父亲说：“孩子，这件事你得自己决定。不过我认为这对你来说是个非常重要的决定。”

最后，在面对作文枯坐了整整一周之后，男孩子将原来那篇作文交了上去，没改一个字。他向老师宣告：“你可以保留那个‘F’，而我将继续我的梦想。”

男孩是经过激烈的思想斗争才作出的决定，毕竟对一个才上高中的学生而言，老师的话具有绝对的权威性，何况还有作文得低分的威胁。但他，还是坚持了自己的梦想！

曾经，耶鲁大学就目标对人生的影响进行过一项长达 25 年的跟踪研究，研究对象在智力、学历等其他条件上都差不多。

而男孩的经历又一次验证了这个研究成果的正确性：男孩在 25 年后已经拥有 200 英亩的牧场中心，4000 平方英尺的大房子。

到这里，故事还没有结束。有一年的夏天，男孩当年的那个老师带着 30 个孩子来到他的牧场，搞了为期一周的露营活动。当老师离开的时候，她满脸愧疚地对他说："蒙地，现在我可以对你讲了，当我还是你的老师的时候，我差不多可以说是一个偷梦的人！那些年里，我偷了许许多多孩子的梦想。幸运的是，你有足够的勇气和进取心，不肯放弃，以致让你的梦想得以实现。"

这些"偷梦人"潜伏在我们身边，让我们不禁相信自己真的是没有创造和实现这些梦想的能力。其实也有太多的人和事物叫我们不难发现：人和人之间其实没有什么能力上的差别，他们的主要差别在于思维方式的不同。只要你敢想，每个人都有潜力实现梦想。

用简单的一句话概括：其实挖掘一个人的潜力就是挖掘一个人的想象力！那些比较成功的人不是比那些失败的人有天赋，而是失败的人也许根本就没有想过自己要去做点什么？也许他们做了，可能比现在成功的人还要厉害几百倍！但是成功和失败在起跑线上的主要差别就是在于：想过和没有想过！世上事有难易乎？为之，则难者亦易矣！不为，则易者亦难矣！

要是谈怎么样开发一个人的潜力的话，我们首先应该做的就是要给这个人的大脑动动手术了，不是要开刀，而是要他把以前不敢想象的事情大胆地想象一下。人类是因为有梦想而伟大的，没有梦想的生活就像一盏熄灭的灯，一个人的成就永远不可能超越自己的梦想。所以开发潜力第一件事情就是要有梦想，梦想就是可以量化的目标，没有目标是没有办法采取行动的，不行动也就没有办法开发什么潜力。潜力：需要在行动中升华！

1. 只要笃信，就有无限潜能

无论你要达到怎样的目标，请记住：你有无限潜能！

你的潜在能量会让你和世界感到惊讶！

发现它们，使用它们！

把梦想变成目标，把目标变成现实成长和晋升的超级能量。人需要更多的力量来升华自己，每个阶段的自己都需要得到超脱。任何事只要你笃信不疑，它最后就会变成现实。

有一个定律可以解释这种现象——“信念定律”，又称“坚信定律”，它告诉人们，无论什么事情，只要你坚信不移，它就一定能够实现。不要去怀疑信念的力量，信念的力量是伟大的，说它伟大是因为它可摧毁一切障碍，战胜一切困难，说它伟大还因为它可以激发你无限的潜力。拥有坚定信念的人是不可击垮的，也是绝对不可战胜的。如果方向正确，坚定的信念可以让你的生活和事业最终走向成功。

如果你坚信自己注定会是一个成功人士，那么你就会朝着这个方向努力并最终实现这个目标；如果你坚信自己是个幸运儿，坚信自己的生活中会好事连连，你的生活就会确实如你所愿。

一个人对自己最糟糕的信念莫过于“自我限制信念”了，无论何时，只要你认为自己在某些方面“技不如人”、“能力有限”，就是这种信念在作怪。比如，你可能觉得自己不如其他人聪明，或者不如其他人那么有能力；你可能会觉得，在某些方面别人比你更出色；你可能会落入俗套：自视甚低，而且安于现状，尽管依自己的能力本可能更为优秀。

这种自我限制信念就是你潜在能力的“刹车”，它们让你裹足不前，它们会生发出个人成功的两个最大敌人——怀疑和恐惧。它们让你瘫痪无力，它们会导致你不敢承担心智上的风险，在释放自己潜能所必须承担的风险面前畏缩不前。

2. **要想成功，先梦想成功**

假若，你要成为一个成功者，首先你就要去梦想成功；要想创造出巨大的成就，首先你就要有大的梦想。拥有伟大梦想的人，就拥有了最强大的力量，当你以坚定的信念、十足的勇气去实现自己的梦想时，你将是不可阻挡的。正如麦当劳的创始人雷·克拉克曾说过的：“要无限相信，你的全部潜力一定是非凡的，是足以令你成功的。想得大你就会做得大。”

每天都有成千上万的人在抱怨生活的不公平，哀叹命运不济，因为他们将眼光只盯在生活中让他们不满意的事物上，却没有想到，改变他们生活的力量就在他们自己的头脑里。如果有人说他过着自己不想要的生活，其实恰恰相反，你过的正是你想要的生活，因为你现在所有的一切都是你头脑里想法的实现，你想到什么你就会得到什么，而你所缺乏的正是你从未想过或者从未敢于去梦想的东西。怀有远大梦想的人，无论他怎样地贫穷，怎样地不幸，他都终将改变现有的一切，获得更好的生活。因为对幸福和成功的渴望是将人从烦恼、痛苦、困难中解救出来的最有效的动力。永远对未来怀有梦想，不屈服于命运，相信美好的日子终将来临——正是人类精神中这些优秀的品质使我们超越苦难，获得一次又一次的新生。

3. 拥有梦想，就拥有动力

梦想将把我们带出日常生活之外，向我们展示一个更广大的新世界。在那个世界里，有我们渴望获得的一切，它让我们发现了我们现在的生活是多么的贫乏，从而激励我们不断地努力奋斗，去争取更好的生活。

放大你的梦想！信仰并且鼓励你的憧憬，发扬你的梦想，同时努力使之实现。这种使我们向上、向高处跑的能力，是我们走上至善之路的指南针。你生命的内容，将全依你的憧憬决定。你的梦想，就是你的生命历程的预言。

放大你的梦想，将自己从平庸状态中拯救出来，你会发现，你拥有让自己都感到吃惊的能力，你可以做到和那些你过去只敢远远仰望的人一样的优秀卓越。在人的身上蕴含着无穷的我们自己都想象不到的潜力，它们往往受到我们头脑中一些狭隘想法的限制而没有被开掘出来。局限你的思想也就是局限你的行动，也就等于选择了平庸和失败。当你放大梦想时，你会发现你的能力也在不断扩大，你可以轻易地完成曾被认为是超出自己能力之外的事情。大梦想能使你的自身优势发挥到极致，使你的人生变得辉煌卓越。

发掘潜能，创造自我，如慢火煲汤，越是经久，越是味佳。如果把自己当作一锅正在为自己煲的汤，每一秒钟的小火，都会让你迸发出细微的变化；历久弥坚，自然释放无穷的潜力！

只要你去梦想，一切皆有可能！

梦想的力量

江文山出生时就缺失左上肢，10 岁时随父母去深圳生活，由于“与众不同”，他几乎没有玩伴，每天就对着家里墙上的中国地图和世界地图发呆，渐渐地，他萌发出一个梦想：长大后，一定要周游世界，踏遍祖国的大好山河，亲自走过两张地图上的每个角落。

随着年龄的增长，他以快乐坚强的生活态度，逐渐融入社会。而当年的梦想，却始终萦绕心头。

2005 年，江文山于深圳大学毕业后，开始从事助残志愿服务。其间他发现，有不少残疾人有“走出去”的愿望，却因身体条件不允许而放弃。江文山就对他们说：“我代替你去，你看我的微博直播，我带你走遍祖国。”既然把话说出去了，便开始筹划骑自行车环游中国的计划，并拉来了赞助。就在他即将出发时，父亲却突遭车祸，并因此失去工作。弟弟妹妹还在读书，江文山只好暂时搁浅梦想，挑起了照顾全家的重担。

当最小的妹妹大学毕业后，江文山决定重拾梦想，并将之深化为一次使社会更加关注残障人士、让残疾人更好地融入社会的公益行动：用 9 个月时间，走过中国的每个省份，到达包括所有省会城市在内的 88 座城市。其间，要行走 31686 千米，和 31686 个市民握手。经过精心筹划，他特意将出发日定在2012年3月5日——“中国青年志愿者服务日”和“深圳义工节”，由此开启了他的“梦想实践之旅”——环中国握手行动。在出发仪式上，江文山说：“梦想不能等，我已经等了7年，现在该是实现的时候了。虽然很多事情不是一朝一夕就能改变，但行动吧，行动就会有改变。”

和江文山一起行走的还有一位听障朋友叫宁豪，每到达一座城市，江文山就会在繁华地带，用自己的假肢和路人握手，并将自己当天的行程在微博上和博客上公布，征集网友前去握手。到达梦想之旅第一站东莞市后，江文山顾不得休息，就举着“环游中国，求握手”的牌子，来到最繁华的市中心广场，引来不少市民驻足。当一位中年男子走上前来时，江文山微笑着说：“握个手吧。”中年人稍微犹豫了一下，随后热情地伸出双手，紧紧握住了江文山的残肢。这一感人的场景，博得了众人的热烈掌声。一位过路的母亲怀里抱着3岁大的儿子，当她看见江文山的残肢和那个“求你握手”的牌子后，被深深打动，先是自己紧握了一下江文山的残肢，随后又让儿子伸出小手给江文山，说：“我们全家希望你以及所有的残疾朋友都能坚强生活。”感动得江文山情不自禁地用残肢抱住小男孩亲了一下。

一个小时的“求握手”活动很快结束，江文山也与近百名路人成功握手，这让他格外高兴：“首站的成功，更坚定了将‘梦想实践之旅’进行到底的决心和信心，让我感受到了从未有过的手与手传递的爱心和力量！”

7月2日，江文山来到第33座城市北京。上午10时，他准时出现在王府井书店门前，举起一直跟随他的那块招牌。路人走过只要稍微驻足，江文山就会面带微笑问道：“能握个手吗？左手！”当路人握住他肘关节往下一点戛然而止的残肢时，无一例外地被深深震撼。而他依然微笑着侧身、倾斜、握手、点头，并连声说谢谢，一切非常熟练。

哈尔滨市是江文山到达的第38座城市，在冰城他受到了格外关注。当他于7月19日下午4点钟刚出现在中央商城门前时，顿时被热情的市民所包围，人们纷纷抢着与他握手。华东理工大学的6位老师来冰城旅游，在与江文山一一握手后，又为他送上了寄语：“一定要实现梦想！”一位叫景睿的小伙子在与江文山紧紧握手时，还亲切地拍了拍他的肩膀，竖起拇指赞扬道：“大哥的精神可嘉，可为年轻人励志。冰城兄弟支持你！”

这些都让江文山感触颇深：“这是我经历过的所有城市中，握手率最高的。早听说冰城人热情、文明、豪放与包容，果然名不虚传。”

为了实现梦想，江文山把自己的梦想放在淘宝上出售，31686千米，每千米售价10元，有12种购买方式，最低可购买1000米，最高则可购买10000千米。“你每购买1000米梦想，我将向梦想前进1000米。”截至目前，他已卖出了3000多千米的“梦想里程”，筹集到3万多元。他有一个打工的残疾朋友，20岁时因为生病导致腰部以下瘫痪，虽然月工资只有2000元，却毫不犹豫地拿出1000元买了100千米“梦想里程”。当时江文山坚决不收，但朋友说出“文山，带着我的梦想一起上路”这句话时，他收下了：“请你放心，我一定带着你的梦想一起走，帮你实现环游中国的梦想。”

为了回馈购买梦想的朋友，每到一座城市，江文山都会购买明信片，或购买一些残疾人的手工艺品，寄给购买梦想里程的朋友。

也有人提出质疑：“如果购买梦想的资金够你走完全程，还有多出来的怎么办?”江文山说：“如果多出来，我会帮助其他人实现梦想。我沿途会做一些公益活动，去一些高校和助残的公益机构，收集一些其他人的梦想。这些，我现在就已经在做。有一个叫向东的残疾人朋友，他20岁的时候生了一场病，现在不能走路。他想继续行走就要做手术，但手术费太高。我就帮他在淘宝上出售‘行走的梦想’。”针对有人提出担心资金不够走不下去的问题，江文山轻松地说：“这个总有办法的。别忘了，和我一起行走的还有一位听障朋友叫宁豪，他是一位艺术工作者，可以做一些雕刻，画一些画，我们俩可以合作去卖。不行的话，我还可以边走边打工。总之，梦想不能等，实现梦想才是硬道理！”

把梦想随身携带

在那个寒冷的冬天，他出生在俄罗斯的哈巴罗夫斯克北部的一个小城。他的家坐落在一条地处偏僻农村的铁路附近，父母都是铁路工人。幼时的他体弱多病，且经常发烧。最终导致他得了慢性肺炎，一出世便在医院待了整整三个月。为了能让他得到更适宜治疗的环境，他的父母决定搬往气温相对温暖的伏尔加格勒居住。

他的家人慢慢发现，孩子的病之所以久久未能痊愈，与他的体质有极大的关系。家人想，怎样才能增强他的体质呢？最终，他们对年仅 4 岁的他进行了多项体能训练，诸如滑雪、跳舞、滑冰、双杠……

在训练过程中，小小的他逐渐对滑冰产生了浓厚的兴趣，且一发不可收拾，每天都要在冰场上练一两个小时才罢休。羸弱的体质，常使他因为不能坚持太久而多次滑倒，坚硬的冰面，常在他幼小的身体上留下一道道伤口。而如此艰辛的付出之后。他在滑冰方面。却并未取得多大的成绩。更令他伤心的并非来自身体上的伤害，而是冰场上无数人对他的嘲笑。

他的父母安慰他，说滑冰只是为锻炼身体，不必太在意。他的滑冰启蒙老师对他说："不要在意别人的嘲笑，你可是这里年纪最小的孩子，但你一定能成为这里的第一。"她只是试图增强他的信心，但这句话深深扎进了他的心田。

失败之后，他的信念反而更加坚定，勇气变得更大。他相信，自己定能成功。从那以后，在伏尔加格勒的冰场上，人们经常可以看到一个金头发、蓝眼睛，身上永远背着一个背包的小男孩在锲而不舍地坚持着自己的梦想。

23 年过去了，他的梦想之花终于灿烂地绽放在世界冰坛上。年仅 27

岁的他，惊人地获得了欧锦赛、世锦赛、世界花样滑冰总决赛等多项比赛的冠军大奖，他以独特的两周跳、三周跳、连续四周跳而技惊世人。

一袭白衣、一顶红色的帽子、一个背包，成了他的招牌装扮，让人们对他印象尤为深刻。他，就是普鲁申科，鼎鼎大名的世界“冰坛王子”。

27 岁就能冠绝世界冰坛，且从小就体弱多病还能连续多年称雄不败，这让许多人对他的背景产生了极为浓厚的兴趣。但人们发现，普鲁申科似乎并没有什么过人的天赋。他背后的教练：塔提阿娜、米西林、埃里克、托思维等人中，没有一个是名牌教练。甚至，有人从多种渠道调查他是不是每次比赛都服用了兴奋剂。但结果都一一落空。

普鲁申科成功的背后有什么秘密？对此，普鲁申科从来都是一笑否认，说自己并没有什么秘密。

2007 年冬季，普鲁申科的朋友举行了盛大的婚礼，地点正巧定在坎斯克河旁。那时，坎斯克河河面结了厚厚的一层冰。有人就趁此时机，邀请普鲁申科即兴表演滑冰助兴。可因为是临时想起的节目，婚礼主办方并没有准备冰鞋，就在众人叹气之际，普鲁申科却微微一笑说：“没关系，我一直都随身携带着冰鞋呢。”

普鲁申科说完，从随身携带的背包里拿出了一双冰鞋。

一切秘密，随即公之于众。人们恍然大悟：原来，普鲁申科从来都是把梦想携带在身上的！

给梦想开花的机会

十多年前，我买了一棵只有一尺多高的棕榈树。

开始我把这棵棕榈树栽在花盆里，后来因长势茂盛，小小的花盆渐有容不下它的势头，母亲便提议把棕榈树栽在院子里的花坛里。她是这样说的：如果让一个人蜷在一个箱子里，腿都不能伸直，那多难受啊！花也是一样的，如果憋屈着，它还怎么生长？母亲充满人情味的提议得到全家的一致认可，唯一担心的就是，棕榈树是一种南方植物，而我的老家在北方，把这种南方植物种在院子里，它能否经受得住北方冬季彻骨的寒冷呢？

冬去春来，事实证明我们的担心是多余的，棕榈树非常泼辣，它主干上雄狮鬃毛一样的“汗毛”在一定程度上起到了保暖的作用。不仅如此，由于在土地上可以完全放开手脚，加上营养充足，它长势愈加茁壮，几年的工夫，竟然长成了一棵4米多高的大树。巨大的手掌一样的叶子，伞形的树冠，成了北方农村小院里难得一见的风景。

唯一令人遗憾的是，棕榈树开的花不好看。每年阳春三月，树冠下方主干处的周围就长出像竹笋一样的花骨朵，随着“竹笋”渐渐长大，撑开了外层黄绿色的苞衣，就露出了里面“鱼子”一样数不清的花蕾。花蕾打开后是星星点点白色的小花，时间不长，白色的小花败落变黑，簌簌落下黑色煤碴儿一样的种子，而残留在树干上的花茎越来越像老人枯瘦的手，真是大煞风景！我专门在网上搜索了棕榈树种子的用途，结果同样令人失望。索性打算，每年春天，等棕榈树上的“竹笋”一露头，我就把它们全都砍去，免得它开出的花让人大跌眼镜。

当我第一次挥刀向棕榈树所谓的花朵砍去时，外出归来的母亲把我喊住了：住手，你不能砍它们！

为什么呢？我反问母亲。

它一年只开一次花，不管好看难看，都是它最盼望的事情，开花对于它来说，就是过年呢！

我怔住了！母亲的话，让我感慨万分！

后来，我在网上结识了一位喜欢养花的朋友。她是真正的养花高手，发过来的各种娇艳欲滴的花的照片，令我心旷神怡、惊叹不已。普普通通的花草，经过她的打理、侍弄，都像灰姑娘摇身一变成为了风姿绰约的公主。有一天，我在网上向她请教如何养好芦荟的问题，并把自己养的芦荟的照片发给她看。看到我养的干巴巴的芦荟，她笑了起来：我养的芦荟年年都开花呢！什么？芦荟也会开花？它开的花一定很惊艳吧！我是第一次听说芦荟也能开花。她回答我：当然能开了，只是开的花并不漂亮，所以每年，我都在芦荟长出花茎时，就提前把它剪掉了。我忍不住劝阻道：不要剪！你这样做太残忍了，就让它把花开出来吧！她惊讶于我的反应：花开得又不漂亮，干嘛要留着它？我便把母亲讲的话说给她听，她充满愧疚地说：老人说的话真是有道理啊！我以后再也不会去剪芦荟的花茎了。

在我女儿就读的学校，有一位老师格外受学生们欢迎。她的学历在学校里并不是最高的，长相也不出众。但她有一双伯乐一样的慧眼，在她的眼里，每一个学生都才华横溢，有“开花”的本领，她先后在班里的所谓差生中发掘出了小画家、小发明家，等等。

事实上，自然界里的每一种植物几乎都能够开花，关键是要给它开花的机会。可能等待它开花，需要很长很长的时间；也许，它开出的花普普通通，毫不起眼，但那都是一次梦想的绽放。抛开功利的思想去看，那些微不足道甚至有点丑陋的花朵，其实都蕴藏着勃勃的生机和别样的美丽。

有梦想的人

五年前，表弟大学毕业，到一家企业应聘。面对百余人竞争一名文秘岗位的残酷局面，他感到希望有些渺茫。

每位应聘者手中都发有一张表格，上面除了个人基本情况及特长爱好以外，还设有“梦想”一栏。表弟心想，自己平时喜欢摄影，这么多年，能够购买一架功能齐全、价格昂贵的高档相机，就是自己目前的最大梦想。于是，他就老实地填写上“想拥有一架进口相机”，然后，没抱任何希望地离去。

一周之后，表弟意外地接到那家公司的电话，通知他应聘成功。表弟有些惊喜，也有些纳闷：也许是因为自己是正规院校中文系高才生，曾在国内报刊发表过诸多文学作品的缘故，而受到公司高层的垂青和厚爱吧。急于上班的表弟也来不及多想，第二天就兴冲冲地去报到了。

表弟很珍惜这份来之不易的工作，每天总是第一个来到办公室，沏茶扫地，任劳任怨，各类文件也是用心撰写和整理。每月近两千元的工资，除了伙食费、零用支配，以及给农村父母寄钱之外，其余全部存入银行。表弟生活十分节俭，一日三餐粗茶淡饭，经常推掉一些没有必要的应酬，也从不和别人攀比。他虽感清贫，但一想到自己心中的梦想，就觉得日子挺有奔头！

三年后，当表弟的存款达到两万元时，终于如愿以偿地买到了梦寐以求的相机。工作之余，表弟举起相机把公司的整体建设、精神面貌、好人好事等拍了下来，并以图文并茂的形式，屡屡发表在当地媒体上，还乐此不疲地做起单位的兼职摄影。在全国的专业摄影杂志上，也可以经常看到他的摄影作品，去年他还被当地摄影家协会吸收为会员。

不过，表弟心中一直有一个百思不解的疑问，那就是——当初为何自己能在众多应聘者中脱颖而出？当表弟被提拔为办公室副主任以后，有一次随公司老总出差，路上忍不住就问了这个问题。老总听完语重心长地告诉他："一个人有梦想时，干事情才会有动力。记得当时应聘队伍中，有一些人放弃'梦想'这一栏的填写，另有一些人所填梦想虽然宏伟远大，但脱离实际，一旦近期无法实现，导致心中压力过大，必将牢骚满腹、怨天尤人，从而影响工作和生活。你的梦想量力而行切合实际，经过努力容易实现。这也是我当初力排众议聘用你的原因，结果也证明了我的选择是对的。"表弟这才恍然大悟。

梦想决定态度和方向。一个人一辈子也许会有很多梦想，可以分阶段设计梦想的大小和目标，然后逐项完成并超越自我，从而创造自己的精彩生活和完美人生。

“凉皮哥”的梦想

在黑龙江有这样一个家庭，由于儿子从小患有自闭症，母亲得一直在家照顾，憨厚老实的父亲也不能出远门赚钱，靠在九三农垦市场前摆摊卖凉皮维持生计。

夫妻两人为了这个儿子可谓是费尽了心思，也承受了太多常人无法理解的痛苦——因为无法医治的儿子总会指着照片里的他们，分不清爸妈，甚至如今连一句“爸爸”“妈妈”都还不会喊。

有一次，父亲无意间发现，儿子在看电视剧《乡村爱情故事》，剧中人物在逗乐，儿子也跟着“嘿嘿”了一声。父亲心里一紧：难道他对这类喜剧感兴趣？于是随后的几天，父亲特意挑一些有趣的电视给儿子看，果然儿子在看到那些表情和语言特别丰富的剧情时，都会表现出兴奋的神情。

为了哄儿子开心，他便走上模仿的道路。其实这位父亲从小没学过多少文化知识，更甭提接受过什么表演专业的训练，但他凭着对生活的敏感和对儿子笑声的期盼，创作了不少好作品。他最擅长模仿的就是范伟和小沈阳，因为“儿子特别喜欢看到他们的表演”。

除了表演给患有自闭症的儿子看，在平时卖凉皮的时候，他也来上一两段，总能逗得大伙儿前仰后合，渐渐地光顾他摊子的人也多了，大家都知道九三农垦市场有个“范伟”。而在听了他虽辛酸却依然能够如此积极乐观地笑对生活的故事后，周围人都对这位“凉皮哥”竖起了大拇指。

这位父亲名字叫赵玉琨，今年38岁，因为《中国梦想秀》他被更多人知晓，也获得了“凉皮哥”的称号。

在《中国梦想秀》舞台上，“凉皮哥”八斤现场根据自己的生活创作了小品《壹周八斤秀》，表演惟妙惟肖，精湛自如，“包袱”不断，爆笑全场。东北汉子对自闭症儿子的拳拳慈爱和生活的坚守，让全场观众伴随着笑声和感动起立为他的表演呐喊。最终以290票高票通过，获得了节目组的全力支持——有企业赞助他开一家凉皮店，顺带可以照顾儿子；有演艺公司为他包装策划，满足他“凭借自己的特长，赚点外快，改善生活”的愿望。

主持人问“凉皮哥”，有没有什么开心的事和我们分享一下。他说，那天看见儿子把掉在地上的一个纸屑捡起来，扔进了垃圾桶，我看了非常开心。评委周立波又问他，有什么样的梦想，他说：“儿子由于生病的原因，至今还没有喊我一声爸爸，我的梦想就是，他哪天能喊我一声爸爸。”

一个异想天开的故事

世界之大，无奇不有。要想创造奇迹，永远得靠自己。你能想象你自己会用一枚红色的曲别针跟毫不相识的人换取一幢豪宅的一年免费居住权吗？

我敢保证99.9%的人会认为这完全是异想天开！没错！这个想法确实是异想天开，但是异想天开的事情有人做到了。

凯尔·麦克唐纳做到了，凭着他对愿望的执着、真诚地对待整个事件的过程、对目的的坚持和保持信念，他做到了！

让我们来了解一下这到底是怎么一回事。事件的具体过程回放：

一枚红色的曲别针可以换一栋房子？这可不是天方夜谭。加拿大一名男子希望借助互联网的力量来达到这个目标，现在他已成功取得了在菲尼克斯一间寓所免费居住一年的合约，距离完成梦想已越来越近。

26岁的凯尔·麦克唐纳在蒙特利尔同女友和两个室友租房子住，

每月得交300美元租金。他最大的梦想是拥有自己的房子。

可是，喜欢背包旅游、又没有固定职业的麦克唐纳，知道自己没有能力买下一栋房子。

这年的7月，他突发奇想，希望通过互联网来达到这个看似不可能的任务。他在一个网站的“物物交换区”登了广告，要以一个红色曲别针换取一个较大或更好的物品，并告诉大家：他一定亲自去拜访对方，不管有多远。

7月14日，温哥华的两位妇女给他电话，说她们愿意以一支鱼形笔换这个曲别针。而当他更新了网页后不到10分钟，西雅图的安妮女士就在网上联络他，用一个画着笑脸的陶瓷门把手换了他的鱼形笔。安妮是一位画家，她非常欣赏麦克唐纳这种“反消费主义”的行为，一时好玩，就在他的交易地盘上留了言。

7月25日，正准备从麻省搬家的肖恩·斯帕克斯表示，自己愿以一个野营炉换门把手——他一共有两个野营炉，不想都带走；而他的咖啡机又恰恰需要一个新把手——于是麦克唐纳在去拿炉子的同时，也和肖恩分享了烤肉的乐趣。接下来，9月24日，加州的大卫军士长发现自己需要这个炉子，拿一个旧的1000瓦的发电机和麦克唐纳交换。

11月16日，纽约皇后区的一个年轻小伙子用一个啤酒广告霓虹灯、一个啤酒桶和满桶啤酒的“派对方便三件套”换了他的旧发电机。

此时麦克唐纳已经小有名气。他在自己的博客上描述了以红色曲别针开始换取物品的曲折过程，引来了巨大回响。

12月1日，麦克唐纳的好运气来了。

“派对方便三件套”被加拿大蒙特利尔的一名电台主持人看中，想用一辆1991年的雪地车交换。麦克唐纳前去易物，顺便也在电视上露了一小脸。很快，一家雪地车杂志用前往加拿大亚克村庄的免费行程交换那辆雪地车；这趟免费行程又换来一辆1995年的货车，接着是一份录音合约。

麦克唐纳把录音合约交给了菲尼克斯的一个歌星，她让麦克唐纳免费租用一年内自己在菲尼克斯的双层公寓作为交换。

这就是麦克唐纳用一枚红色曲别针换来一年免费住房的故事。

CNN、CBC 还有很多报纸都报道了他。后来有人要求用好莱坞夏日旅游套装向他换取免费租用合约。不过麦克唐纳还在等待其他献议。

麦克唐纳说，好莱坞的制作公司已向他接洽，要将他的故事改编成电影。他还说，他不会接受礼物或是过于不公平的交易，以免破坏平等交易的乐趣。

麦克唐纳还在继续换东西：到了第二年 4 月，他已经用唱片合约换来在美国凤凰城一栋公寓免费住一年的权利。此时，麦克唐纳的名气甚至吸引“洛城法网”演员柏森的注意，他邀请麦克唐纳到他执导的新戏演出，不过麦克唐纳担心这会影响他的换屋计划而婉拒，但是心里没忘了柏森这个“交易物”。

麦克唐纳用凤凰城公寓居住权换来与摇滚歌手艾利斯·库柏共度一个下午的权利，接着换来一个摇滚乐团 Kiss 为主题的雪景球，此时柏森派上用场，因为他是雪景球收藏迷，已收藏了 6500 个。麦克唐纳拿雪景球交换柏森新片的演出机会，用这个演出机会换来基普林镇的免费房子。

基普林是一个人口日渐流失的小镇，极力争取游客来此观光，当该镇发展局长洛区得知麦克唐纳的故事，便建议镇议会吸引麦唐纳进住。于是当地政府花钱买了一栋 20 世纪 20 年代目前无人居住的房子，和麦克唐纳达成交换协议。洛区不愿透露金额，只说低于当地的行情 5 万加币。基普林还打算在通往该镇的一处公路休息站竖立红色曲别针的标志，并举办“美国偶像”式比赛让大家都有机会争取柏森新片的角色，不过参加者都必须捐钱帮助该镇发展。

麦克唐纳说，他或许不会永远住在基普林，但是肯定不会卖掉这栋房子。

也许你还是不敢相信，但凯尔·麦克唐纳确实用他的真心、诚心、信念带来了奇迹，用一个小小的红色曲别针创造了神奇的故事。

第三章　坚守自信，追逐梦想

播种个性，收获幸福

40 岁的美国女士简·博恩决心竞选芝加哥市长，她的对手是赫赫有名的企业巨头和兢兢业业的议会主席等人。评论家们分析说，简参选，只不过是一块小小的垫脚石而已，可能在第一轮就被淘汰。可事实与评论完全不一样，在看似毫无希望的气氛中，简后来居上，当选为芝加哥有史以来第一位女市长。这个结果大大出乎人们的意料。当记者去追根问底，探究简·博恩为何会取胜时，她讲述了自己少年时的一个故事。

简和她的哥哥斯迪是孪生兄妹。斯迪是个飞毛腿，从小学一年级开始，他就跟小伙伴们赛跑，从来都是他第一个冲过终点。一天，简和斯迪为了一件小事争论起来。两人互不相让，越争越凶。简脱口说道："无论你做什么，我都能比你强！"此刻，她忘了哥哥的了不起的体育天赋。

"你敢跟我赛跑吗?"怒气冲冲的斯迪抓住时机打压妹妹的气焰，"我随时都能赢你。"

简自觉失言，但自尊心不容她低头。她毫不犹豫地回答说："好的，一个月以后我们赛跑。从校门口跑到家门口，看谁先到!"

斯迪讥笑她"大言不惭"，日后必定反悔。

"不，我决不反悔！我会赢的!"简坚定地说道。

以后的一个月里，人们会看到一个时刻在奔跑的小姑娘。她跑步去学校，跑步去商店，跑步去教堂。平时她走着去的地方，现在都改成跑。她奔跑的耐力和速度一天天在提高。这个小姑娘不是别人，就是简，一个决心赢过哥哥的小学生。

一个月以后，简如约与斯迪赛跑。从学校门口到家门口，大概是一英里的路程。此刻，斯迪觉得脸有点发烧，因为简毕竟是个女孩子，而且还是自己的妹妹。他说："简，只要你现在认输，我们就不用比赛了，我不会把这事告诉别人的。"

倔强的简怎么会同意就此认输呢!

比赛开始了，起初斯迪遥遥领先。跑到一半时，简的耐力渐渐显露了优势，她一点点儿追了上来。最后，在众人惊讶的目光中，妹妹首先冲到了家门口，虽然只比斯迪快了一小步，但简毕竟获得了胜利。

简把这个故事讲完了。此时，记者们明白了简竞选获胜的原因，那就是她的一往无前、永不服输的个性决定了她的成功。这个性，在她少年时就已淋漓尽致地表现出来。30 年过去了，这种个性有增无减。就是这种个性，成就了简·博恩如今的事业。

"种瓜得瓜，种豆得豆"，犹如播下一个优良树种，就是播下一片宜人的绿荫一样，播下一种优良个性，就是播下一生的幸福命运。

信心让他突破一切

《不带钱去旅行》的作者犹太人麦克·英泰尔，在 37 岁那一年，放弃了收入丰厚的记者工作，做出一个令人吃惊的疯狂决定：他要以搭便车的方式，走遍美国。他将身上的3美元捐给一个流浪汉之后，带上衣服，就只身从阳光明媚的加州出发了。

然而，这个决定是他在精神快崩溃时所做的仓促决定，而这趟旅行的目的地，则是美国东岸北卡罗来纳州的恐怖角。

一切缘起于某个午后，他莫名其妙地哭了起来，因为他问了自己一个问题："如果有人通知我，今天就要死了，我会不会后悔？"

停顿了一会儿，英泰尔肯定地说："会！"

面对一直以来平顺的日子，他发现，他的生活中从来没有迸发过丁点儿火花，甚至连一场小赌注都玩不起。

继续回想这30多年的时光，他又发现，因为他没有自信，即使有机会做自己想做的事，也总是因为"害怕"两个字，而一再退缩。

他不断地回想、反省，懊恼地对自己说："你什么都怕，活着能干什么？什么都听别人的，活着有什么意义？"

当他强烈质疑着自己的存在价值时，他下定决心："我一定要突破这一切！"

一个对自己都没有自信的人，要独自来到传说中的恐怖角，确实需要很大的信心。亲友们甚至语带恐吓与嘲讽地说："你确定自己行吗？这一路你恐怕会遇到各种麻烦，你一定很快就会退缩。"

"不会的！"英泰尔对亲友们说，也向自己保证。

凭着信心和坚强的毅力，从来没有独立完成过一件事的英泰尔，真的成功了。他完成了4000多英里的路程，抵达了目的地。

一毛钱也没有花的英泰尔，在成功抵达目的地时，立即对着那些等待他的人们说："我不是要证明金钱无用。这项挑战最重要的意义是，我终于克服了心理的恐惧！"

抵达了目的地，英泰尔深有感触地望着"恐怖角"的路标说："其实恐怖角就犹如我内心的恐惧，是没有什么值得害怕的。现在我明白了这个道理，才发觉过去的我对自己是多么的没信心。"

叫我第一名

如果有个人一边发出狗吠一样的声音，一边做着各种奇怪的抽搐动作，然后微笑着对你说：“我的志向是要做一名教师。”你会怎么想？我的第一反应是：天哪，这太不可思议了，这不是要自取其辱吗？

可就是这样一个人，由于他的顽强不屈，在被25所小学拒绝之后，终于成功地被第26所小学聘任。不仅如此，工作的第一年，他就获得新晋教师评选“年度最佳教师奖”。

他是一个真实存在的人，叫布拉德，美国电影《叫我第一名》就是根据他的自传改编的。6岁那年，他得了妥瑞氏症——一种会无法控制地发出噪声并产生抽搐的疾病。老师讲课时，他紧紧地咬住铅笔，但是没有用，他越想集中注意力，就越控制不住自己，考试时情况更为严重。同学骂他笨蛋、怪物。

看完这部片子，我一直在想，这个充满正能量的人究竟是如何炼成的呢？

从影片里可以看出，这首先要归功于他的妈妈。他的妈妈无条件地爱他，无条件地信赖与支持他，对他的沮丧总有最恰当最积极的反应，对他的痛苦也给予最及时最温暖的安抚。

还有一个对布拉德具有决定意义的人，那就是他初中时遇到的校长。当他知道这个学生的抽动与怪声是疾病引起的之后，就用一种很巧妙的方法发动全校同学对布拉德给予支持。

布拉德周围的正能量还包括他的弟弟。小时候，为了保护总被取笑的哥哥，弟弟不知道和别人打了多少架。除了弟弟，布拉德的朋友、录取他做老师的那位校长等许多人，也都陆续成为布拉德的后方力量。

布拉德是如何取得这么多支持的呢？如果当年的布拉德因为自己的

疾病觉得低人一等，他有可能变得退缩、回避、敏感。这种自我否定和自卑会让一个人变得过度防御与戒备，那样的布拉德还可能拥有这么完善的社会支持系统吗？

我们来看一个经典的布拉德式幽默吧。他第一次和女孩约会时无法自控，引得周围人侧目，他笑着说："他嫉妒我，他在想：我怎么才能像那个家伙一样发出这么酷的声音呢？"

再来看布拉德无数次对各学校招聘者做的一个解释："在他们了解我之前，会把我当怪物，甚至会怕我。但是，一旦我对他们解释妥瑞氏症后，他们就会知道科恩先生是个普通人，只是偶尔会发出一些怪声。然后他们会认同我是一个好老师，就像他们认同你们一样。"

是的，这就是布拉德成功的秘密所在：他拥有强烈的自我悦纳，而这种特质极大地增加了他被人帮助的概率。想象一下，如果一个人发自内心地接受自己、喜欢自己，他看你的眼光是澄澈坦然而又充满友好的，你回应他的会不会也是坦诚与友好？必要时，你是不是很愿意向这个人施以援手？

所以，即使身处困境，你最需要的其实只是"自我悦纳"。自我悦纳一小步，走向自信一大步，而一个自信地向着特定目标前进的人，全世界都会帮他。

凡事靠自己

某人在屋檐下躲雨，看见观音正撑伞走过，于是这人说："观音菩萨，都说您普度众生，请带我一段吧。"

观音说："我在雨里，你在檐下，而檐下无雨，你不需要我来度。"

这人立刻跳出檐下，站在雨中，说："现在我也在雨中了。您该度我了吧？"

观音说："你在雨中，我也在雨中，我不被淋，因为有伞；你被雨淋，因为无伞。所以不是我度自己，而是伞度我。你要想度，不必找我，请找伞去！"说完便走了。

第二天，这人遇到了难事，便去寺庙里求观音。走进庙里，才发现观音的像前也有一个人在拜，那个人长得和观音一模一样。

这人问："您是观音吗？"

那人答道："我正是观音。"

这人又问："那您为何还拜自己？"

观音笑道："我也遇到了难事，但我知道，求人不如求自己。"

求人不如求己，凡事只能靠自己。只有学会独立，才能在将来有所作为。

美国总统约翰·肯尼迪的父亲从小就注意对儿子独立性格和精神状态的培养。有一次他赶着马车带儿子出去游玩，在一个拐弯处，因为马车速度很快，猛地把小肯尼迪甩了出去。当马车停住时，儿子以为父亲会下来把他扶起来，但父亲却坐在车上悠闲地掏出烟吸起来。

儿子叫道："爸爸，快来扶我。"

"你摔疼了吗？"

"是的，我自己感觉已站不起来了。"儿子带着哭腔说。

"那也要坚持站起来，重新爬上马车。"

儿子挣扎着自己站了起来，摇摇晃晃地走近马车，艰难地爬了上来。

父亲晃动着鞭子问："你知道我为什么让你这么做吗？"

儿子摇了摇头。

父亲接着说："人生就是这样，跌倒、爬起来、奔跑，再跌倒、再爬起来、再奔跑。在任何时候都要靠自己，没人会去扶你的。"

从那时起，父亲就更加注重对儿子的培养，如经常带着他参加一些大的社交活动，教他如何向客人打招呼、道别，与不同身份的客人应该怎样交谈，如何展示自己的精神风貌、气质和风度，如何坚定自己的信仰，等等。

有人问他："你每天要做的事情那么多，怎么有耐心教孩子做这些鸡毛蒜皮的小事？"

谁料约翰·肯尼迪的父亲一语惊人："我是在训练他做总统。"

不服输的精神

这是一位现在在某高等学府就读的本科生讲述的故事。

上高中的时候，我们班只是个普通班，比起由尖子生组成的6个实验班来说，考上大学的机会不多。因此除了几个学习好的同学很努力外，大多数人都只等着混个文凭，然后找份工作。

我们的班主任兼英语老师是个刚从师范学院毕业的学生，他非常敬业，每日催着我们学习学习再学习，作业作业再作业。但是说归说，由于抱着破罐破摔的想法，我们的成绩仍然上不去，在全校各科考试中屡屡落败。

高二的一次英语联考，我们班的成绩竟破天荒地超过了几个实验班的学生，这让我们接连兴奋了好几天。

发卷的时候到了，老师平静地把卷子发给我们。我们正欣喜地看着自己几乎从没得过的高分时，老师说："请同学们自己计算一下分数。"数着数着，我发现我的分竟比实际分数高出20分。

同学们也纷纷喊了起来："老师怎么给我们多算了20分！"课堂上乱了起来。

老师摆了摆手，班上静了下来。他沉重地说："是的，我给每位同学都多加了20分，这是我为自己的脸面也是为你们的脸面多加的20分。老师拼命地教你们，就是希望你们为老师争口气，让我不要在别的老师面前始终低着头，也希望你们不要在别班的同学面前总是低着头。”

老师接着说：“我来自山村，我的父母都去世很早。上中学时我连红薯土豆都吃不起，大学放暑假，我每天到建筑工地拉砖，曾因饥饿而晕倒，但我就是凭着一股要强的精神上完师院的。生活教会我在任何时候都不能服输，而你们只不过被分在普通班就丧失了信心，我很替你们难过。”

这时候教室里安静极了，同学们都低下了头。老师继续说：“我希望我的学生也做要强的人，任何时候都不服输！现在还只是高二，离高考还有一年多的时间，努力还来得及。希望你们不用靠老师弄虚作假就能拿到足够的分数，让老师能把头抬起来，继续要强下去。”

“同学们，拜托了！”说完，老师低下头，竟给我们深深地鞠了一躬。当他抬起头的时候，我们看到他的眼睛里流出了泪水。

“老师！”班里的女生们都哭了起来，男生的眼里也含满了泪水。

那一节课，我们什么也没有学。但一年后的高考，我们以普通班学生的身份夺得了全校高考第一名。据校长讲，这在学校的历史上是从未有过的。

我们每一个学生都记住了老师的眼泪。

不要忘记身边的宝藏

很久以前，在印度有一个生活富足的农夫，名叫阿里·哈费特。

一天，一位老者拜访阿里·哈费特时说道：“倘若您能得到拇指大的钻石，就能买下附近全部的土地；倘若能得到钻石矿，还能够让自己的儿子坐上王位。”

钻石的价值深深地印在了阿里·哈费特的心里。从此，他对什么都不感到满足了。

那天晚上，他彻夜未眠。第二天一早，他便叫来那位老者，请他指教在哪里能够找到钻石。老者想打消他的念头，无奈阿里·哈费特听不进去，他执迷不悟，不停地纠缠，最后老者只好告诉哈费特："您在很高很高的山里寻找淌着白沙的河。倘若能够找到，白沙里一定埋着钻石。"

于是，阿里·哈费特变卖了自己所有的地产，让家人寄宿在街坊邻居家里，自己则出去寻找钻石。但他走啊走，始终没有找到宝藏。他非常失望，最终在西班牙尽头的大海边投海死了。

可是，这故事并没有结束。

一天，买了阿里·哈费特的房子的人把骆驼牵进后院，想让骆驼喝水。后院里有条小河。骆驼把鼻子凑到河里时，他发现沙中有块发着光的东西。他从那里挖出一块闪闪发光的石头，带回家，放在炉架上。

过了些时候，那位老者又来拜访这户人家，一进门就发现了炉架上那块闪着光的石头，他不由得奔跑上前。

"这是钻石！"他惊奇地嚷道，"阿里·哈费特回来了！"

"不！阿里·哈费特还没有回来。这块石头是在后院小河里发现的。"新房主答道。

"不！你在骗我。"老者不相信，"我走进这房间，就知道这是钻石啊。别看我有些唠唠叨叨，但我还是认得出这是块真正的钻石！"

于是，两人跑出房间，到那条小河边挖掘起来，接着便露出了比第一块更具光泽的石头，而且以后又从这块土地上挖掘出了许多钻石。戈尔康达钻石矿就是这样被发现的，这是人类历史上价值最大的钻石矿。俄罗斯沙皇皇冠上的奥尔洛夫钻石，世界上最大的钻石，就是从这个钻石矿里挖掘出来的。

如果阿里·哈费特待在家里，挖一挖自己的地窖、麦田、花园，而不是历尽艰难困苦，在陌生的土地上盲目地寻寻觅觅，以致最后自杀身亡，他就会拥有自己的钻石宝地。他的农场的每一亩地，后来都挖出了钻石，这些钻石镶嵌在了国王和王后们的冠冕上。与此类似，千千万万的世人，因为没有意识到自己身上具有巨大的潜能，从而也就没有找准实现目标的方向，结果与梦寐以求的东西擦肩而过。

正确的事情要敢于坚持

他是英国一位年轻的建筑设计师，很幸运地被邀请参加了温泽市政府大厅的设计。他运用工程力学的知识，根据自己的经验，很巧妙地设计了只用一根柱子支撑大厅天顶的方案。

一年后，市政府请权威人士进行验收时，对他设计的一根支柱提出了异议。他们认为，用一根柱子支撑天花板太危险了，要求他再多加几根柱子。

年轻的设计师十分自信，他说："只要用一根柱子便足以保证大厅的稳固。"他详细地通过计算和列举相关实例加以说明，拒绝了工程验收专家们的建议。

他的固执惹恼了市政官员，年轻的设计师险些因此被送上法庭。

在万不得已的情况下，他只好在大厅四周增加了4根柱子。不过，这4根柱子全部都没有接触天花板，其间相隔了无法察觉的2毫米。

时光如梭，岁月更迭，一晃就是300年。

300年的时间里，市政官员换了一批又一批，市政府大厅坚固如初。直到20世纪后期，市政府准备修缮大厅的天顶时，才发现了这个秘密。

消息传出，世界各国的建筑师和游客慕名前来，观赏这几根神奇的柱子，并把这个市政大厅称为"嘲笑无知的建筑"。最令人们称奇的，是这位建筑师当年刻在中央圆柱顶端的一行字：

自信和真理只需要一根支柱。

这位年轻的设计师就是克里斯托·莱伊恩，这是一个很陌生的名字。今天，能够找到的有关他的资料实在太少了，但在仅存的一点资料中，记录了他当时说过的一句话："我很自信。至少100年后，当你们面对这根柱子时，只能哑口无言，甚至瞠目结舌。我要说明的是，你们看到的不是什么奇迹，而是我对自信的一点坚持。"

做自己的上帝

一位贫穷的工人在帮主人搬运东西时，不小心打破了一个花瓶。主人看见后，要求他赔偿，但他只是一个一贫如洗的工人，哪里赔得起这么昂贵的花瓶？

苦恼的工人只好到教堂，向神父请教解决的办法。

神父听完工人的倾诉后，对他说："听说有一种能将碎花瓶粘好的技术，不如你去学习这种技术，然后将这个花瓶修补、复原，事情不就解决了？"

工人听完却摇了摇头。说："哪有这么神奇的技术？要把这个碎花瓶粘得和原来一样，根本是不可能的事。"

神父指引他说："这样吧！教堂后面有一个石壁，上帝就待在那里，只要你对着石壁大声说话，上帝便会答应你的要求，去吧！"

于是，工人来到石壁前，大声对着石壁说："上帝，请您帮帮我，只要您愿意帮助我，我相信，我一定能将花瓶粘好！"

工人的话一说完，上帝便立即回应他："一定能将花瓶粘好！"

工人真的听见了上帝的承诺，于是，他充满自信地向神父辞别，去学习复原花瓶的技术了。

一年以后，经过认真学习与不懈努力，他终于学会了修补碎花瓶的技术。他用学来的知识将农场主人的花瓶复原得天衣无缝。

这天，他将花瓶送还给主人后，再次来到教堂，准备向上帝道谢，谢谢他给予的帮助与祝福。

神父将他再次带到教堂后面的石壁前，笑着对诚恳的工人说：“其实，你不必感谢上帝。”工人不解地看着神父：“为什么？要不是上帝，我根本无法学会修补花瓶的技术啊！”

神父笑着说：“其实，你真正要感谢的人，是你自己啊！因为，这里根本就没有上帝，这块石壁具有回音的功能，当时你听到的‘上帝的回答’，其实就是你自己的声音啊！而你，就是你自己的上帝。人要勇敢地做自己的上帝，因为真正能主宰自己命运的人，不是别人，而是我们自己。”

“因为我有腿”

彼得曾经是一个对一切都不满足的人，他整天都不快乐。在一个春天的黄昏，当他一个人在一条街上散步的时候，他目睹了一件事，他的烦恼从此消解。此事发生于几秒钟内，他在这几秒钟里所学的东西，比从前十年还要多。

彼得在那条街上开了一间杂货店，经营两年。不但把所有的积蓄都赔掉了，而且还负债累累。就在前一个星期，这间杂货店终于关门了。当时，他感觉世界太不公平，他的前途灰暗无光。

这时，彼得突然瞧见一个没有腿的人迎面而来，那人坐在一个有轮子的木板上，两只手各撑着一根木棒，沿街推进。彼得恰好在他过街之后碰见他，他正朝人行道滑去，他们的视线刚好相碰了。那人微笑着，向彼得打了个招呼：“下午好，先生！天气很好，不是吗？”他的声音是那样富有感染力，那样有精神，好像根本就不是一个残疾人。

一瞬间，彼得呆住了，他感觉到自己是多么富有呀！他有两条腿，可以走。彼得对自己说：“既然他没有腿也能这么自信而快乐，我当然也可以。因为我有腿！”

彼得豁然开朗。第二天，他自信地到银行借了两百美元，没过几天，他在城里谋到了一份工作。

几年之后，彼得赚了不少钱，不仅偿还了债务，还重新开了一间杂货店。

用信心扫除障碍

史蒂夫是美国当代最伟大的推销员。在成功之前，他也经历了许多次失败。

史蒂夫的推销生涯，是从在一家报社当广告业务员起步的。当时，史蒂夫从一开始便采取了与别的业务员截然不同的推销方式：别人总是哪儿容易拉到广告就往哪儿跑，史蒂夫却专门给自己列了一份别人都招揽不成功的客户的名单，作为自己的业务对象。而在正式去见这些别人都大摇其头的客户前，史蒂夫总要先到报社边上的一个公园里，把那个客户的名字念上一百遍，然后这样对自己说：“在本月之内，你将向我购买广告的版面！”

当然，实际情况远不是那么轻松简单。曾有一位商人，不管史蒂夫如何做工作，在第一个月里，他每次都一口拒绝买史蒂夫的广告版面。为此，在第二个月里，每天早晨那商人的商店开门后，史蒂夫就进去向这位商人请求在自己所在的那家报社的报纸上做广告，而每次那位商人都态度坚决地回答“不”之后，史蒂夫就默默离开，第二天照样继续前去……就这样，在这个月的最后一天，那位已经接连着对史蒂夫说了三十天“不”的商人，终于忍不住向史蒂夫道：“你已经浪费了整整一个月的时间来让我买你的广告版面，我很想知道，你究竟为什么要这样做呢？”

史蒂夫却回答说："不，我并没有浪费时间。这一个月中，我等于是在上学，而你就是我的老师——你一直在训练我的自信。"

听了史蒂夫的话，那位商人不禁点了点头，然后感慨道："哦，我也得向你承认，这一个月时间里，我也等于是在上学，而我的老师则是你——你已经教会了我坚持到底这一课。毫无疑问，对我来说这是比金钱更有价值的，因此，为了向你表示我的感谢，我决定买你的一个广告版面，当作我付给你的学费。"

史蒂夫就这样成功了。

只有自己才能拯救自己

美国心理学家拿破仑·希尔在他的书中讲了这样一个故事：

有一天，一名流浪汉来到我的办公室，要求与我谈谈。我放下手中的活，抬起头来和他打了个招呼。

"我来到这儿，是想见见这本书的作者。"说着，他从口袋里拿出一本名为《自信心》的书，那是我在许多年前写的。他继续说道："一定是命运之神在昨天下午把这本小书放入我口袋中的，当时我已经决定跳进密歇根湖，还好我看到了这本书，它给我带来了勇气和希望，并支持我度过昨天晚上。我已下定决心，只要我能见到这本书的作者，他一定能帮助我再度站起来。现在，我来了，我想知道你能帮我一些什么。"

在他说话的时候，我从头到脚把他打量了一遍，我不得不承认，在内心深处，我并不相信自己能替他做些什么。他的神情茫然，表情沮丧，神态紧张。他说得很详细，要点如下：他把他的全部财产投资在一种小型制造业上。1914 年，世界大战爆发，他只好宣告破产。金钱的丧失使他大为沮丧。于是，他离开了妻子儿女，成为一名流浪汉。他对于这些损失一直无法忘怀，而且越来越难过，到最后，甚至想要自杀。

听他说完他的故事后，我对他说："我已经以极大的耐心听完你的故事，我希望我能对你有所帮助，但事实上，我却无能为力。"

他的脸立刻变得苍白。他低下头，喃喃地说道："这下子完蛋了。"

我等了几秒钟，然后说道："虽然我没有办法帮助你，但我可以介绍你去见本大楼的一个人，他可以帮助你东山再起。"我刚说完这几句话，他立刻跳了起来，抓住我的手，说道："看在老天爷的分上，请带我去见这个人。"

于是，我带他来到我的实验室里，和他一起站在一块看来像是挂在门口的窗帘布前。我把窗帘布拉开，露出一面高大的镜子，他可以从镜子里看到他的全身。

我用手指着镜子说："我答应介绍你跟他见面的，就是这个人。在这世上，只有这个人能够使你东山再起。除非你坐下来，彻底认识这个人，否则，你只能跳到密歇根湖里，因为在你对这个人充分认识之前，对于你自己或这个世界来说，你都将是个没有任何价值的废物。"

他朝着镜子走了几步，用手摸摸他长满胡须的脸，然后转身离去。

几天后，我在街上碰见了这个人，我几乎都认不出他来。他的步伐轻快有力，头昂得高高的。他从头到脚打扮一新，看来很成功的样子，而且他自己也似乎有此感觉。他解释说："我正要到你的办公室去，把好消息告诉你。那一天我离开你的办公室时，还只是一个流浪汉，现在我已经拥有了一份年薪3000美元的工作。想想，老天爷，一年3000美元！我现在又可以重新开始了。我正要前去告诉你，将来有一天，我还要再去拜访你一次。我将带去一张支票，签好字，收款人是你，金额是空白的，由你填上数字。因为你介绍我认识了自己。幸好你要我站在那面大镜子前，把真正的我指给我看。"

那人说完话，转身走入拥挤的人群中，这时我终于发现了，在从来不曾发现"自己"价值的那些人的意识中，原来隐藏了如此伟大的力量和潜能。

点亮信念的明灯

一个八岁的孩子听到她的父母正在谈论她的小弟弟。她只知道他病得非常厉害，但是，父母没有钱为他医治。他们正准备搬到一所小一点的房子里去住，因为在支付了医药费之后，他们付不起现在这所房子的房租。而只有一个费用昂贵的手术才能救她的小弟弟的命，但是，他们借不到钱。

当她听到爸爸绝望地对妈妈说，现在只有奇迹才能救他了的时候，这个小女孩回到她的卧室里，把藏在壁橱里的猪形储蓄罐拿出来。她把里面的零钱全部倒在地板上，仔细地数了数。

然后，她把这个宝贵的储蓄罐紧紧地抱在怀里，从后门溜出去，走过六个街区，来到当地的一家药店里。她从她的储蓄罐里拿出一个25美分的硬币，放在玻璃柜台上。

"你想要什么？"药剂师问。

"我是来为我的小弟弟买药的。"小女孩回答道，"他病得很厉害，我想为他买一个奇迹。"

"你说什么？"药剂师问。

"他叫安德鲁，他的脑子里长了一个东西，我爸爸说只有奇迹才能救他。那么，一个奇迹需要多少钱？"

"我们这里不卖奇迹，孩子，我很抱歉。"药剂师对小女孩笑了笑说。

"听着，我有钱买它。如果这些钱不够，我可以想办法再多弄些钱。只要你告诉我它需要多少钱。"

此时，药店里还有一位衣着考究的顾客。他俯下身，问这个小女孩："你的弟弟需要什么样的奇迹？"

“我不知道，”她抬起被泪水模糊的双眸看着他，“他病得很重，妈妈说他需要做手术。但是我爸爸付不起手术费，所以我把攒下来的钱全都拿来买奇迹了。”

“你有多少钱？”那人问。

“1美元11美分，不过我还可以想办法多弄到一些钱。”她的声音轻得几乎听不见。

“噢，真是巧极了，”那人微笑着说，“1美元11美分——这正好是为你的小弟弟购买奇迹的钱。”

他一只手接过她的钱，另一只手牵起她的小手。他说：“带我到你家里去。我想看看你的小弟弟，见见你的父母。让我们来看一看我是不是有你需要的那个奇迹。”

那位衣着考究的绅士就是专攻神经外科的医生卡尔顿·阿姆斯特朗。手术完全是免费的。手术后没多久，小女孩的弟弟就回家了，并很快恢复了健康。

“那个手术，”她的妈妈轻声说，“真是一个奇迹。我想知道它到底能值多少钱。”

小女孩微笑了。她知道这个奇迹的确切价格：1美元11美分，加上一个小孩子的坚定的信念。

坚定的信念能够创造奇迹！

了解自己，热爱自己

禅院新来了一个小和尚，他积极主动地去见智空禅师，并诚恳地说：“我新来乍到，先干些什么呢？请大师指教。”

智空禅师微微一笑，对小和尚说：“你先认识一下寺里的众僧吧。”

第二天，小和尚又来见智空禅师，他诚恳地说：“众僧我都认识了，下边该做什么呢？”

智空禅师微微一笑，说：“肯定还有遗漏，接着去了解、去认识吧。”

三天后，小和尚再次来见智空禅师，他很有把握地说：“所有僧侣我都认识了，我想做些事情。”

智空禅师微微一笑，因势利导地说：“还有一个人你没认识，而且，这个人对你特别重要！”

小和尚满腹狐疑地走出禅师的禅房，一个人一个人地询问着，一间屋一间屋地寻找着。在阳光里、在月光下，他一遍遍地琢磨，一遍遍地寻思着。

不知过了多少天，一头雾水的小和尚在一口水井里忽然看到自己的身影，他顿悟了，赶忙跑去见老禅师……

要对自己充满信心，首先要对自己有个全面的认识。若你连自己都不了解，又怎么能产生对自我的肯定和坚持呢？

有一个美丽的花园，里面长满了苹果树、橘子树、梨树、槐树和玫瑰花。这里真是一个幸福的天堂，每一个鲜活的生命都是那么生机盎然，它们相依相伴，每天都尽情地享受着大自然的清新，享受生活的无穷乐趣，满足地生活在这一方小小的天地之中。

可是，在这之前的一段时间里，花园里的情形却不是这样的，有一棵小槐树总是愁容满面。可怜的小家伙一直被一个问题困扰着，它不知道自己是谁。大家众说纷纭，却更加让它困惑不已。苹果树认为它不够专心：“如果你真的尽力了，一定会结出美丽的苹果，你看多容易。你还是需要更加努力。”小槐树听了它的话，心想，我已经很努力了，而且比你们想象的还要努力，可就是不行。想着想着，它就愈发伤心。玫瑰说：“别听它的，开出玫瑰花来才更容易，你看多漂亮。”失望的小槐树看着娇嫩欲滴的玫瑰花，也想和它一样，但是它越想和别人一样，就越觉得自己失败。

一天，鸟中的智者雕来到了花园，看到唯独可爱的小槐树在一旁闷闷不乐，便上前打听。听了小槐树的困惑后，它说："你的问题并不严重，地球上许多人面临着同样的问题，我来告诉你怎么办。你不要把生命浪费在去变成别人希望你成为的样子，你就是你自己，你永远无法变成别人，更没有必要变成别人的样子，你要试着了解你自己，做你自己，要想知道这一点，就要聆听自己内心的声音。"说完，雕就飞走了，留下小槐树独自思考。

小槐树自言自语道："做我自己，了解我自己？倾听自己的内在声音？"突然，小槐树茅塞顿开。它闭上眼睛，敞开心扉，终于听到了自己内心的声音："你永远都结不出苹果，因为你不是苹果树；你也不会每年春天都开花，因为你不是玫瑰。你是一棵槐树，你的命运就是要长得高大挺拔，给鸟儿们栖息，给游人们遮阴，创造美丽的环境。你有你的使命，去完成它吧！"

小槐树顿时觉得浑身上下充满了自信和力量，它开始为实现自己的目标而努力，很快它就长成了一棵大槐树，赢得了大家的尊重。这时，花园里每一个生命都真正快乐起来。

勇气伴随自信而生

乔治·邦尼是一个经营着小本买卖的本分的美国人，几年前，他拥有平凡而殷实的普通生活。然而，他觉得仍然不够理想，因为他们没有多余的钱去买他们想要的东西，他的妻子尽管没有抱怨，但显然她也不幸福。

于是，邦尼的内心深处变得越来越不满。当他意识到爱妻和他的两个孩子并没有过上好日子的时候，心里就感到深深的刺痛。

但是今天，一切都有了极大的变化。现在，邦尼有了一所占地两英亩的漂亮新家，他和妻子再也不用担心能否送他们的孩子上一所好的大学了，他的妻子在花钱买衣服的时候也不再有那种犯罪的感觉了。下一个夏天，他们全家都将去欧洲度假。邦尼过上了真正幸福的生活。

邦尼说："这一切的发生，是因为我利用了信念的力量。五年以前，我听说在底特律有一个经营农具的工作。那时，我们还住在克利夫兰。我决定试试，希望能多挣一点钱。我到达底特律的时间是星期天的早晨，但公司与我面谈还得等到星期一。晚饭后，我坐在旅馆里静思默想，突然觉得自己是多么的可憎。'这到底是为什么?'我问自己，'失败为什么总属于我呢?'"

邦尼不知道那天是什么促使他做了这样一件事：他取了一张旅馆的信笺，写下几个他非常熟悉的、在近几年内远远超过他的人的名字。他们取得了更多的权力和工作职责。其中两个原是邻近的农场主，现已搬到更好的地区去了，其他两个朋友曾经为他们工作过，最后一位则是他的妹夫。

邦尼问自己："什么是这五位朋友拥有优势呢?"他把自己的智力与他们做了一个比较，邦尼觉得他们并不比自己更聪明；而他们所受的教育，他们的正直、个人习性等，也并不拥有任何优势。终于，邦尼想到了另一个成功的因素，即主动性。邦尼不得不承认，他的朋友们在这点上胜他一筹。

当时已经快深夜 3 点钟了，但邦尼的脑子还十分清醒。他第一次发现了自己的弱点。他深深地反省自己，发现缺少主动性是因为在内心深处，他并不看重自己。

邦尼坐着度过了残夜，回忆着过去的一切。从他记事起，邦尼便缺乏自信心，他发现过去的自己总是在自寻烦恼，自己总对自己说不行，不行，不行！他总在表现自己的短处，几乎他所做的一切都表现出了这种自我贬值。

邦尼终于明白了：如果自己都不信任自己的话，那么将没有人信任你！

于是，邦尼做出了决定："我一直都是把自己当成一个二等公民，从今以后，我再也不这样想了。”

第二天上午，邦尼仍保持着那种自信心，他暗暗把这次与公司的面谈作为对自己自信心的第一次考验。在这次面谈以前，邦尼希望自己有勇气提出比原来工资高750甚至1000美元的要求。但经过这次自我反省后，邦尼认识到了他的自我价值，因而把这个目标提到了3500美元。结果，邦尼达到了目的，他获得了成功。

挺起刚正的脊梁

维尼的母亲在他七岁的那年去世了，父亲后来续娶了一个犹太人。继母来到他家的那一年，小维尼十一岁了。

刚开始，维尼不喜欢她，大概有两年的时间他没有叫她“妈”，为此，父亲还打过他。可越是这样，维尼越是在情感中有一种很强烈的抵触情绪。然而，维尼第一次喊她“妈”，却是在他第一次也是唯一的一次挨她打的时候。

一天中午，维尼偷摘人家院子里的葡萄时被主人给逮住了。主人的外号叫“大胡子”，维尼平时就特别畏惧他，如今在他的跟前犯了错，他吓得浑身直哆嗦。

大胡子说：“今天我不打你也不骂你，你给我跪在这里，一直跪到你父母来领人。”

听说要自己跪下，维尼心里确实很不情愿。大胡子见他没反应，便大吼一声：“还不给我跪下！”

迫于对方的威慑，维尼战战兢兢地跪了下来。这一幕，恰巧被他的继母给撞见了。她冲上前，一把将维尼提起来，然后对大胡子大叫道：“你太过分了！”

继母平时是一个没有多少言语的性格内向的人，突然如此震怒，让大胡子这样的人也不知所措。维尼也是第一次看到继母性情中另外的一面。

回家后，继母用枝条狠狠地抽打了两下维尼的屁股，边打边说：“你偷摘葡萄我不会打你，哪有小孩不淘气的！但是，别人让你跪下，你就真的跪下？你不觉得这样有失人格吗？不顾自己人格的尊严，将来怎么成人？将来怎么成事？”继母说到这里，突然抽泣起来。维尼尽管只有十三岁，但继母的话在他的心中还是引起了震撼。他猛地抱住了继母的臂膀，哭喊道：“妈，我以后不这样了。”

继母教会了维尼人生中重要的一课——人活着要有尊严。继母因为懂得这一点，所以从没有勉强小维尼叫她母亲，当然她同样不允许别人侮辱小维尼。

女工的自信

电影明星洛依德将车开到检修站，一个女工接待了他。她熟练灵巧的双手和年轻美丽的容貌一下子吸引了他。

整个巴黎都知道他，但这个姑娘却没表示出丝毫的惊讶和兴奋。

“您喜欢看电影吗？”他不禁问道。

“当然喜欢，我是个电影迷。”

她手脚麻利，看得出她的修车技术非常熟练。半小时不到，她就修好了车。

“您可以开走了，先生。”

他却依依不舍：“小姐，您可以陪我去兜兜风吗？”

“不，先生，我还有工作。”

“这同样是您的工作。您修的车，难道不用亲自检查一下吗？”

“好吧，是您开还是我开？”

“当然我开，是我邀请您的嘛。”

车跑得很好。姑娘说：“看来没有什么问题，请让我下车好吗？”

“怎么，您不想再陪陪我吗？我再问您一遍，您喜欢看电影吗？”

“我回答过了，喜欢，而且是个影迷。”

“您不认识我？”

“怎么不认识，您一来我就认出了，您是当代影帝阿列克斯·洛依德。”

“既然如此，您为何对我这样冷淡？”

“不！您错了，我没有冷淡。只是没有像别的女孩子那样狂热。您有您的成绩，我有我的工作。您今天来修车，是我的顾客，我就像接待其他顾客一样接待您；将来如果您不再是明星了，再来修车，我也会像今天一样接待您。人与人之间不应该是这样的吗？”

洛依德沉默了。在这个普通的女工面前，他感觉到自己的浅薄与狂妄。

“小姐。谢谢！您让我受到了一次很好的教育。现在，我送您回去。再要修车的话，我还会来找您。”

生命是平等的

一个下着小雨的中午，车厢里的乘客稀稀落落的。在桥头站，上来一对残疾的父子。中年男子是个盲人，而他不到十岁的儿子呢，则只剩下一只眼睛略微能看到东西。

父亲在小男孩的牵引下，一步一步地摸索着走到车厢中央。当车子继续缓缓往前开时，小男孩开口了：“各位先生女士，你们好，我的名字叫林平，下面我唱几首歌给大家听。”

男孩的声音有着天然童音的甜美。

正如人们所预料的那样，唱完了几首歌曲之后，男孩走到车厢头，开始“行乞”。

但他手里既没有托着盘，也没直接把手伸到你前面，只是走到你身边，叫一声“先生”或“小姐”，然后默默地站在那儿。乘客们都知道他的意思，但每一个人都装出不明白的样子，或干脆扭头看车窗外面……

当小男孩两手空空地走到车厢尾时，旁边的一位中年妇女尖声大嚷起来：“真不知道怎么搞的，北京的乞丐这么多，连车上都有！”

这一下，几乎所有的目光都集中到这对残疾父子的身上，没想到，小男孩竟表现出与年龄极不相称的冷峻，他一字一顿地说：“女士，你说错了，我不是乞丐，我是在卖唱。”

车厢里所有淡漠的目光刹那间都生动起来。有人带头鼓起了掌，然后是掌声一片。

乞讨的人也有自尊，生命是平等的，许多时候尊严是被我们人为地定义在某一层面上，可是，凡是生命都需要尊重。

有位富翁十分有钱，却得不到旁人的尊重，他为此苦恼不已，每日寻思如何才能得到众人的敬仰。

某天在街上散步时，他看到街边一个衣衫褴褛的乞丐，心想机会来了，他在乞丐的破碗中丢下一枚亮晶晶的金币。谁知乞丐头也不抬地仍是忙着捉虱子，富翁不由生气：“你眼睛瞎了？没看到我给你的是金币吗？”

乞丐仍是不看他一眼，答道：“给不给是你的事，不高兴可以要回去。”

富翁大怒，意气用事起来，又丢了十个金币在乞丐的碗中，心想他这次一定会趴着向自己道谢，却不料乞丐仍是对他不理不睬。

富翁几乎要跳起来：“我给你十个金币，你看清楚，我是有钱人，好歹你也尊重我一下，道个谢你都不会。”

乞丐懒洋洋地回答：“有钱是你的事，尊不尊重你则是我的事，这是强求不来的。”

富翁急了：“那么，我将我财产的一半送给你，能不能请你尊重我呢?”

乞丐翻着一双白眼看他：“给我一半财产，那我不是和你一样有钱了吗？为什么我要尊重你?”

富翁更急起来，道：“好，我将所有的财产都给你，这下你可愿意尊重我了?”

乞丐大笑：“你将财产都给我，那你就成了乞丐，而我成了富翁，我凭什么来尊重你。”

第四章　正确把握人生道路

时刻警惕陷入恶性循环

我们的烦恼有时不是源于外界的人或事，而是因为庸人自扰，只是大多数时候我们没有察觉罢了。“世上本无事，庸人自扰之。”一切毫无实际根据的忧虑都是不必要的，它只能使人们自寻烦恼，陷入颓废和混乱的精神状态。

据统计，一般的忧虑有40%属于过去，有50%属于未来，只有10%属于现在；而90%的忧虑从未发生，剩下的10%则是你能够轻易应付的。“我早就知道会如此”，如果你总是预感到有什么坏事，它们多半是会出现的。未雨绸缪虽是个好习惯，但不要凡事都做最坏的打算，要时刻警惕避免陷入恶性循环。

总盯着消极的事情不放，牢牢地记着自己受到过多少不公正待遇；记着有多少次别人对你说话的态度不友善。总是把注意力集中在那些不好的、吃亏的事上，你就会习惯性地运用消极思维来给自己制造烦恼。

当问题第一次出现时就正视它，它就很容易化为乌有。反之，如果遇到问题拖着不及时解决，让问题像滚雪球一样地不断发展下去，最后必然让你烦恼不已。滚雪球的人总是遵循一条简单的规则：“如果错过了解决问题的时机，索性再往后拖延。”这样，只会使问题变得更糟，会导致愤怒和苦恼埋在心底几个月甚至几年。

人活在世上，烦恼的事已经够多了，不要再自寻烦恼，没事瞎折腾了。学着去掌握避免自寻烦恼的秘诀，那就是养成一种超然的态度。把心头泛滥的愁烦看作逝去的江水，不要任凭自己沉溺在里面。常常把心神集中在现实和身边的事物上，并且务必养成凡事感恩的习惯。把值得自己快乐的理由全部写下来，可以快速地从忧虑的迷宫中脱身。对于一些确实无法认知和解决的问题，我们没有必要陷入无休止的忧愁之中而无力自拔。

人，不一定非要旁人的认可和赞美，偶尔也要学会孤芳自赏。正确地认识自己，可以避免走入极端，让自己陷入恶性循环中不能自拔。正确认识自己，不妨跟着以下步骤走吧：

（1）正确评价自己。如实地看待自己的长处和短处，坚信自己并不比别人差，在任何事面前要理直气壮、胸有成竹，使懦弱与自卑远离自己。

（2）正确表现自己。学会在适当的场合表露自己，多做一些力所能及的、把握较大的事情。因为，任何成功都会增强人的自信、力量和勇气，要不断地寻找机会表露自己，逐渐克服懦弱的性格。

（3）不断充实与提高自己。明确自己存在的不足，以最大的决心和顽强的毅力去克服这些不足，不断学习、充实、提高自己，相信你一定可以克服懦弱的性格。

要时刻反省自己，在闲暇无事的时候要反省自己是否有一些杂乱的念头，忙碌的时候要思考自己是否有怨天尤人的习气，得意的时候反省自己的言谈举止是否傲慢，失意的时候要反省自己是否有怨恨不满的想法。别让这些负面的思维和情绪笼罩着你，那样会抽去你的力量。负面思维定式，让你目光浅短，在美丽的事物上徒增灰尘。

这里要提醒你的是，关键要记住：人生乐在豁达。

不要让坏情绪牵着鼻子走

美国加州大学心理学家艾克曼曾做过一个实验，要受试者装出惊讶、厌恶、忧伤、愤怒、恐惧和快乐等表情，却发现他们的身心也跟着起了变化。

当受试者装出害怕的表情时，他们的心跳加速，皮肤温度降低等；表现其他5种情绪时，也有不同的变化。可见我们怎么装，心情就怎么改变。

在生活中我们常常看到，有些人因为一些不足挂齿的小事而发怒，做出不该做的事，事后常常后悔不已。所以发脾气并不能使问题得到解决，反而会增加新的矛盾。

不妨试着增强理智感，学会克制自己的怒气，这可以使我们遇事多思考，多想想别人，多想想事情的结果，认真对待，慎重处理。一旦发觉自己出现了冲动的征兆时，及时克制，加强自制力。学习一些帮助自己克制暴躁脾气的好方法。在家里或在课桌上贴上"息怒""制怒"一类的警言，时刻提醒自己要冷静。

俄国文学家屠格涅夫曾劝告那些易于爆发激情的人，"最好在发言之前把舌头在嘴里转上几圈"，通过时间缓冲，让自己的头脑冷静下来。在快要发脾气时，嘴里默念"镇静，镇静，三思，三思"之类的话。这些方法都有助于控制情绪，增强大脑的理智思维。

我们要学会控制脾气，不急不躁；学会理智行事，直面人生。人如果心浮气躁，静不下心来做事，不仅会一事无成，而且可能会铸成大错。尤其当我们面临糟糕难办的事情时，更需要头脑冷静，才能把事办成。做事要戒急躁，人一急躁则必然心浮，心浮就无法深入到事物的内部仔细研究和探讨事物发展的规律，无法认清事物的本质。气躁心浮，办事不稳，差错自然会多。

不少人做事都想一蹴而就，他们似乎忘了一点，做什么事情都有一定的规律，都得按一定的步骤行事，欲速则不达。现实生活中，有很多不如意的事让人烦心头痛；想有所作为，而又不能马上成功，便会产生急躁情绪；本以为可以把事情做得很好，谁知忽然节外生枝，一时又无法处理，必然生出急躁之心；因为他人的过错，给自己造成了一定的麻烦，心气不顺，也会产生急躁；望子成龙，盼女成凤，天下父母之心皆然，但偏偏儿女不争气，心中也同样急躁；受到别人的责难、批评，又无法解释清楚，心中也会产生急躁的情绪。会产生急躁情绪的事情还有很多，但无论是哪一种情况产生急躁的情绪，对人对己都没有好处。

轻浮、急躁，对什么事都深入不进去，只知其一，不知其二，往往会给工作、事业带来损失。戒急躁就是要求我们遇事沉着、冷静，多分析思考，然后再行动。如果站在这山看着那山高，干什么都干不好，最后必将毫无所获。无论做什么事都不可能毫不费力就取得成功，急于求成，只能是害了自己。忍浮抑躁确实不容易，要有顽强的毅力，才能做到这一点，但只要有决心、有信心，胸中有个远大的目标，小小的浮躁又有什么不能忍的呢！

比如，面对不如意的事时，如果过于直白地表露自己的情感，则显得肤浅，也容易得罪人。所以一定要控制好自己的情绪，以免误事。

脾气不好，学会控制是关键。想想乱发脾气的坏处，一伤身体，二伤和气，何苦呢？再说，有理不在声高，发脾气也不是解决问题的灵丹妙药，许多问题还是靠平心静气地坐下来谈妥的。

但话说回来，爱发脾气的人只是控制不了自己而已，并非人不好；可往往因为脾气不好，得罪不少人，或者别人见而生畏，躲着你。所以，若想与周围的人和谐相处，就得改改我们自己，学会适当控制自己的感情，而不是由着自己的性子。放纵惯了，就不好收拾了。同样道理，适当控制一下自己的情绪，慢慢遇事就会不那么急躁了。

如果感觉自己不能控制脾气的话，最好是在爆发之前求助朋友，求助一个能在你失去理智时拉住你的人，一个能在你苦恼时听你倾诉的人，一个能真诚待人的好朋友。除此之外，借鉴下面介绍的方法，也有助于你控制自己的脾气。

（1）转移。当发觉自己的情感激动起来时，为了避免立即爆发，可以有意识地转移话题或做点儿别的事情来分散自己的注意力，把思想感情转移到其他活动上，使紧张的情绪松弛下来。比如迅速离开现场，去干别的事情，找人谈谈心、散散步，或者干脆到操场上猛跑几圈，这样可将因盛怒激发出来的能量释放出来，心情就会平静下来。

（2）灵活。有很多事情是可以有多种处理办法的，遇事要灵活行事，不要那么僵硬，有时可以退让一下，给对方改变主意和态度的机会，选择方法要考虑事情的结果。

（3）记录。也可以用一个小本子专门记载每一次发脾气的原因和经过，通过记录和回忆，在思想上进行分析梳理，定会发现有很多脾气发得毫无价值，会感到很羞愧，以后怒气发作的次数就会减少很多。

（4）移情。做人应当有一点儿“雅量”，即容人之量，要“待人宽，责己严”，不要动辄指责怪罪别人。因区区小事而对同事、朋友或家人发脾气，是极不礼貌的行为。你发了火，泄了气，痛快了，可这种痛快是建立在别人的痛苦之上，如果把你调个位置，有人对你大发脾气，你会怎么想？所以，一个时时想着别人、处处体谅别人的人，即使自己心中不快，也不会迁怒于人，更不会把自己的不愉快强加给别人。

（5）音乐。聆听音乐可以调节情绪。如果你的情绪容易兴奋、激动，那么建议你平时有时间多听听节奏缓慢、旋律轻柔、音调优雅、优美轻松的音乐，这对安定情绪，改变暴躁的脾气也是有帮助的。

除了上述方法之外，还有一些小建议也是可取的：多读励志的书，它能给我们许多启示；注意我们的仪容：挺直身子，抬起头来，衣着更要端庄，改变萎靡不振的表情；学习在危机中保持冷静，在紧张时给自己松弛的机会，如运动、静坐、旅行等。这些小点子都是很有效的。

无论生活，还是事业，或者追求奋斗目标的过程，都要理智地控制情绪。如果没有理智，便一事无成。不该做的事情不做，不该得的东西不得，这是理智。反之则不理智，甚至会滑向利令智昏的泥潭。不理智的后果不可想象。可以想象的是，一个人倘若失去理智，便要付出代价甚至大祸临头。冲动鲁莽是理智的敌人。一个人倘若理智战胜不了冲动，那么冲垮的必将是自己的精神防线。理智大于感情。保持理智需要克制感情冲动，克制的程度决定了保持的高度。

理智有时会被情绪牵着鼻子走，这说明还不够理智。理智的人，是谦逊的人，不谦逊的人谈不上理智；理智的人，是大度的人，不大度不可能理智；理智的人，是审时度势的人，不审时度势算不上理智；理智的人，是容易成功的人，不成功的人一般都缺乏理智。

要学会"不紧不慢，有条不紊"地去过、去做、去实现，而不是一开始就猛冲猛打，导致后劲不足。等到你能够有条不紊地前进，能够驾驭你自己的情绪的时候，成功可能就在离你不远处了。禅者指出"万法唯心造"，我们想活得高兴，就得想象有好心境；想要撵走坏情绪，就得提醒自己，从死胡同中走出来，去拥抱好心情！

偏见比无知更可怕

人，最容易以己度人，要求对方有自己所具有的才智和长处，或者是预先确定一个主观框架，要求别人符合这个框架。一旦被要求的对象没有达到你所设定的要求，就会给对方以过低的、歪曲的、不好的评价。这就是一种偏见。

其实人各有所长，"闻道有先后，术业有专攻"，我们不能任意要求别人应该怎样、应该如何。但是社会上仍然存在着偏见！偏见，有时使得一个有志青年颓丧，使得一个原本朝气蓬勃的人萎靡。偏见的危害性可以说很大。

偏是不正，偏见是不公正、不端正的见解和见识。偏见比无知更可怕，偏见使人固执，而固执会使人加深偏见。阅历不深的人产生偏见，这种偏见可以纠正；心有杂念的人产生偏见，这种偏见难以纠正。无权者有偏见，偏见的危害有限；有权者有偏见，偏见的危害无限；权力加偏见，偏见最终会影响权力。

把别人正常正当的意见当成偏见，自己的见识本身就偏了。持有偏见者，一般都是自以为是的人，这是偏见者定位的错位。“兼听则明”，明在兼听了多方面的意见；“偏听则暗”，暗在偏听了少数人的意见。有了偏见不行动，偏见的危害就小；有了偏见照着做，更大的偏见会随之发生。对于别人的偏见，往往你越解释他越“见偏”，可以让时间来说明问题，因为时间是消化偏见的最好良方。

偏见是个很可怕的东西，因为一旦被附上了这个词，就很难改变一些看法，一些事情。当然，偏见的造成，自己不是没有责任，因为正是自己的一些行为、言论等让人形成了误会，产生了偏见。人非圣贤孰能无过，每个人都会有犯错的时候，错误形成了，偏见就像是被贴上了一个标签一样，如影随形。如同你做了一百件好事，做了一件错事，就不可原谅一般。也许这就是现在社会的不公平，因为人们都在忙着自己的事，并没有必要给你一个解释的时间。但这也不是不能改变的。有时，偏见就是根深蒂固的，自己一味地主观认定，不去了解，或是根本没想过要去了解，甚至不屑于了解，这时该怎么办呢？你一定会觉得很冤枉，因为自己还没开始，就被贴上了一个标签，认定成了一个“事实”，不管自己怎样的努力与付出，都不能消除这种偏见。喜欢的就是喜欢，不管对与错，即使是错误的，也不会计较，很容易就被原谅了。这很不公平，也许根本就没有所谓的公平。偏见的形成很大程度上是源于一个人的文化水平和素质问题。

偏见有时是自己造成的，但偏见并不能成为随意污蔑别人的借口，不能带很多的主观意识看待别人或是看待事情。当然自己遇到偏见的时候也要先从自身上找原因。因为这样不仅尊重了他人，也对自己有好处，使得自己客观地看问题，心胸也更加开阔。

偏见引人偏离正轨，比无知离真理更远。有这样一句名言："把别人当作自己，把自己当作别人，把别人当作别人，把自己当作自己。"这句话看似简单，却值得我们大家去琢磨，去思考。它蕴含着我们做人的原则和方法。在这个物欲横流的社会里，为自己的心灵留一方净土——那就请远离偏见吧！

避免陷入自我的沼泽

一个自我感较强的人很容易陷入以自我为中心的沼泽中，犹如坐井观天的青蛙一样。他的眼里只有自己，不能享受到大千世界的缤纷多彩。

现在的社会，很多人的自我意识都太高了，都以"以我为中心"的理念向前走，感觉很痛快、很过瘾，但细想想这样总不太好，不能感觉世界就剩你一人似的，如果真是那样，岂不是很无聊。

不少年轻人眼里只有自己，也有些小有成就的人也经常喜欢自以为是。他们具体的表现如下：

与自己不相符合的建议不听，反对自己的更不可能听。

把自己的意愿强加给别人，别人必须遵照执行，谁提出疑问就唯谁是问。

凡事以自我为中心，其他人都是配角……

以上这些现象，都是万万不可取的！

如果一个人有强烈的自我中心意识，就会把所有跟自己有关的事都看得特别重要。他们喜欢听自己说话，看重自己的时间，却丝毫不管别人的时间重不重要。他们认为自己的时间、爱与金钱都很重要，对于没有他们那么幸运的人，则吝于伸出同情之手。以自我为中心的人会将别人当作工具或手段，以达到他们个人的目的。他们只认定一个观点——他们自己的观点。他们都是对的，别人都是错的，除非你同意他们的观点。

一个以自我为中心的人可能很粗鲁，毫不在乎别人的感觉，只关心自己——他们自己的需要、渴望、欲求。他们用一种阶级意识的心态来划分人。换句话说，他们会特别看重某些能帮助他们的人，而对那些不及他们的人则弃之如敝屣。最后，以自我为中心的人是不会倾听的，除非是某些高层人士开口，由于权力的限制迫使他必须听从，否则他是一概不听的。

不要将自尊心与自我中心混为一谈，这两者是完全不同的。事实上，你可以说这两者还是对立的。一个有自尊心的人不但爱别人，也爱自己。因为他已经拥有自己所需要的感觉（对自己的评价很正面），这时他会毫不自私地积极关心别人。他会对别人说的话非常有兴趣，而且能从中学习到什么。他心中满怀慈爱，永远在想办法帮助别人或表达善意。他很谦逊，对每个人都很尊重、和善。

一个太过以自我为中心的人，一般心灵是很丑陋的。除此之外，以自我为中心的人也是高压力族群。事实上，心自我为中心的人比其他人更会为小事抓狂——任何事都会干扰到他，带给他苦恼。世上没有任何事是让他完全满意的。举个例子，以自我为中心的人学习能力很差，因为他们既不听别人说，对别人也毫无兴趣，更不能从别人身上学到什么。除此之外，以自我为中心的人会大声吆喝命令别人。你很难为这样一个自傲自大的人鼓舞打气。

为了这些理由，你就应该检视一下你自己的人格特质，看看你的自我中心意识有多强。作个自我评估。如果你觉得自己陷入其中，不妨赶快在心理上作个调整。如果你能这么做，每个人都会受惠。你会更有心学习，你的生活也会放松、更充实。

所以劝解朋友们避免陷入自我的沼泽，试着多换位思考。“换位思考”将成为我们为人处世的重要原则；不要太自我，要学会合理的自我，更要把握自已位置的尺度，不管是在生活中还是在工作中都是很重要的。

跳出思维定式的死胡同

在观看马戏表演时，我们会发现，巨大的大象，往往能安静地被拴在一个小木桩上。事实上，大象的鼻子能轻松地将一吨重的东西抬起来。如果它想逃走，只需要用点力就能把木桩拔起！

那么，为什么它不这样做呢？原来，大象从幼小无力时开始，就被沉重的铁链拴在木桩上，当时不管它用多大的力气去拉，这木桩对幼象而言，都太过沉重，自然拉不动。不久，幼象长大，力气也变大了，但只要被拴在木桩旁边，它还是不敢妄动。

长大后的大象，其实可以轻易地将铁链拉断，但由于幼时的经验一直留存下来，所以它习惯地认为木桩“绝对拉不动”，所以不再去拉扯。这就是思维定式的一种表现形式。

1．常犯的思维定式错误

在长期的思维实践中，每个人都形成了自己所惯用的、格式化的思考模式。当面临外界事物或现实问题的时候，我们能够不假思索地把它们纳入特定的思维框架，并沿着特定的思维路径对它们进行思考和处理，这就是思维定式。现实生活中，我们常犯的思维定式错误主要有三种：

（1）从众定式。思维定式的一个重要表现就是“从众定式”。“从众”就是服从众人，顺从大伙儿，随大流。在“从众定式”的指导下，别人怎样做，我也怎样做；别人怎样想，我也怎样想。

人类是一种群居性的动物，为了维持群体的稳定性，就必然要求群体内的个体保持某种程度的一致性。这种“一致性”首先表现在实践行为方面，其次表现在感情和态度方面，最终表现在思想和价值观方面。然而实际情况是，个人与个人之间不可能完全一致，也不可能长久一致；一旦群体发生了不一致，那怎么办呢？在维持群体不破裂的前提下，可以有两种选择：一是整个群体服从某一权威，与权威保持一致；二是群体中的少数人服从多数人，与多数人保持一致。

本来，“个人服从群体，少数服从多数”的准则只是一个行为上的准则，是为了维持群体的稳定性的。然而，这个准则不久便产生了“泛化”，超出个人行动的领域而成为普遍的社会实践原则和个人的思维原则。于是，思维领域中的“从众定式”便逐渐形成了。

不论生活在哪种社会、哪个时代，最早提出新观念、发现新事物的，总是极少数人，而对于这极少数人的新观念和新发现，当时的绝大多数人都是不赞同甚至是激烈反对的。因为每个社会中的大多数人都生活在相对固定化的模式里，他们很难摆脱早已习惯了的思维框架，对于新事物、新观念总有一种天生的抗拒心理。

（2）权威定式。思维中的权威定式是从哪里来的呢？它来自于后天的社会环境，是外界权威对思维的一种制约。根据研究，权威定式的形成，主要通过两条途径：一是儿童在走向成年的过程中所接受的“教育权威”；二是由于社会分工的不同和知识技能方面的差异所导致的“专业权威”。

“人是教育的产物。”来自教育的权威定式使人们逐渐习惯以权威的是非为是非，对权威的言论不加思考地盲信盲从，其结果正如我们传统的“听话教育”样：在家听父母的话，在学校听老师的话，在单位听领导的话——而唯独缺少“自我思索、冲破权威、勇于创新”的意识。

权威定式形成的第二条途径，是由深厚的专门知识所形成的权威，即“专业权威”。一般来说，由于时间、精力和客观条件等方面的限制，个人在自己的一生中，通常只能在一个或少数几个专业领域内拥有精深的知识，而对于其他大多数领域则知之甚少甚至全然无知。这就是

“闻道有先后，术业有专攻”的道理。

某一领域内的权威确立之后，除了会出现不断强化的情况之外，还会产生“权威泛化”的现象。所谓“权威泛化”，是指把个别专业领域内的权威，不恰当地扩展到社会生活的其他领域之内，这种泛化加剧了人们思维过程的权威定式。

审视“权威”的方法有：他是不是本专业的权威？他是不是本地域的权威？是不是当今最新的权威？是不是借助外部力量的权威？其言论是否与权威自身利益有关？

（3）经验定式。从思维的角度来说，经验具有很大的狭隘性，束缚了思维的广度。这种狭隘性主要有三方面的表现。

首先，经验具有时空狭隘性。任何经验总是在一定的时空范围中产生的，而往往也只适应于一定的时空范围；一旦超出这个范围，某种经验能否有效，就要打上一个问号。

其次，经验具有主体狭隘性。每一个思维主体，不管经验多么丰富，从数量上说总是有限的，他没有经历过的事情总是无穷多的。这样，当他面临自己所从未遇到过的事物或者问题的时候，常常会手足无措，如果单凭已有的经验推断，其结果大多是错误的。

最后，个人的经验在内容上仅仅抓住了常见的东西，而忽略了少见的、偶然的东西。但是在每一个具体的现实环境中，总会有大量的平常很少见到的、偶然性的东西出现，如果我们仍然用以往的经验来处理，则不可避免地要产生偏差和失误。

2. 要学会脱离思维定式的钳制

其实，这些都是人人皆有的思维状态。我们不能单纯地评判它是好是坏。因为当它在支配常态生活时，似乎存在有某种“习惯成自然”的便利，相对而言，这种习惯对我们还是有利的，所以不能否认它的积极作用。但是，当面对创新时，如若仍受其约束而不能让思维发散的话，难免就会对创造力产生较大阻碍。

人类虽然被赋予“头脑”这一最强大的武器，但人们总是会受到习惯和常规思维的束缚，而经常不敢突破思维定式，用僵化和固定的观点认识外界的事物，因此难以找到解决难题的出路。如果恶性循环下去，那么危害也就可想而知了。

思维定式会圈定我们行动的范围。定式就像眼镜，当你用不完整的思维定式来观察自己或自己的生活，就像戴着度数不准的眼镜，镜片会影响你所看到的一切。

僵化的思维会让人跳脱不出那些陈规，在思维定式的运作下按部就班。很多时候，我们的失败，往往都是败在思维定式上。无数事实证明，伟大的创造、天才的发现，都是从突破思维定式开始的；但如果在自己的思维定式里打转，即使是天才也走不出死胡同。

爱迪生小时候就曾被大家视为白痴，他的家人还为了学校将他劝退而担忧了好一阵子，但是经过自己的努力，他成为了伟大的发明家。所谓天才的想法，有时候因为超过凡人的想象力，太过惊世骇俗，所以一般人根本无法接受，人们就会对其排斥，但究竟谁才是真的白痴呢？

无法被人接受的点子，或是被人视为天真、愚蠢的想法，真的毫无用处，只是浪费时间吗？要知道，许多发明家都是在有了大胆的想法之后，努力去实现这个想法，而这往往都需要打破世间的常规想法，跳脱出思维的定式。

我们已经习惯用既定的思维方式思考，从而得出不恰当的结论。其实，很多事情换个角度，也许结果就会不同。我们只要走出思维定式的死胡同，从僵化思维中跳脱出来，就能使问题“迎刃而解”。

一个教授向他的学生提出这样一个问题：一个聋哑人到五金店买钉子，为了让售货员明白自己要买的是什么东西，他左手做出拿钉子的样子，右手做出拿锤子敲打的样子。售货员马上给他拿来一把锤子，聋哑人摇了摇头，右手指了指左手，于是顺利地买到了钉子。

“那么，请问，如果一个盲人要去五金店买剪刀，用什么方法最简便呢？”教授问道。

一个学生马上抢答：“他只要伸出两个手指头做剪刀剪东西的样子

就行了。”其他的学生也表示赞同。

教授最后说道：“他其实只要开口说自己想买把剪刀就行了。这个问题的目的就是要告诉大家，一个人要是被思维定式所困，就会走入思维的死角。”

在我们的生活中，人们总是依照已有的套路和模式去解决问题，通常情况下都能很轻松地把问题解决。但正是这些约定俗成的套路和模式，阻碍了人们去解决出现的新问题。所以，当我们感到无路可走时，换一种思维方式，跳出惯性思维，也许马上就能找到一条新的道路、一个新的目标、一种新的境界，从而使问题得以解决。

在我们成长的环境中，有许多看不见的链条系住了我们。这些链条就是我们生活中那些约定俗成的陈旧思想，它们总是被我们视为理所当然。有了思维定式，我们就会抹杀自己独特的创意，认为自己无法成功。然后，在不利的环境中妥协，甚至于开始认命、怨天尤人。其实，这一切都是我们心中那条系住自我的铁链在作祟罢了。当我们发现自己的那一条铁链的时候，要当机立断，运用我们内在的能力，立即挣开消极习惯的捆绑，改变自己所处的环境，投入另一个崭新的领域中，使自己的潜能得以发挥。

在这个瞬息万变的社会，如果我们一味恪守前人的经验，形成固定的思维方式，就会在思维定式中失去机会，最终只能走向失败。固定的思维方式容易产生偏见，这种偏见带有强烈的个人色彩。它容易把人的思维引入歧途，也会给生活与事业带来消极影响。

因此，为了取得人生的成功，我们必须打破思维定式的束缚。不善于改变思维，就有可能找不到成功的途径。要改变思维定式，需要我们改变观念，也就是不断学习新知识，并随着形势的发展不断调整、改变自己的行动。只有思维改变了，行动才会随之改变，问题也就会迎刃而解，我们就能获得成功。

寻找属于自己的人生钥匙

有一个人，在他很小的时候父母就去世了，他成了一名孤儿，孤苦伶仃，一无所有，流浪街头，受尽磨难。当他终于创下了一份不菲的家业时，他已经到了人生暮年，该考虑辞世后的安排了。

他膝下有两子，风华正茂，一样的聪明，一样的踏实能干。几乎所有的人，包括他自己，都认为应该把财产一分为二，平分给两个儿子。但是，在最后一刻，他改变了主意。

他把两个儿子叫到床前，从枕头底下拿出一把钥匙，抬起头，缓慢而清楚地说道："我一生所赚得的财富，都锁在这把钥匙能打开的箱子里。可是现在，我只能把钥匙给你们兄弟二人中的一人。"

兄弟俩惊讶地看着父亲，几乎异口同声地问道："为什么？这太残忍了！"

"是，是有些残忍，但这也是一种善良。"父亲停了一下，又继续说道，"现在，我让你们自己选择。选择这把钥匙的人。必须承担起家庭的责任，按照我的意愿和方式，去经营和管理这些财富。拒绝这把钥匙的人，不必承担任何责任，生命完全属于你自己，你可以按照自己的意愿和方式，去赚取我箱子以外的财富。"

兄弟俩听完，心里开始有了动摇。接过这把钥匙，可以保证自己一生没有苦难，没有风险，但也因此而被束缚，失去自由。拒绝它？毕竟箱子里的财富是有限的，外面的世界更精彩，但是那样的人生充满不测，前途未卜，万一……

父亲早已猜出兄弟俩的心思，他微微一笑："不错，每一种选择都不是最好，有快乐，也有痛苦，这就是人生，你不可能把快乐集中，把痛苦消散。最重要的是要了解自己，你想要什么？要过程，还是要结果?”兄弟俩豁然开朗。哥哥说:“弟弟,我要这把钥匙,如果你同意的话。”弟弟微笑着对哥哥说:“当然可以,但是你必须答应我,好好管理父亲的基业。如果你答应我的话,我就可以放心去闯荡了。”二人权衡利弊,最终各取所需。这样的结局,与父亲先前的预料不谋而合,因为最了解儿子的莫过于看着他们长大的父亲。

20 多年过去了,兄弟俩经历、境遇迥然不同。哥哥虽然生活舒适安逸,但是并没有沉沦,把家业管理得井井有条,性格也变得越来越温和儒雅,特别是到了人生暮年,与去世的父亲越来越像,只是少了些锐利和坚韧。弟弟生活艰辛动荡,几经起伏,受尽磨难,性格也变得刚毅果断,与 20 年前相比,相差很大。最苦最难的时候,他也曾后悔过,怨恨过,但已经选择了,就没有退路,只能一往无前,坚定不移地往前走。经历了人生的起伏跌宕,他最终创下了一份属于自己的事业。这个时候,他才真正理解父亲,并深深地感谢父亲。

决定一生的转弯

他在上中学时,父母曾为他选择了文学这条路,但只上了一学期,老师就在他的评语中下了如此结论:该生很用功,但过分拘泥,这样的人即使有着完善的品德,也绝不可能在文学上有所成就。

于是他又改学油画,谁知他既不关心构图又不会调色,对艺术的理解力也很差。后来,还是化学老师发现他做事一丝不苟,具备做好化学实验应有的品格,建议他改学化学。

这一次,他智慧的火花被点燃了,其化学成绩在同学中遥遥领先,后来他获得了诺贝尔化学奖,他的名字叫奥托·瓦拉赫。

他是个农民,但他从小的理想就是当作家。为此,他一如既往地努力着,十年来,他坚持每天写作五百字。每写完一篇,他都改了又改,精心地加工润色，然后再充满希望地寄往各地的报纸杂志。遗憾的是，尽管他很用功，可他从来没有一篇文章得以发表，甚至连一封退稿信都没有收到过。

二十九岁那年，他总算收到了第一封退稿信。那是一位他多年来一直坚持投稿的刊物的编辑寄来的，信里写道："看得出你是一个很努力的青年，但我不得不遗憾地告诉你，你的知识面过于狭窄，生活经历也显得过于苍白。但我从你多年的来稿中发现，你的钢笔字越来越出色……"

就是这封退稿信，点醒了他的困惑。他毅然放弃写作，而练起了钢笔书法，果然长进很快。现在他已是有名的硬笔书法家，他的名字叫张文举。就这样，他让理想转了一个弯，继而柳暗花明，走向了成功。成功之后的他向记者感叹：一个人要想成功，理想、勇气、毅力固然重要，但更重要的是，在人生路上要懂得舍弃，更要懂得转弯！

一生的选择

有一天，上帝创造了三个人。

他问第一个人："到了人世间你准备怎样度过自己的一生？"第一个人想了想，回答说："我要充分利用生命去创造。"

上帝又问第二个人："到了人世间，你准备怎样度过你的一生？"第二个人想了想，回答说："我要充分利用生命去享受。"

上帝又问第三个人："到了人世间，你准备怎样度过你的一生？"第三个人想了想，回答说："我既要创造人生又要享受人生。"

上帝给第一个人打了50分，给第二个人打了50分，给第三个人打了100分，他认为第三个人才是最完美的人，他甚至决定多生产一些"第三个"这样的人。

第一个人来到人世间，表现出了不寻常的奉献感和拯救感。他为许许多多的人做出了许许多多的贡献。对自己帮助过的人，他从无所求。他为真理而奋斗，屡遭误解也毫无怨言。慢慢地，他成了德高望重的人，他的善行被人广为传颂，他的名字被人们默默敬仰。他离开人间时，所有的人都依依不舍，人们从四面八方赶来为他送行。直至若干年后，他还一直被人们深深怀念着。

第二个人来到人世间，表现出了不寻常的占有欲和破坏欲。为了达到目的他不择手段，甚至无恶不作。慢慢地，他拥有了无数的财富，生活奢华，一掷千金，妻妾成群。后来，他因作恶太多而得到了应有的惩罚。正义之剑把他驱逐出人间的时候，他得到的是鄙视和唾骂。若干年后，他还一直被人们深深地痛恨着。

第三个人来到人世间，没有任何不寻常的表现。他建立了自己的家庭，过着忙碌而充实的生活。若干年后，没有人记得他的存在。

人类为第一个人打了100分，为第二个人打了0分，为第三个人打了50分。这个分数，才是他们的最终得分。

做好一切准备

李斯·布朗和他的双胞胎兄弟，出生在迈阿密附近的一个穷苦之家。没过多久，他们就被厨房女工玛米·布朗收养了。

因为李斯很好动，说话口齿不清但又爱说个不停，因此从小学到中学，李斯就被编到专为有学习障碍的学生所设的特教班，毕业后，他就在迈阿密海滩担任清洁工，但他却梦想成为播音员。

晚上，李斯会把晶体管收音机抱上床，收听当地播音员的演播。他的房间很小，塑胶地板也残破不堪，但他在里面创造了一个想象的电台，当他练习把唱片介绍给假想的听众时，梳子就被用来当作麦克风。

李斯的母亲和兄弟听得到从薄薄的墙壁那端传来的声音，他们会对李斯大吼，叫他停止鼓噪去睡觉，但李斯根本不理他们，他沉醉在自己的世界里编织梦想。

有一天，李斯在市区除草，他利用午餐休息时间大胆地走到当地的电台。他走进电台经理的办公室，告诉经理他想成为音乐节目的播音员。

这个经理上下打量这个头戴斗笠、衣衫褴褛的年轻人，问道："你有做广播的背景吗?"

李斯回答说："没有。先生，我没有。"

"那么，孩子，恐怕我们没有适合你的工作。"

李斯很有礼貌地向他道谢，然后离开了。这个电台的经理以为他再也不会看到这个年轻人了！但他低估了李斯·布朗对理想的坚定执着。因为李斯不只想当音乐节目播音员，他还有其他更高的目标，他要为深爱的养母买一幢好一点的房子，音乐节目播音员的工作不过是迈向这个目标的一个步骤而已。

玛米·布朗教李斯去追寻他的梦想，所以李斯觉得不管电台经理说什么，他一定会在那个电台找到一份工作。

因此，整整一周，李斯每天都去电台询问是否有任何工作机会，最后电台经理投降了，只好雇李斯当勤杂工，但没有薪水，刚开始时，李斯帮不能离开录音室的播音员拿咖啡或午、晚餐，最后李斯工作的热诚赢得了播音员的信任，让李斯开他们的凯迪拉克去接来访的客人，像诱惑合唱团、黛安娜·罗丝及至高无上合唱团，他们没人知道年轻的李斯并没有驾照。

在电台里，人家叫李斯做什么，他就做什么，甚至他还做得更多。和播音员在一起时，李斯就学他们在控制板上的手势，李斯待在控制室里尽可能地吸收他所能吸收的，直到播音员要他离开。然后晚上在他自已的卧室里，他就反复练习，为他深信会出现的机会做完全的准备。

一个周末下午，李斯待在电台里，一个叫洛可的播音员一边喝酒，一边现场播音，除李斯和洛可外，大楼里没有其他人，李斯明白洛可一定会喝多，他密切注意着，而且在洛可的录音室窗口前来回踱步，当李斯窥视到里面的情形时，他喃喃自语地说："喝啊！洛可，尽量喝！"

李斯很渴望这个机会，而且他也预备好了！如果洛可有要求的话，李斯也会冲到街上为他买更多酒让他狂饮。电话铃声响起时，李斯扑过去接，正如所料，是电台经理打来的。

"李斯，我是克莱思先生。"

"我知道。"李斯说。

"李斯，我想洛可无法撑完他的节目了。"

"是啊，我想也是。"

"你可以打电话给其他的播音员，让其中一个过来接手吗？"

"可以，经理，我一定会的。"

但当李斯挂了电话后，他对自己说："现在，经理一定以为我疯了！"

李斯的确打了电话，但他不是打给另一个播音员，他先打给他妈妈，然后打给他女朋友。他说："你们全部都到外面的前廊，然后打开收音机，因为我就要上现场直播节目了！"

他等了约15分钟才打电话给经理，李斯说："克莱思先生，我找不到任何人。"

然后，克莱思先生就问："小伙子，你知道如何操作录音室的控制装置吗？"

李斯跑进录音室，轻轻地把洛可移到旁边，然后就坐在播音台前，他已经准备好了，而且跃跃欲试，打开麦克风的开关，他说道："听着，在下小名李布山人——李斯·布朗，您的音乐播放大圣，前无古人，后无来者，我是天下独一，举世无双，年纪尚轻，爱和大家混在一起，我领有注册商标、货真价实，绝对有能力让你满足，让你动感十足，听着，宝贝，我就是你要的人！"

这次的表现让听众和李斯的经理对他刮目相看，从这次命中注定的好运开始，李斯就相继在广播、公共演说及电视方面缔造了成功的生涯。

把握机遇，走向胜利

一天，在西格诺·法列罗的府邸正要举行一场盛大的宴会，主人邀请了一大批客人。就在宴会开始的前夕，负责餐桌布置的点心制作人员派人来说，他设计用来摆放在桌子上的那件大型甜点饰品不小心被弄坏了，管家急得团团转。

这时，西格诺府邸厨房里干粗活的一个仆人走到管家的面前怯生生地说道："如果您能让我来试一试的话，我想我能制造另外一件来顶替。"

"你?"管家惊讶地喊道，"你是什么人，竟敢说这样的大话?"

"我叫安东尼奥·卡诺瓦，是雕塑家皮萨诺的孙子。"这个脸色苍白的孩子回答道。

"小家伙，你真的能做吗?"管家将信将疑地问道。

"如果您允许我试一试的话，我可以制造一件东西摆放在餐桌中央。"小孩子开始显得镇定一些。

仆人们这时都手足无措了，于是，管家就答应让安东尼奥去试试，他则在一旁紧紧地盯着这个孩子，注视着他的一举一动，看他到底怎么办。这个厨房的小帮工不慌不忙地要人端来了一些黄油。不一会儿工夫，不起眼的黄油在他的手中变成了一只卧着的巨狮。管家喜出望外，惊讶地张大了嘴巴，连忙派人把这个黄油塑成的狮子摆到了桌子上。

晚宴开始了，客人们陆陆续续被引到餐厅里来。在这些客人当中，有威尼斯最著名的实业家，有高贵的王子，有傲慢的王公贵族，还有眼光挑剔的专业艺术评论家。但当客人们一眼望见餐桌上卧着的黄油狮子时，都不禁交口称赞起来，纷纷认为这是一件天才的作品。他们在狮子面前不忍离去，甚至忘了自己来此的真正目的。结果，这个宴会变成了对黄油狮子的鉴赏会。客人们在狮子面前情不自禁地细细欣赏着，不断地问西格诺·法列罗，究竟是哪一位伟大的雕塑家竟然肯将自己天才的技艺浪费在这样一种很快就会熔化的东西上。法列罗也愣住了，他立即喊管家过来问话，于是管家就把小安东尼奥带到了客人们的面前。

当这些尊贵的客人们得知，面前这个精美绝伦的黄油狮子竟然是这个小孩仓促间做成的作品时，都不禁大为惊讶，整个宴会立刻变成了对这个小孩的赞美会。富有的主人当即宣布，将由他出资给小孩请最好的老师，让他的天赋充分地发挥出来。

西格诺·法列罗果然没有食言，但安东尼奥没有被眼前的宠幸冲昏头脑，他依旧是一个淳朴、热切而又诚实的孩子。他孜孜不倦地刻苦努力着，希望把自己培养成为皮萨诺门下一名优秀的雕刻家。

也许很多人并不知道安东尼奥是如何充分利用第一次机会展示自己的才华的。然而，却没有人不知道后来著名雕塑家卡诺瓦的大名，也没有人不知道他是世界上最伟大的雕塑家之一。

让兴趣为你挣钱

汉德·泰莱是纽约曼哈顿区的一位神父。

那天，教区医院里一位病人生命垂危，他被请过去主持临终前的忏悔。他到医院后听到了这样一段话："仁慈的上帝！我喜欢唱歌，音乐是我的生命，我的愿望是唱遍美国。作为一名黑人，我实现了这个愿望，我没有什么要忏悔的。现在我只想说，感谢您，您让我愉快地度过了一生，并让我用歌声养活了我的六个孩子。现在我的生命就要结束了，但我死而无憾。仁慈的神父，现在我只想请您转告我的孩子，让他们做自己喜欢做的事吧，他们的父亲是会为他们骄傲的。”

一个流浪歌手临终时能说出这样的话，让泰莱神父感到非常吃惊，因为这名黑人歌手的所有家当，就是一把吉他。他的工作是，每到一处，就把头上的帽子放在地上，开始唱歌。40 年来，他如痴如醉，用他苍凉的西部歌曲，感染他的听众，从而换取他应得的那份报酬。

黑人的话让神父想起五年前曾主持过的一次临终忏悔。那是位富翁，住在里士本区，他的忏悔竟然和这位黑人流浪汉差不多。他对神父说：“我喜欢赛车，我从小研究它们、改进它们、经营它们，一辈子都没离开过它们。这种爱好与工作难分、闲暇与兴趣结合的生活，让我非常满意，并且从中还赚了大笔的钱，我没有什么要忏悔的。”

白天的经历和对那位富翁的回忆，让泰莱神父陷入思索。当晚，他给报社去了一封信。信里写道：“人应该怎样度过自己的一生才不会留下悔恨呢？我想也许做到两条就够了。第一条，做自己喜欢做的事；第二条，想办法从中赚到钱。”

后来，泰莱神父的这两条生活信条，被许多美国人所信奉。的确，人生如此，也没什么好后悔的了。

幸好我们还活着

有个人在一天晚上碰到一个神仙，这个神仙告诉他说，有大事要发生在他身上了，他会有机会得到很大的一笔财富，在社会上获得卓越的地位，并且娶到一个漂亮的妻子。这个人终其一生都在等待这个奇异的承诺，可是最终什么事也没发生。他穷困地度过了他的一生，最后孤独地老死了。当他死后，他又看见了那个神仙，他对神仙说：“你说过要给我财富、很高的社会地位和漂亮的妻子，我等了一辈子，却什么也没有。”

神仙回答他：“我没说过那种话。我只承诺过要给你机会得到财富、一个受人尊重的社会地位和一个漂亮的妻子，可是你让这些机会从你身边溜走了。”这个人迷惑了，他说：“我不明白你的意思。”神仙回答道：“你记得你曾经有一次想到一个好点子，可是你没有行动，因为你怕失败而不敢去尝试吗？”这个人点点头。

神仙继续说：“因为你没有去行动，这个点子几年以后被另外一个人想到了，那个人一点儿也不害怕地去做了，他后来变成了全国最有钱的人。还有，你应该还记得，有一次发生了大地震，城里大半的房子都毁了，好几千人被困在倒塌的房子里。你有机会去帮忙拯救那些存活的人，可是你怕小偷会趁你不在家的时候，到你家里去偷东西，你以这作为借口。故意忽视那些需要你帮助的人，而只是守着自己的房子。”这个人不好意思地点点头。

神仙说：“那是你去拯救几百个人的好机会，而那个机会可以使你在城里得到多大的尊崇和荣耀啊！”

“还有，”神仙继续说，“你记不记得有一个头发乌黑的漂亮女子，你曾经非常强烈地被她吸引，你从来不曾这么喜欢过一个女人，之后也没有再碰到过像她这么好的女人。可是你想她不可能会喜欢你，更不可能会答应跟你结婚，你因为害怕被拒绝，就让她从你身旁溜走了。”这个人又点点头，这次他流下了眼泪。

神仙说：“我的朋友啊，就是她！她本来该是你的妻子，你们会有好几个漂亮的小孩，而且跟她在一起，你的人生将会有许许多多的快乐。”

是的，每天我们身边都会围绕着很多的机会，包括爱的机会。可是我们经常像故事里的那个人一样，总是因为害怕而停止了脚步，结果机会就溜走了。

不过我们比故事里的那个人多了一个优势：我们还活着。我们可以从现在起去抓住那些机会，我们可以开始去创造我们自己的机会。

如果自己不去创造机会，那么就很可能被社会埋没。所以我们要善于创造，把握机会，因为机会对每个人都是一样的。

唐代大诗人白居易，在他还没有名扬天下之前，就已经才高八斗，满腹经纶了，但他仍旧不被人所知。

白居易初涉长安，由于自己没有名气，所以他想给自己创造一个机会，于是便毛遂自荐到当时的社会名流顾况处。顾况一听，有一个叫白居易的人，顿时讥讽道："长安米贵，要在此地居住下来可不容易！"

但当他读完白居易的那首《赋得古原草送别》时，对白居易的评价就大不一样了，一见开头两句"离离原上草，一岁一枯荣"时，就觉得很有味道，读到"野火烧不尽，春风吹又生"时，不禁拍案叫绝，叹道："有如此之才，白居亦易！"于是，他立即召见白居易，并大力地推举了他，使得白居易很快便在京城长安名声大噪，站稳了脚跟。可见机会都是靠自己去创造并抓住的。

可是太多的人终其一生都在等待一个完美的机会来自动送上门，以便他们可以拥有光荣的时刻。直到他们了解每一个机会都只属于那些主动找寻机会的人时，却已经太晚了！

机会并不是苦苦等待就会降临的。斯迈尔斯说："碰不到机会，就自己来创造机会。"机会之门要靠自己的力量来打开，所以每天都要不断地努力，并且对工作充满自信和兴趣。记住：机会不会因为等待而来，你必须去争取！

15 岁的亨利向哥哥借了 0.25 美元，在报纸上刊登了一行小字广告：做事认真、勤奋苦干的少年求职。不久他就被著名的比达韦尔公司雇用了。他开始当的是服务生，薪金很少，工作繁杂、紧张，但他总是挂着一脸微笑，对别人的工作也尽力相助。后来，亨利受到董事长垂爱并获得资助，他开办制铁厂，成为了千万富翁。他的朋友钢铁大王卡耐基在自传里称赞说："亨利就是这样自动地、积极地创造机会，开拓自己的前程。"

机会偏爱有心人，它只留意那些有准备有头脑的人，只垂青那些懂得追求它的人，只喜欢有理想的实干家。一个人倘若只知饱食终日，无所用心，或一处逆境就悲观失望、灰心丧气，那么，机会是不会自动来拜访他的。“自古英才多磨难，纨绔子弟少伟男。”“美辰良机等不来，艰苦奋斗人胜天。”这些诗句正表明了把握机会、寻求机会对我们的人生是多么重要。

第五章　稍作改变，提升梦想

迈出第一步，改变自己

人要学着改变自己，走过少年、青年生命历程，回首往事，品尝人生，方才悟出，人生是一连串的漫漫跋涉。随着生活内容的改变，自己的心境也会不断地跨越和延伸。人生就好像是一个不断尝试改变自己的过程，有时候，你会发现，生活中哪怕是一个小小的改变，都会影响甚至改变自己的一生。

曾有一位旅者，经过险峻的悬崖，一不小心掉落山谷，情急之下攀抓住崖壁下的树枝，上下不得，祈求佛陀慈悲营救，这时佛陀真的出现了，佛陀伸出手过来擎接他，并说："好！现在你把攀住树枝的手放下。"

但是旅者执迷不松手，他说："把手一放，势必掉到万丈深渊，粉身碎骨。"

旅者这时反而更抓紧树枝，不肯放下。这样一位执迷不悟的人，佛陀也救不了他。坏心情就是紧抓住某个念头，死死握紧，不肯松手去寻找新的机会，发现新的思考空间，所以陷入愁云惨雾中。

我们很容易犯这个旅者所犯的错误。其实再大的困境，人只要肯换个想法，调整一下态度，或者更动一下作息，就能让自己有新的心境。只要我们肯稍作改变，就能抛开坏心情，迎接新的处境。

比如，在职场中总有些人认为自己才高八斗，却英雄无用武之地，时时叹息自己怀才不遇。也有人是胸无点墨，不求上进，对人生抱着破罐子破摔的心态。这两种人的共同点就是怨天尤人，心存抵触情绪。这些人感觉生不逢时，诅咒现实生活的不公，便极力地想寻找一个理想化的天地。

这种逃避现实的做法，就像乌鸦的故事一样。

一天，一只乌鸦打算飞往东方去寻找适合自己生存的领域，途中恰好遇到一只鸽子，双方停在一棵树上休息。鸽子问乌鸦："你要飞到哪里去?"乌鸦愤愤不平地说："其实我不想离开，可是这个地方的居民都嫌我的叫声不好听，所以我想飞到别的地方去，说不定他们会接纳我。"鸽子听完后好心地劝乌鸦："你别白费力气了！如果你不改变你的声音，飞到哪里都不会受欢迎的。"乌鸦沉思片刻，觉得鸽子的话挺有道理的，决定不再去东方了。

其实，对乌鸦来说永远改变不了自己的声音。而人则不同，人是有思想、有主观能动性的，虽然我们不能强求外部环境来适应自己，但是可以通过学会改变自己来适应外部环境。只要自己的观念改变了，把思想与实际相结合并应用于现实生活中，就一定能有所作为。

如果要让事情改变，就得先改变自己；要让事情变得更好，就先让自己变得更好。在这样一个激烈竞争的社会，如果需要发展自己，获得财富，首先就要改变自己的心态，改变自己的思想，让自己变得能够适应社会的需要。社会不会因某个人的意志而改变，需要改变的终究是我们自己。

改变不了事实，但你可以改变态度。不知道为何，有些东西就是无法改变，也许是因为还没有找到自己真正的梦想，也许，还在追求那永远不会有的完美。曾几何时，我们虚荣过、幻想过，为狭隘的目标奋斗过，待到重新回头看待这一切时，觉得很多事情都已是云淡风轻了。改变自己的心态，让自己充实起来，平静、快乐地度过自己的人生。

改变不了过去，但你可以改变现在。过去的就让它过去，会在未来走得更好，因为抛弃了不必要的包袱，生活才会更美好。人生如此短暂，有什么理由不去好好地生活呢？有太多的事情要你去做，有很重要的人等着你去珍惜呢！不要回头看，前面的世界才更精彩。

不能控制别人，但你可以掌握自己。走自己的路，纵然很崎岖，纵然很陡峭，但只要你勇往直前，谁也没有控制你的命运的权利；纵然会困难重重，但不要犹豫，不要后悔，因为在你回首时，你可以指着那条尽是痛苦和泪水的路，大声地骄傲地说：看，这就是我自己走出来的路。

不能预知明天，但你可以把握今天。“森林有一个分岔口，我愿意选择脚印少的那一条路，这样我的一生会截然不同。”基丁说过这样的话。一条路走的人多了，总会弄得泥泞不堪，总会弄得尘土飞扬，为何不换一条路去走，也许一切将会是另一种样子，把握住自己的今天，明天一定会更美好。

不能左右天气，但你可以改变心情。对生活微笑，那么生活也对你微笑。让你的心不再压抑，让它解脱，让自由的心灵去飞翔，去迎接那绚丽的阳光，让它在蓝天和白云之间翱翔。

不能选择容貌，但你可以展现笑容。和千万人相遇，和千万人分离，生命中寻找几个能够真实相伴的、可以信任的朋友，就是幸福。至少，无论在任何时候，无论你做什么事情，无论你面对怎样的环境，都有这样的朋友，能够宽容分享你的一切快乐和悲伤，能够看见你的坚强和软弱。

改变是痛苦的，学会适应才是享受。当你改变了浮躁和往日的定式的思维以及生活的习惯，找到了适合自己的生活，拥有了一份好心情，放弃了疲倦的追逐，放弃昔日的乞求，开启了生活新的一页，那么还会在意那些挫折吗？

“昨天是一张作废的支票，明天是无法取出的存款，今天才是可用的现金。”所以，当人生面临夕阳的到来，请珍惜天边那一抹余晖。有些路我们没开始走，因为担心，害怕变化，所以迟迟迈不开脚步，但有时候，何尝不是“知难行易”呢？走了第一步，便有了一个方向，总好过原地踏步。只要你愿意尝试，愿意接受挑战，世上又有什么是不可能做到的事呢？关键是以平和的心态去面对人生的得失，当中不失积极地追求自己的理想，每天前进一步，那时还会有到不了的地方吗？

因此，对那些才华横溢的人来说，不能一味地强调伯乐，也不能永远做一匹脱缰的野马，而是要适应现实环境，成为一匹有用的千里马。对那些不思进取者来说，要改变别人对自己的看法，不是去选择新环境，而是要通过不懈的努力，成为一个真正能干事的人，这样别人对自己的鄙视自然而然就会消除。

改变自己，从心出发

改变自己，要从心出发！一个拒绝阅读与思考的人，怎能掌握自己的命运？

心理一改变，身体、精神也会随之变化。振奋的情绪在体内不断地凝聚和上升，不觉间让人获得一种永远向上的力量，这种力量使你显示出让人不可思议的健康和活力。人是可以被打倒的，但任何人也阻止不了他从地上爬起来。正是这种心态的改变，帮助你走出困境，重获新生。

比如，很多刚参加工作的毕业生，一般都很自信，自视清高，甚至很自傲，总觉得自己很行，总有一种怀才不遇的感觉，因此碰过不少钉子，也吃过不少苦头。假若这些年轻人能稍微把自己看轻一点，为人处世自谦一点，中庸一些，不难发觉与同事邻友相处是那么容易，周围的人对你是那么的友善，这改变，也使自己的能力得到领导和同事的认可。

还有那些心急性躁的人，不妨尝试着改变一下，逢事不躁，沉稳一点，不要一触即发。在沉稳中，你会突然觉得，这种境界有一种神奇魅力，你可以真真切切地面对自己的思想，同时看清事物的本真面目，升华自己的内心世界，处理起事情也得心应手了。

“人生不如意事常八九。”每个人都有心情抑郁的时候，也曾有过身处困境之时。迷茫困惑之时不妨仔细回味一位哲人说的话：“人死只要一时的勇气，人活着却需要一生的勇气。”

人生在世，兴衰荣辱、成败得失是常有的事，给自己一点生活的勇气，也许走过去会又是另一片天地。当你走出烦恼和困境时，你会发现自己，只是改变了一点点，竟会使自己变得更加坚强。

不同的人，虽然能力有别，经历不同，生活的环境不同，但是，每个人都可以尝试改变自己，哪怕只改变一点点，你就会觉得，世间路其实很宽广，世界真的很精彩，生活是如此绚丽多彩。你就不会让自己的人生在恩恩怨怨中失去自我，也不会使自己在生命旅程中经受苦闷酸楚的浸泡和侵扰。

人不是生活在真空中，而是生活在人群里，每日每时都和别人打交道，包括家人、同事、同学、朋友、合作伙伴等。有句俗语说得好：“千人千思想，万人万模样。”也就是说人与人之间存在着差异，而且有很多人在许多方面还会有很大的差异。那么，要做到人与人之间的相容，要去改变别人很难，改变自己相对容易。必须在和别人的交往中，通过改变自己实现与大家的相容。一个人生活在社会中，必须自己去适应社会，不可能让社会去适应你。因为你一个人是改变不了社会的，只能让社会来改变你。假如你不改变自己，那么你就会四处碰壁。

既然人生活在社会中，必须通过改变自己去适应别人、适应社会，那么，究竟如何去做才能改变自己呢？不妨试着从以下几个方面入手：

（1）要有平常的心态。心态是一个人精神和心理状态的统称，它是一个人素质和修养的重要体现之一。它不完全取决于一个人的地位高低、钱财多少、生活贫富等因素。生活在穷乡僻壤的农民一样可以拥有一个良好的心态，而生活在城市里的白领阶层一样会有一个脆弱的心态。一个人如果没有一个正常的心态，就不会去正确地认识别人、认识社会、认识周围的一切。这样的人，他（她）会时常对家人、周围的人发一些无名火。总是认为别人做得不好，是别人对不起自己，很少检讨自己。在现实生活中，不少人在外表现得有正常的心态，而回到家里却表现出了异常的心态。对妻子或丈夫、儿女，动不动就吵骂，更有甚者还要殴打。不管自己对不对，总是要让家人来适应自己，按照自己的意志去办。还有的人则相反，在家里正常，家外则异常。试想这样的人，他（她）如何能够做到有的放矢地去改变自己？

所以，一个人要学会改变自己，心态非常重要。要先学会检讨自己、平静自己、调整自己，无论是在家里还是在家外，对家人还是对外人，都要始终保持一个平常的心态。

（2）要有宽大的胸怀。有了一个平常的心态，仅仅是第一步。更重要的是，还要有一个宽大的胸怀。人们常说：宰相肚里能撑船；还有大肚弥勒佛的“大肚能容天下难容之事”等，这都是人们对人的胸怀的形容和向往。尽管常人做不到，但应是我们大家所努力的方向和目标。你想：如果没有宽大的胸怀，为适应别人而改变自己岂不是一句空话？要具有一个宽大的胸怀，首先要学会“容人”，即容人之长、容人之短、容人之过。也就是不论是别人比自己强的长处，还是不如自己的短处，甚至于别人所犯的过错，都能够容得下。其次要学会“学人”。别人身上的亮点、长处，自己都要虚心学习。取别人之长，补自己之短。还要学会“做人”。只有上面的“容人”“学人”都做到了，那么你才会真正达到了做人的标准，才是一个真“人”。

（3）要有脚踏实地的劲头。有了平常的心态和宽大的胸怀，没有行动也不行。光想不干、光说不做，都不能改变自己。要想了就干，说了就做。要从自己的一言一行做起，从现在做起，“千里之行始于足下”。“不以善小而不为，不以恶小而为之”。时时处处都要提醒自己，不能什么都随自己的意，任自己的性。要在与别人的交往中，在与社会的接触中，常思自己不适应的地方。看准了就去改、就去做。脚踏实地，扎扎实实。比如你在家里，要先去适应妻子或丈夫的脾气、性格特点，你首先要因他（她）而改变你自己的一言一行，在不知不觉中让他（她）体验到你的改变，从而因你的改变实现家庭的和谐。再比如你在单位与同事相处，以前因你们的相互不适应而有了隔阂，发生了争吵，甚至相互诋毁。那么你首先要检讨自己的过错，先改变自己以前的做法，主动去接触对方，求得和解，以实现在单位里的和谐。

总之，要学会改变自己，就要有脚踏实地的劲头，从一言一行做起，从与身边的人接触中做起，从小事做起。在日常生活中去改变自己。

（4）要有坚持不懈的精神。人的一生是漫长的，生活也是千变万化的。做一时、做一事容易，做一生、做事事难。有个伟人曾说过：一个人做一件好事并不难，难的是一辈子做好事。同样，一个人改变自己的一点、一时、一事并不难，难的是长久地去改变自己的各个方面。要做到这一点，必须要有滴水穿石、坚持不懈的精神。不能只有“三分钟”的热度，今日改，明日犯。或是改了再犯，犯了又改。这都不能真正地改变自己，实现和谐。要坚持不懈地改变自己，就要做到时时提醒自己，事事告诫自己，宽待别人，了解社会。多思、多想、多悟、多做，用自己的实际行动去真正做到适应别人、适应社会，以实现和谐。

总之，学会改变，让自己变得更加出色、更加优秀，是一件不容易的事，但只要我们去努力，去学习，用心去做，就能有所进步。那就让我们从现在开始吧，因为“只要开始，永远不晚；只要进步，总有空间”。从现在开始，改变自己，向着正确的方向，向着设定的目标前进，向世人展现一个全新的你，优秀的你！

行动起来，让改变成为现实

如果想改变命运，最重要的是改变自己。

人生如许多山谷，总是会有在山顶上的时候也会有在谷底的时候。山顶的风光再美，也会有走到谷底的时候，而从谷底再往上爬，却是痛苦的征程。在北美有一个理念，叫“Sigmoid Curve”（横向S曲线）。这个理念主张在达到顶端之前，在上坡的某一个端点开始，要寻求改变走出一条新的S曲线，这样才会把生命领向另一个新高点；而不是等到了最低点，顶着压力及抱怨，才开始想办法往上爬。

即使在相同的境遇下，不同的人也会有不同的命运。一个人的命运不是由上天决定的，也不是由别人决定的，而是由自己决定的。一个人若想改变自己的命运，最重要的是要改变自己，改变心态，改变环境，这样命运也会随之改变。只有学会适时地放弃及改变，我们才能真正地充满活力，不断创造好成绩。

一个人产生要改变的念头，一直到愿意下决心，绝对不是一朝一夕就能做到的事。在你的心中一定要评估改变之后的益处，以及不改变的坏处，或是已经发生过某些事件影响到了你的想法，才会下决心去改变自己。千万不要因为任何的事而将这件改变的大事耽搁了，因为这时候的你只差了临门的一脚，那就是“开始行动”。

有行动才会有结果的产生，不管是好的结果还是不好的结果，只要有结果的产生就会有修正的依据，不行动只靠想象绝不会有任何的进展；而行动之后也许会有阻碍、会有挣扎，但是不去超越阻碍、克服心中的挣扎又怎会得到自己所想要的结果呢？

任何人在改变的行动中都将不断地面临改与不改之间的挣扎，因为改变是必须与原来的习惯对抗，人常常会在不知不觉当中走回原来的习惯。所以必须不断地提醒自己，鼓励自己走出过去的习惯，告诉自己原来的习惯是不好的、是需要改变的、不改变是会付出代价的，不断地回到第一个步骤，下决心改变，然后再继续行动！

付诸行动的时候，一定要离开消极且阻止你改变的人，因为很多人的改变会受到外在环境的影响。

“唉！江山易改本性难移，要改哪里有这么容易?”

“我想改，却几年都改不了，你试试看但是不要抱太大的希望!”

“真的假的？别傻了，浪费这种时间做什么？还不如多想想如何多签几份订单下来……”

消极阻止你改变的人会无所不在，这些人最喜欢做的事情就是泼别人的冷水，最喜欢看的就是别人的笑话，认为自己做不到的事情别人也做不到，永远拿自己的标准来衡量别人。如果你的立场不够坚定，你就有可能会随时被他们影响而掉入改与不改之间挣扎的旋涡里，严重的还会无法自拔、放弃改变！记住，任何人都不会为自己所说过的泼冷水的话而负责任，所有发生的结果必须由你自己去承担。

在自我改变中，自己最清楚自己的想法，也最清楚自己是不是尽力、自己有没有偷偷犯规，而这些都是别人所发觉不到而且检查不到的部分，所以诚实的自己才是最好的改变监督者。有人说“勇者无惧”，为什么勇者无惧？能够诚实面对自己、检查自己、改变自己的人当然会无所畏惧，因为一个人最难战胜的就是自己，如果最大的敌人都已经战胜了，还有什么事情是你做不到的呢？所以也有人说一个人最大的敌人就是自己。人的一生，路，看你怎么选，你要走哪一条？你是否有勇气站起来重新做事，你是否有勇气证明自己是行的，可以的。过去的都过去了，当下和未来你怎么选？你有了自己的目标、理想和计划吗？改变这条路是漫长的：“改变　质变　蜕变。”快来用行动来证明你自己不比别人弱，不比别人差。如果没有下定决心，即使再清楚自己为什么要改变都没有用，因为那将不会产生一个行动的开始。下决心去行动的人，会将自己目标改变的部分写下来，诚实地面对自己，制订计划、确定完成时间，根据自己的计划还要诚实地每天做自我的检讨。此刻是证明自己的时候到了，而行动是证明自己价值的最有力的语言。寻找一些途径来帮助自己开始行动起来，坚持下去才会有改变。比如说找一个监督者，这比你“孤军奋战”更来得有效！

1. 寻找监督者

最严格自我要求的人可以找一个监督者来监督自己、考核自己。采用这种做法必须先跟监督者谈清楚、订契约，是你委托他做为改变计划的监督者，要相信他所观察的结果、要相信他所评估出来的分数，不得有异议。

2. 目标可视化

制定改变的梦想板，也是一个下定决心改变的人会做的事，将自己要改变的目标可视化，因为监督者可能不会随时跟在你的身边，所以有很多时候必须要你自己监督你自己，因此要自己假想一个监督者随时跟在自己的身边。比方说在自己的门上或是皮夹里随时看得到的地方写上改变的目标，让那一双无形的眼睛去盯住你自己的改变，提醒你自己要去完成自己的目标。监督者在的时候就改，监督者不在的时候就不改，这是自我要求松散的人最容易放弃改变计划的原因。

3. 昭告于天下

告知所有周边的人：“我要改变了。”为什么自己改变要告诉别人呢？为什么不自己偷偷改就好了呢？因为越多人知道你要改变，就会有越多的人变成你最好的监督者，当你恢复原状的时候会有人主动提醒你、当你改变有成绩的时候会有人鼓励你、当你放松自己的时候会有人提醒你，这些人都会是你改变自己的最好的助手。如果你觉得万一没有改变成功那不是很丢脸吗？当有这种想法的时候就已经注定改变不会成功了！建议你提早放弃不要浪费大家的时间了，因为你的决心并没有下得足够大，所以在你的潜意识中有你可能会改变失败的想法，有变回原形的可能！

抓住机会，改变命运

机会真是一种很奇妙的东西。它就像一个小偷一样，来的时候没有踪影，然而走的时候却会让你损失惨重，只有认真仔细的人才能够发现它。是的，只有抓住机会，才能有可能改变我们的人生，使自己有一个更光明的未来。

有人曾经说过这样一句话："机会是上帝的别名。"可见机会是非常好的也是不容易遇到的，所以要格外珍惜机会。虽然机会来到每个人身上的次数不一样，但是上帝是公平的，机会或多或少地都会来到每个人的身上。有些人抓住了，有些人抓不住；有些人发现了，有些人茫然无知；有些人在不断创造机会，有些人在苦苦等待机会。但纵使机会光顾的次数再多，对于愚蠢的人和胆小的人而言，是永远无法抓住机会改变命运的。

各方面素质都比较优秀的人更容易抓住机会达到成功的彼岸，当然对于自身素质不佳的人来说有了机会也未必能够成功。但是只要是有了机会，纵使只有万分之一的机会，我们也要去奋力一搏，这样才可以改变命运。我们不能在机会来临的时候拒绝，更不能为没有抓住机会而寻找借口。

要知道，机会是偏爱有准备的人的，所以我们随时要准备好，当机会来临之时要迅速出击，抓住机会解决问题达到目标。

所谓机不可失、时不再来，当机会来临的时候要敢于去接受，纵使失败了也是收获颇丰。不过人生中的机会有时候很多，很容易蒙蔽了我们的双眼。我们要清楚哪条路最适合自己，哪个机会必须要抓，哪个机会是可以创造等。要尽力在平时多学习，多努力工作，因为机会是偏爱有准备的人的。只要你的能力和知识积累到一定程度，就要敢于毛遂自荐，亮出自己的宝剑。人不可能十全十美，不过为了自己美好的事业和未来，要尽力完善自己才行。

千万不要以为机会遍地都是，人一辈子大量的活动其实都只是铺垫，真正起作用的就只有几次。当你手上抓住一个机遇时，再难也不要松手，也许完成这件事就奠定了你一生的价值。

有一位商人，他最早是子承父业做典当生意的，可是他缺乏父亲对典当行业的明察秋毫，没几年，他就把父亲交给他的全城最大的典当行赔光了。

他以为自己并不是缺乏经商的才干，而是典当行业投资大，技术性太强，风险太大。他决定改行做服装生意。他认为服装行业周期短。而且不需要太大的专业学问，肯定能成功。于是，他变卖了仅有的一些家产，开了一家服装店。过了 3 年，他的服装店已经再也没有资金进新款衣服，已有的衣服也因价格高于相邻商家而无人问津。最终，他还是失败了。

经过细心思量后，他意识到他不适合于更新速度太快的服装市场。当他以为一种新款刚开始流行自己马上筹集资金进货时，同行们已经开始淘汰这种款式了，他总是跟随流行的尾巴，没有足够敏锐的时尚嗅觉。

他变卖了服装店，用剩余不多的资金，开了一家饭店。他想，这种简单的生意总不会再赔了：雇几个人做菜，客人吃饭拿钱，又不用多么大的流动资金。可是，他又错了。他眼睁睁地看着相邻的饭店里宾客盈门，而自家的饭店却门可罗雀。最后，连雇来的几个服务员也跑到别的饭店去了，只剩下他孤零零的一个人。

后来，他又尝试做了化妆品生意、钟表生意、印染生意，都无一例外地失败了。

这个时候，他已经 50 多岁了。从父亲交给他典当行至今，20 多年的宝贵年华就这样被浪费了。接踵而来的失败使他深信，他没有丝毫经商的才能。

他盘算了一下自己的家底，所有的钱仅够买一块离城很远的墓地。

他彻底绝望了。既然自己没有能力创造财富了，就买块墓地给自己留着吧，等到哪一天一命归西，也算有个归宿。

这是一块极其荒僻的土地，离城有10公里。有钱的人，甚至一些穷人也不会花冤枉钱去买这样的墓地。

可是奇迹发生了，就在他办完这块墓地产权手续的第15天，这座城市公布了一项建设环城高速路的规划，他的墓地恰恰处在环城路内侧，紧靠一个十字路口。道路两旁的土地一夜之间身价倍增，他的这块墓地更是涨了好多倍。他做梦也没想到他靠这块墓地发财了。

他突然顿悟，自己为何不做房地产生意呢？说做就做，这一次他没有迟疑。他先是把这块墓地给卖了个好价钱，然后用这笔钱又购买了一些他认为有升值潜力的土地。仅仅过了5年，他就成了全城最大的房地产业主。

从拥有一个全城最大的典当行到一无所有，从一无所有到成为全城最大的房地产业主，这位商人给人的启示是深刻的。

抓住一个小小的机遇，乘机做一些小小的改变，或许观念上的、思维上的、行为上的、习惯上的，可以改变一个人的命运。有很多时候，机遇就在生命的前方等待着，关键的是要耐心地等待和发现。我们经常遇到这样的事：一个人为一个目标苦苦守候了许多年，他后来实在坚持不住了，就不再等候了。结果，就在他刚刚离开之际，那个目标就出现了。有很多人努力了半辈子也没有成功，就自动放弃了。

事实上，这个时候，成功距他只有一步之遥了。

示弱的力量

生命为了显示自身的强大一般都是逞能，连陆地的巨无霸发脾气的时候也是用怒吼来表示自己的威猛，青蛙遭遇到强敌逃脱不掉的时候也是用鼓气的方式把自己充大，绝不示弱。有些猴王在遭遇另一些公猴挑衅的时候马上站立起来，用前掌拍打自己的胸部，也是表示自己的强壮，用逞能御敌。

没有实力的逞能不会是真正的强大，到头来不过是黔驴的那几招，早晚都得露怯。所以有些动物聪明，不是逞能，而是通过示弱来防御。比如在南美热带雨林中，有些种类的公猴当取得猴王的地位之后，就不想再打斗了。一旦有其他独身公猴来挑战，猴王就用示弱的方式来避免战争。猴王迅速地从母猴的怀中抢下一只幼猴抱在怀中亲昵，来挑战的公猴见猴王怀中抱着幼猴，怕打斗起来伤着幼猴就讪讪地走开了。示弱者的示弱其实就是胜利，它保住了自己的猴王地位，继续统领着这个猴群，一旦这个猴王老去，没了生育下一代的能力也就没了通过抱幼猴示弱的条件，它就得接受独身公猴的挑战了，最后让出猴王的宝座。

加勒比海的海滩上有两种不同性格的蓝甲蟹：一种是较凶猛的，从不知躲避危险，与谁都敢开战；一种是温和的，遇到敌人便翻过身子，四脚朝天，任你怎么捣它、踩它，它都不跑不动，一味装死。千百年后，人们发现，强悍凶猛的蓝甲蟹成了濒危动物，而性情温和的蓝甲蟹反而繁衍昌盛，遍布世界上许多海滩。动物学家通过研究发现，强悍的蓝甲蟹一是因为好斗，在相互残杀中死了一半；二是因为其强悍而不知躲避，被天敌吃掉了一半。而会装死的蓝甲蟹，因为善于保护自己，显示出旺盛的生命力。

通过示弱来避免暴力，其结果并没有输掉，恰恰是双赢，占山为王的老大有几个是寿终正寝的？今天你逞能成功了，明天就被另一个强者火并了，倒是那些从来与世无争、以弱示人的僧侣与他们的住所常常一片祥和、香火缭绕。

逞能绝不是强者所为，没见哪个武林高手在出场之前先要自吹自擂一番，递上一张名片，表明我乃某某武林高手，曾经秒杀俄国大力士、美国拳王、日本浪人。倒是不堪一击的萨达姆、卡扎菲在被消灭之前时时逞能好胜，不可一世，结果还不都像一些靠鼓气自我膨胀的青蛙，一个顽童一脚就把它踩扁了。

人类社会无论从生命的基因还是从文明的进程上看，对弱者都是同情与怜爱的，逞能才招致对手，示弱才赢得尊重，你踩了人家一脚，马上道歉就没事了。夫妻双方也是，导致离婚的原因并非争执，而是在争执时一方不肯示弱，总是以强者的面孔威胁对方，另一方无奈就选择了离婚。在人际关系上，以弱的一面示人，恰恰人脉十足，在组建工作团队时恰恰是示弱的人都不会被优选掉。一个还没有强大到有资格组合别人的强者，往往容易被人家优化下去。

示弱不是无能者的无奈，恰恰是弱者甚至还是强者的智慧。就像那个通过怀抱幼猴的猴王如果不示弱，就要接受挑战，打个天昏地暗决一雌雄才行。

对于人类来说，面对压力不低头的是有个性的人，而适当地选择示弱、认输、放弃的人则是聪明的人。示弱是一种灵性的觉醒，是一种智慧的显现；示弱不是妥协，而是一种理智的忍让；示弱不是倒下，而是对他人的尊重。人生要是凡事都争强好胜必然处处树敌，你就是强大成秦始皇、恺撒大帝也无法躲避弱者的暗算。要想远行，就别呼风唤雨地行走，唐僧能取得真经，就是因为他生命的本质就是示弱，他最大的本事就是要要猴子。做人处世适时示弱，恰恰就是赢家。

其实，人生最大的幸运不是一帆风顺，而是掌握了不停变通的生存智慧。

没野心的人只能一辈子当穷人

法国媒体大亨巴拉昂以推销装饰肖像画起家，在不到 10 年的时间里，迅速跻身于法国 50 位大富翁之列，1998 年他因前列腺癌在法国博比尼医院去世。临终前，他留下遗嘱，把他46亿法郎的股份捐献给博比尼医院，用于前列腺癌的研究，另将100万法郎作为奖金，奖给揭开贫穷之谜的人。

巴拉昂去世后，法国《科西嘉人报》刊登了他的一份遗嘱。他说："我曾是一个穷人，去世时却是以一个富人的身份走进天堂的。在跨入天堂的门槛之前，我不想把我成为富人的秘诀带走，现在秘诀就锁在法兰西中央银行我的一个私人保险箱内，保险箱的三把钥匙在我的律师和两位代理人手中。如果谁能通过回答'穷人最缺少的是什么'这个问题而猜中我的秘诀，他将能得到我的祝贺。当然，那时我已无法从墓穴中伸出双手来为他的睿智而欢呼，但是他可以从那只保险箱里荣幸地拿走100万法郎，那就是我给予他的掌声。"

遗嘱刊出之后，《科西嘉人报》收到大量的信件，有人骂巴拉昂疯了，有人说《科西嘉人报》是为提升发行量在炒作，但多数人还是寄来了自己的答案。

绝大部分人认为，穷人最缺少的是金钱；还有一部分人认为，穷人最缺少的是机会；另一部分人认为，穷人最缺少的是技能；还有的人认为，穷人最缺少的是帮助和关爱。总之答案五花八门，不一而足。

到了巴拉昂逝世一周年纪念日，律师和代理人按巴拉昂生前的交代在公证部门的监督下打开了那只保险箱，在48561封来信中，有一位叫蒂勒的小姑娘猜对了巴拉昂的秘诀——蒂勒和巴拉昂都认为穷人最缺少的是野心，即成为富人的野心。在颁奖之日，《科西嘉人报》带着所有人的好奇，问年仅9岁的蒂勒为什么想到是野心，而不是其他的。蒂勒说："每次，我姐姐把她11岁的男朋友带回家时，总是警告我说不要有野心！不要有野心！我想，也许野心可以让人得到自己想得到的东西。"

巴拉昂的谜底和蒂勒的回答见报后，引起很大的震动，这种震动甚至超出法国，波及英美。前不久，一些好莱坞的新贵和其他行业几位年轻的富翁就此话题接受电台的采访时，都毫不掩饰地承认：野心是永恒的特效药，是所有奇迹的萌发点。某些人之所以贫穷，大多是因为他们有一种无可救药的弱点，即缺乏野心。

在我们的印象中，“野心”好像是一个贬义词，不过在现实生活中，野心却常常可以成就一个人。

一切从今天开始改变

如果你现在还安于现状，还没意识到世界早就远离了你的想象，你现在拥有的知识和技能已经不能满足你现在的需求了，那你随时面临被社会抛弃的危险。如果要在社会上立足，你必须时时刻刻叮嘱自己要改变，调整好自己的知识和技能结构，不然你就会被社会淘汰。在未来世界里，有八种人将被社会淘汰。看看你是否有这八种人的特质，如果有的话，赶紧行动起来，从今天开始改变！

1. 知识陈旧的人

如今，知识更新的速度越来越快，知识倍增的周期越来越短。20世纪60年代，知识倍增的周期是8年；70年代减少为6年；80年代缩短成3年；进入90年代以后，更是1年就增长1倍。人类真正进入了知识爆炸的时代，现有知识每年的更新速度极为惊人。生活在这样一个时代，任何人都必须不断学习、更新知识，想靠学校里学的知识应付一辈子，已完全不可能了。过去，我们对终身教育的理解是，一个人从上学到退休，要一直接受教育；现在，这一概念应当重新定义，终身教育，从摇篮到坟墓，应贯穿人的一生。那些抱残守缺、知识陈旧的人，将是职场中的麻烦人。

2. 技能单一的人

只会做一种工作，换一个岗位就不灵光的人，他在当今社会上的日子是不会好过的。随着竞争越来越激烈，就业　下岗　再就业　再下岗，将成为司空见惯的事。要想避免在职场中成为积压物资，唯一的办法就是多学几手，一专多能。只有这样，才不至于“一棵树上吊死”，一旦下岗，心中不慌，“此处不留人，自有留人处”。如果说，复合型人才大受欢迎的话，技能单一的人遭到冷遇，就是非常自然的事了。

3. **情商低下的人**

智商显示一个人做事的本领，情商反映一个人做人的表现。在未来社会，不仅要会做事，更要会做人。情商高的人，说话得体，办事得当，才思敏捷，人见人爱。情商低的人，不是不合群，就是讨人嫌，要不就是“哪壶不开提哪壶”，这就麻烦了。一旦进入一个单位，能不能工作顺利、事业有成，情商是一个关键因素。所以，在不断提升自己的能力时，还应不断培养自己的情商。否则，身怀绝技也难免碰壁。

4. **心理脆弱的人**

遇到一点困难，就打退堂鼓，稍有不顺利，情绪就降到冰点，这样的人，在激烈的竞争中必然日子不好过。由于生活节奏加快，竞争压力加大，有心理障碍或心理疾病的人逐渐增多，神经紧张、心理脆弱成了都市“现代病”。因此，无论在职者还是求职者，都应该增强心理承受能力，提高抗挤、抗压素质。在当今社会，没有一股不服输的犟劲，没有一种不怕难的韧劲，是不行的。

5. **目光短浅的人**

鼠目寸光难成大事，目光远大可成大器。有句话说得好：“你能看多远，你便能走多远。”一个组织的成长需要规划，一个人的成长需要设计。有生涯设计的人，未必肯定成功；没有生涯设计的人，一定很难成功。“过一天算一天”，“哪里黑哪里住”，只看见鼻尖下边一小块地方的人，现在不吃香，以后更不吃香。

6. **反应迟钝的人**

当今社会，反应迟钝就会落后，落后就要挨打。过去是“大鱼吃小鱼”，如今是“快鱼吃慢鱼”。现代社会，一个人如果思维不敏捷，反应不快速，墨守成规，四平八稳，迟早会被淘汰。

7. **单打独斗的人**

“学科交叉、知识融会、技术集成”的现实告诉我们，在当今这个国际经济大循环的世界里，“孤胆英雄”的时代已经过去，个人的作用在下降，群体的作用在上升。特别是在群英对战的社会环境里，要成就一项事业，靠个把人、少数人是不行的，需要一支队伍，一个组织，一个群体的共同奋斗，需要众多人智慧的碰撞，团队的合作。“跑单帮”难成气候，“抱成团”才能打出一片天地。

8. **不善学习的人**

有些人虽然也想学习，但是不知道学习的方法，不掌握学习的技术。这种人在生活工作中肯定容易吃亏。处在当今这个学习型社会里，人与人之间的差异，主要是学习能力的差异；人与人之间的较量，关键在学习能力的较量。过去，我们把不识字称之为“文盲”。未来学家托夫勒说，未来的“文盲”是想学习而不会学习的人。

鲜花和掌声从来不会赐予守株待兔的人，而只馈赠给那些风雨无阻的前行者，空谈和阔论从来不会让你的梦想成真，不是你能不能，而是你要不要，只要你要，你就一定能成功。墨守成规已经早已被时代淘汰了，改变是毋庸置疑的。从今天起，从此刻起，开始改变自己，只需1%的改变，你的命运就很可能被改写。

小河流的旅程

有一条小河从遥远的高山上流下来，它经过了很多村庄与森林，最后它来到了一处沙漠。它想：“我已经越过了重重障碍，这次应该也可以越过这片沙漠吧！”

当它决定越过这片沙漠的时候，它发现它的河水渐渐消失在泥沙当中，它试了一次又一次，总是徒劳无功，于是它灰心了。

“也许这就是我的命运了，我永远也到不了传说中的浩瀚大海。”它沮丧地自言自语。

这时候，四周响起了一阵低沉的声音：“如果微风可以跨越沙漠，那么你这条小河流也可以。”原来这是沙漠发出的声音。

小河流很不服气地回答说：“那是因为微风可以飞过沙漠，可是我却不行。”

“因为你坚持你原来的样子，所以你永远无法跨越这个沙漠。你必须让微风带着你飞过这片沙漠，到达目的地。只要你愿意放弃你现在的样子，让自己蒸发到微风中。”沙漠用它低沉的声音说。

小河流从来不知道还有这样的事情：“放弃我现在的样子，然后消失在微风中？不！不！”小河流无法接受这样的概念。毕竟它从未有过这样的经验，叫它放弃自己现在的样子，那么不等于是自我毁灭了吗？

“我怎么知道这是真的？”小河流这么问。

“微风可以把水汽包含在它之中，然后飘过沙漠，到了适当的地点，它就会把这些水汽释放出来，于是就变成了雨水。然后这些雨水又会形成河流，继续向前进。”沙漠很有耐心地回答。

“那我还是原来的河流吗？”小河流问。

“可以说是，也可以说不是。”沙漠回答，“不管你是一条河流或是看不见的水蒸气，你内在的本质从来没有改变。你会坚持你是一条河流，是因为你从来不知道自己内在的本质。”此时在小河流的心中，隐隐约约地想起了自己在变成河流之前，似乎也是由微风带着自己，飞到内陆某座高山的半山腰，然后变成雨水落下，才形成今日的河流。

于是小河流终于鼓起勇气，投入微风张开的双臂，消失在微风之中，让微风带着它，奔向它生命中的又一次旅程。

我们的生命历程也像小河流一样，若要跨越人生中的种种障碍，达到自己想要的成就，必须有放下自我、改变自我的智慧和勇气，从而让生命不断地成长。

21 世纪是一个不断革新的新时期。

不管你愿不愿意，时代的步伐总是向前进的，它不会以你我的意志为转移，更不会等我们半步。更多的变化、更多的挑战，意味着更多的机会!

作家彼得·圣吉说，在这个时代，你唯一的竞争优势就是比你的竞争对手学习得更快、更多、更好!

而学习的实质到底是什么呢？没错，它就是“改变”!

不习惯的时候就是成长的时候

一只鲷鱼和一只蝾螺在海中，蝾螺有着坚硬无比的外壳，鲷鱼在一旁赞叹着说：“蝾螺啊！你真是了不起呀！一身坚强的外壳一定没人伤得了你。”

蝾螺也觉得鲷鱼所言甚是，正当它洋洋得意的时候，突然发现敌人来了，鲷鱼说：“你有坚硬的外壳，我没有，我只能用眼睛看个清楚，确知危险从哪个方向来，然后决定要怎么逃走。”说着，鲷鱼便“咻”的一声游走了。

此刻蝾螺心里在想：“我有这么一身坚固的壳，没人伤得了我啦！我还怕什么呢?”它便静静地等着。

蝾螺等呀等，等了好长一段时间，还睡了好一阵子了，它心里想：“危险应该已经过去了吧!”它就想探出头透透气，冒出头来一看，它立刻扯破了喉咙大叫：“救命呀！救命呀!”此时，它正在水族箱里，外面是大街，而水族箱上贴着的是：蝾螺××元一斤。

此时，不知你的感想如何，这篇寓言告诉我们：过分自我封闭或自我膨胀的人，都将丧失自我成长的机会，甚至身陷危险之境而不自知!

你同样听过煮青蛙的故事吧，当把一个青蛙放进一锅烧得滚烫的开水中时，它一下子就会从里面跳出来，但是如果把青蛙放在温水里，然后在锅底下慢慢加温，当水温慢慢升高的时候，青蛙仍丝毫没有感觉，当它感觉到不舒服想跳出来的时候，双腿已经没有力量——它被煮熟了！

面对改变，我们时常会觉得有些不习惯，或者感觉有些压力，甚至是恐惧，可是我要告诉你：这正是你成长的时刻！

如果你不想接受这些不习惯或者压力，而去做你原来一直都在做的、一直都习惯做的事情，当然你也将一直是过去的你。若想要真正成长，那就要突破舒适的范围，也就是要暂时失去安全感……

所以，当你感觉自己有些不习惯，有些紧张或者压力甚至是恐惧的时候，起码要知道，你正在成长……

她离开办公桌去复印一份资料，不过三分钟时间，一只蚂蚁就爬上了她刚买的黑森林蛋糕。那蛋糕是她的午茶点心，这下享用的兴致全没了。

她拿起叉子把蚂蚁取出，然后质问它为什么破坏她的好心情。浑身沾满奶油的蚂蚁慢条斯理地回答："我饿了，被蛋糕的香味给吸引过来。"蚂蚁又说："我的食量小，吃不了多少，给我一小角蛋糕，就够了。"她听了更是火大，不顾形象，指责它："你的身份哪配跟我一起吃相同的东西！"

她告诉蚂蚁，它应该去找残余的食物，不可以堂而皇之与她分食。"我有我的人格，不想卑微地讨生活。"蚂蚁一脸委屈地向她说道。它想出人头地，可是天生的不平等，让它只能不起眼地过日子，可是它的确不想庸庸碌碌地了此一生，所以才选择到这陌生且危险的城市。

经它这么一说，她心软了："你不怕无法适应？"她怀疑。

"只有做过了，才知道怎么回事。光是害怕，有什么用！"蚂蚁又接着说，它不觉得它的人生只有一条路可以走，它相信它的生命充满了无限可能。

她不发一语，心情顿时复杂起来。这些年，她最大的困境，就是知道自己要什么，却始终未曾付诸行动，或者应该说，她怕改变。

然而，胆小的人注定要失去生命中的种种精彩与美丽。因此，她只能原地打转，也许不会更坏，但也绝对不会更好。

回过神来，她有了新的决定，同时准备把整块蛋糕送给蚂蚁。蚂蚁谢绝了她的好意，它说，它已经尝过蛋糕的滋味，想再去尝试点别的。

而她，一个新的人生规划已经成型，蓄势待发。

第六章　细节催开梦想之花

一地白纸

韩林是河南一所大学企业管理系的毕业生，父母亲戚上溯八代个个是清一色脸朝黄土背朝天的农民，许多人一辈子都没走到过百余里外的县城。毕业前夕，同学们都在“找关系”，而他则没有什么关系可找。

离校期一到，从五湖四海匆匆汇到一起朝夕共处三年的同学们，又匆匆话别各奔前程，只有韩林一脸茫然，形单影只扛着行囊南下去深圳。到了深圳，韩林东奔西走，见了招聘广告就去应聘，简直像只无头苍蝇。更让韩林傻眼的是，深圳特区像他这样怀揣一纸文凭，心怀一腔激情而流浪街头的人太多了，一个招聘摊位前，动辄就是成百上千争抢着、喧嚷着的应聘者，整个一片“狼多肉少”的严峻局面。

这天上午，在上步中路的一个广告信息栏中，韩林看到一则湿淋淋的刚张贴上去的招聘广告，韩林顿时双眼一亮，待他一字一句认真读完，刚刚腾起的一片希冀的心差不多就已泄尽了底气。南方化工厂招聘，但仅招聘一名库料总管，仅仅一名啊，自己能应聘得上吗？但韩林还是决定去看看。

招聘点设在南方化工厂的大院里。韩林赶到那儿一看，早就来了黑鸦鸦一院的应聘者，摆了一溜长桌的招聘摊位前人头攒动，应聘者们争先恐后喋喋不休地向招聘工作人员推销自己，并一再亮出自己的文凭和各类证书。院里一片狼藉，草坪被接踵而至的人践踏得不像个样子，地上扔满了一张一张的废纸。韩林思忖，这纸或许是什么广告单吧？就弯下腰去捡了一张，展开一看，是空白的，白得连一个字都没有，韩林把它翻过来看，咦，背面还是空白的，还是一个字都没有，韩林很奇怪，于是又捡起一张，一看，还是空白的。纸是清一色的复印用纸。洁白而光滑，坚韧而厚实，地上足有几百张。多好的纸啊！韩林叹口气，想起自己在村小学读书时，每个作业本都是用了正面用背面，甚至连天头地脚都密密麻麻写满了字，真是物尽其用。地上这白花花的几百张纸，能订多少作业本，能让老家的一个学生无忧无虑用多少个学期啊。

韩林禁不住蹲下身去，在地上一张一张地捡起来。许多洁白的纸上，都被闹哄哄的应聘者踩上了大小不一的鞋灰印，韩林将被踩脏的纸一张张拍打吹拂干净，将被踩皱的纸一张张仔细拉展，在人群的脚下捡来捡去，一会儿的工夫，就捡到厚厚的一沓白纸。

韩林正在东一张西一张捡拾地上的白纸时，忽然有人拍了拍他的肩膀，他仰起脸一看，是个西装革履的胖胖的老头。老头问：“先生是来应聘的吧?”

韩林点点头说：“是的。”

老头问：“你来应聘，不到招聘台前去，却捡这地上的白纸做什么?”

韩林站起来，将手中捡来的那沓白纸递到老头跟前说：“这工厂也太浪费了，这么好的一张张白纸，却扔在地上任人踩任人踏，不知道他们厂长明白不明白，这一张张白纸都是拿钱买来的，这样浪费下去这个厂准有破产的那一天!”

老头笑了，挥了挥手示意大家安静下来说：“我是南方化工厂的总经理李海树，现在我宣布我厂招聘结果。”

韩林愣住了。

总经理笑笑说："我想大家都知道，我们南方化工厂这次只招聘一名库料总管，大家再往自己的脚下看看，脚下是什么？"李总经理顿了顿说："是一张张洁白的纸呀，可大家谁弯腰捡起过一张吗？没有！"李总经理将韩林拉到自己面前说："只有这位先生弯下腰去一张一张地捡起了这么一沓白纸，因为只有他懂得这一张一张的白纸都是用钱买来的，一张一张白纸都是来之不易的，所以他懂得珍惜它们。我们厂招聘的是库料总管，请先生们小姐们想想，对一地洁白的上等好纸都视而不见、置之不理的人，能成为一名出色的库料总管吗？"

李总经理说："所以我宣布，这位先生即将出任我们的库料总管！"

人群沉默了一会儿，忽然爆发出如潮的掌声。

镜子一般映照到自己

2012年7月28日，伦敦奥运网球单打赛场，2011年法国网球公开赛女单冠军李娜在万众期待中告负，面对媒体的质疑、舆论的指责，刚刚迈入而立之年的李娜没有说"对不起祖国"之类的话，而是平静地说："输球的结果是可以接受的，幸运女神不可能永远光顾我。"坦然面对失利，李娜选择第一时间进入双打备战状态，隔日还在微博上发了照片，笑容十分灿烂。正是这个灿烂的微笑，让我捧起这本李娜自传《独自上场》，想走进这位首位获得四大满贯赛事冠军的亚洲选手、网坛传奇女子的内心世界。

文如其人，字如其人，朴实、真诚，性情外露。《独自上场》中，李娜亲自讲述了自己30年的人生故事，与众不同的成才之路、跌宕起伏的赛场传奇、不离不弃的爱情誓言，以及那些不为人知的酸甜苦辣，当然还有站在巅峰之上的人生感悟，书中独家披露了许多不为人知或者被人误解的细节，向读者展示了最为丰富和真实的李娜，无论是作为冠军还是作为一个女人。她希望更多人了解网球运动，也希望通过自己的经历对中国的体育人才培养机制和教育理念，有一些反思，更希望通过自己的故事激励青年人追求梦想。

2008 年北京奥运会后，李娜勇敢地选择了“单飞”。说是勇敢，一点也不夸张。单飞意味着什么？答案是国家不管你了，你要自负盈亏，你要自己挣钱养活自己，自己联系教练，自己联系场地……尽管选择很难，但李娜终于迈出了这一步，因为这是她内心的声音。“2008 年我已经 26 岁，作为一名职业选手，这个年龄就差不多了，这种环境，这样的方式我也待够了，我想体会一下真正的职业网球选手是什么样子。”回首来路，李娜举重若轻。

李娜是一个真性情的人。《独自上场》，书名就带着一种浓浓的悲壮，一种唯我独尊的霸气。当比赛失利时，别的运动员会选择甩球拍或者和裁判吵，李娜却选择了朝自己的丈夫兼教练姜山“咆哮”来宣泄情绪，因为她知道丈夫懂自己，因为她知道丈夫爱自己。“不爱你的人只关心你飞得高不高，爱你的人才会在意你飞得累不累”，李娜的这句话真的充满了生活的智慧。

“有时候我真想穿越回去，告诉那个在陌生人群中茫然无助的中国女孩儿：振作点儿，一切都会好的。但有时又觉得不必。那些小磨难和小障碍，最后都被证明是命运指派给我的催熟剂，它们让我学会勇敢和承担。”性格决定命运，李娜将自己的命运握在了自己手中。“想要获胜，你必须发自内心地渴求胜利，你要非常、非常、非常地想要获胜。你对胜利的渴望，要像在沙漠中跋涉，濒临死亡的人对清水的渴望一样。然后，你才有希望，仅仅是有希望，获胜。”从李娜的故事里，我们也能镜子一般映照到自己：你是否忠于内心？是否敢于抉择？是否勇于承担。

成功是由一个个梦想堆积出高度的。每个人都有梦想，李娜的梦想就是那颗在网上欢跃、飞扬、升腾的白色网球，为了这个梦想，她忍受着艰辛、孤寂与压力；为了这个梦想，她无怨无悔。亲爱的朋友，你的梦想也已经上路了吗？

形象的价值

戴尔一向很注重形象。他清楚地认识到，在商业社会中，一般人会根据一个人的衣着来判断对方的实力。因此，他首先定做了三套昂贵的西服，然后他又买了一整套最好的衬衫、领带、皮带等，而这时他的债务已经达到了700美元。

于是，戴尔就开始了自己的第一次创业。

每天早上，戴尔都会身穿一套全新的衣服，在同一个时间、同一个街道同某位富裕的出版商“邂逅”。戴尔每天都和他打招呼，并偶尔聊上一两分钟。

这种例行性会面大约进行了一星期之后，出版商开始主动与戴尔搭话：“你看来混得相当不错。”

接着出版商便想知道戴尔从事哪种行业。戴尔身上所表现出来的这种极有成就的气质，再加上每天一套的新衣服，已引起了出版商极大的兴趣，这正是戴尔盼望发生的情况。

戴尔于是很轻松地告诉出版商：“我正在筹备一份新杂志，打算在近期内争取出版。”

出版商说：“我是从事杂志印刷及发行的。也许，我可以帮你的忙。”

这正是戴尔所期待的。

出版商邀请戴尔到他的俱乐部，和他共进午餐，在咖啡和香烟尚未送上桌前，已“说服”了戴尔答应和他签合约，由他负责印刷及发行戴尔的杂志。戴尔甚至“答应”允许他提供资金并不收取任何利息。

杂志所需要的3万美元资金和购买衣物的700美元都是通过戴尔的形象换来的。

成也细节，败也细节

1959年，苏联的宇宙飞船即将升空。为了实现人类的首次太空之旅，苏联政府在此之前很早就在全国范围内展开了宇航员的选拔工作。在众多报名者中经过严格选拔，最后只剩下了20名候选人，25岁的加加林名列其中。在确定最终的太空之旅人选的前一周，20名候选人在实验基地进行模拟测试训练，经过一轮又一轮的层层筛选，邦达连科、季托夫和加加林等三人不负众望，脱颖而出，成为这20人中的佼佼者，三人中的一人将最终成为执行这次太空飞行的神圣使命的宇航员，当时的排序是邦达连科为1号宇航员，季托夫和加加林分别为2号和3号后备的“板凳”宇航员。

可是就在宇宙飞船即将发射的前一天出现了意外，三名宇航员在纯氧的船舱进行例行训练结束的时候，1号宇航员邦达连科随手将擦拭传感器的酒精棉球扔到了一块电极板上，船舱里顿时燃起熊熊大火，邦达连科被烧伤后不治身亡。

面对这一意外情况，为了不影响第二天的飞船发射，苏联方面召开了紧急会议，研究上天的最新人选，按排序非季托夫莫属，但也有人提出了不同的意见，双方争执不下，谁也说服不了谁，最后还是飞船的总设计师科罗廖夫拍板确定加加林上天，接着，科罗廖夫说出了加加林入选的理由。

原来20名候选人在实验基地进行模拟测试的时候，科罗廖夫就注意到了那个叫加加林的年轻人。当别人完成测试后，轮到加加林进入机舱了，只见加加林从容地走到机舱前面，然后停了下来。他没有像其他选手那样直接进入机舱，而是蹲下身子。科罗廖夫很奇怪：这个年轻人要干什么？正在大家疑惑不解时，加加林却脱下了鞋子，穿着雪白的袜子走进了机舱。

科罗廖夫走到机舱前，微笑着问加加林：“小伙子，我很想知道你脱下鞋子的真正用意？”加加林也报以一个真诚的微笑：“我有一个多年来养成的习惯，那就是对自己工作的对象非常珍惜。尤其是像这样精密的机舱飞船，更不能带进一丝的尘埃。我脱鞋进来，就是怕弄脏了它，也是对飞船设计者的尊重！”

听完加加林的话，科罗廖夫非常感动，他正是这艘飞船的主设计师，从那以后，他就记住了这个注意细节，不嫌麻烦的年轻人。

就这样，加加林凭借自己在日常工作中养成的良好习惯，脱颖而出，最终乘坐宇宙飞船在太空中遨游了108分钟，成为世界上第一个进入太空的宇航员。

邦达连科一个随手扔棉球的细节毁了他的宇航梦，加加林的一个脱鞋子的细节，成就了他成为世界上第一个进入太空的宇航员的理想，此所谓：成也细节，败也细节。

尽职的信差

布莱曼是小区里一名出色的信差，他颇受大家的欢迎。一天，小区内刚搬来一位旅行家。布莱曼上门找到旅行家索要一份全年行程表。旅行家很奇怪：“您有什么用？”

布莱曼认真地说：“以便您不在家时，我暂时代为保管您的信件，等您回来再送过来。”

这让旅行家很吃惊，因为他从未碰到过这样的邮差。

“没必要这么麻烦，把信放进信箱就好了，我回来再取也是一样的。”

布莱曼解释说：“这样可不安全，窃贼经常会窥探住户的邮箱，如果发现是满的，就表明主人不在家，那住户就可能要深受其害了。”

布莱曼想了想，接着说：“这样吧，只要邮箱的盖子还能盖上，我就把信放到里面。塞不进邮箱的邮件，则搁在房门和屏栅门之间。如果那里也放满了，我就把其他的信留着，等您回来。”布莱曼的建议无可挑剔，旅行家欣然同意了。

两周后，旅行家回来，发现门口的擦鞋垫跑到门廊的角落里，下面还遮着个什么东西。

原来事情是这样的：在旅行家出差期间，一家速递公司把他的包裹投到别人家了。布莱曼看到旅行家的包裹送错了地方，就把它捡起来，送回旅行家的住处藏好，还在上面留了张纸条，解释了事情的来龙去脉，并费心地用擦鞋垫把它遮住，以避人耳目。

紧急降落

美国前总统乔治·布什是个原则性很强的人。

1981年春，当时身为副总统的布什乘坐飞机“空军2号”飞往外地。突然他接到国务卿黑格从华盛顿打来的电话：“出事了，请你尽快返回华盛顿。”几分钟后的一封密电告知他里根总统已中弹，正在华盛顿大学医院的手术室里接受紧急抢救，于是飞机调头飞向首都华盛顿。

飞机在安德鲁斯着陆前，布什的空军副官来到前舱为结束整个行程做准备。飞机缓缓下滑时，副官突然想出了个主意，他说：“如果按常规在安德鲁斯降落后再换乘海军陆战队的直升机飞抵副总统住所附近的停机坪，然后驾车驶往白宫，要浪费许多宝贵时间。不如直接飞往白宫。”

布什考虑了一下，决定放弃这个紧急到达的计划，仍然照常规行事。

“我们到达时，市区交通正处高峰时期，”副官提醒道，“街道上的交通很拥挤，坐车到白宫得多花10~15分钟的时间。”

“但是我们必须这样做。”布什解释道，“只有总统才能在南草坪上着陆。”布什坚持着这条原则：美国只能有一个总统，副总统不是总统。

不要由两匹马的屁股决定一切

美国铁路两条铁轨之间的标准距离是4英尺8.5英寸。这是一个很奇怪的标准，究竟它是从何而来的呢？

原来这是英国的铁路标准，而美国的铁路原先是由英国人建的。那么为什么英国人用这个4英尺8.5英寸的标准呢？原来英国的铁路是由建电车的人所设计的，而这个正是电车所用的标准。

电车的铁轨标准又是从哪里来的呢？

原来最先造电车的人以前是造马车的，而他们是用马车的轮宽做标准。

好了，那么马车为什么要用这个一定的轮距标准呢？因为如果那时候的马车用任何其他轮距的话马车的轮子很快就会在英国的老路上撞坏。为什么？因为这些路上的辙迹的宽度是4英尺8.5英寸。

这些辙迹又是从何而来的呢？答案是古罗马人所定的。因为欧洲，包括英国的长途老路都是由罗马人为他们的军队所铺的，所以4英尺8.5英寸正是罗马战车的宽度。如果任何人用不同的轮宽在这些路上行车的话，他的轮子的寿命都不会长。

我们再问，罗马人为什么以4英尺8.5英寸为战车的轮距宽度呢？

原因很简单，这是两匹拉战车的马的屁股的宽度。

等一下，故事到此还没有完结。

下次你在电视上看到美国航天飞机立在发射台上的雄姿时，你留意一下它燃料箱两旁的两个火箭推进器（solid rocket boosters），这些推进器是由一家名为 Thiokol 的公司设在犹他州的工厂所提供的。如果可能的话，这家公司的工程师希望把这些推进器造得大一点，这样容量就可以大一些。但是他们不可以这么做，为什么？因为这些推进器造好之后要用火车从工厂运送到发射点，路上要通过一些隧道，这些隧道的宽度只是比火车轨宽了一点，然而我们不要忘记火车轨的宽度是由马的屁股的宽度所决定的……

因此，我们可以断言：可能今天世界上最先进的运输系统的设计是两千年前由两匹马的屁股宽度所决定的。而这两匹马如果经历了千年的历史，是否也还是那样宽呢？

匪夷所思？看看周围，有多少事情是“昨是而今非”的。

工业社会要求员工打卡上下班是因为工厂内的工人要各就各位，生产才可以开始。但管销售的人还是要求销售人员打卡签到，他们从来没有想过在公司里端坐的销售人员是毫无生产力的人。

“多做事，少说话”“管好自己，不要多管闲事”是老式工业生产线上的至理名言。可是把它用在要求团队协作的组织里面便是倒行逆施的毒药。

为了阻止亚洲卡塔尔足协招募外援，维护公平竞争，国际足联不得不在已有章程中增加一条可以限制巴西球员艾尔顿加盟卡塔尔队的新规定：未来球员为一国国家队效力的前提是必须在该国居住两年以上。

想想看，有多少你每天在做的事情是已经在今日的商业社会中失去意义的？哪些报表？什么会议？什么礼仪？哪些做事的方法、手段？

教授的第一堂课

有一位医生到母校去进修，上课的正是原先教过他的一位教授。教授没有认出他来。教授的学生太多了，何况他毕业已整整10年了。

第一堂课，教授用了半堂课的时间，给学生们讲了一个故事。这个故事医生当年就听过：

有个小男孩患了一种病，为治病花掉了家里所有的积蓄，却仍不见效。后来听说有个郎中能治，母亲便背着男孩前往。可是这个郎中的药钱很贵，母亲只得上山砍柴卖钱为孩子治病。一包草药煎了又煎，一直到味淡了才扔掉。

可是，小男孩发现，药渣全部倒在路口上，被许多人踏着。小男孩问母亲，为什么把药渣倒在路上？母亲小声告诉他："别人踩了你的药渣，就把病气带走了。"

小男孩说："这怎么可以呢？我宁愿自己生病，也不能让别人也生病。"后来小男孩再没见到过母亲把药渣倒在路上。那些药渣全倒在后门的小路上。那条小路只有母亲上山砍柴才会经过。

故事讲完了，医生觉得教授真是古板，都10年了，怎么又把故事拿出来讲呢？医生觉得索然无味。教授的课在故事中结束，给学生留了几道思考题。思考题很简单，要求学生当堂课完成。前面的题大家答得很顺利，可是，同学们被最后一道题难住了，这道题是这样的："你们单位里每天清早打扫卫生的清洁工叫什么名字？"同学们以为教授是在开玩笑，都没有回答。

那位医生也觉得好笑，都10年了，还出这样的题，教授的课怎么一成不变呢？

教授看了学生的答案，表情很严肃。他在黑板上写了一行字："在我们的职业当中，每个人都是重要的，都值得关心，请关爱他们。”教授说，现在我要表扬一位同学，只有他回答出来了。

这个人就是那位医生。医生这时才猛然发现，自己在平时的工作中常会下意识地去记清洁工的名字。他工作的医院有1000多人，他竟然记得每位清洁工的名字。

因为，这道题10年前就曾难倒过他。没想到当年第一堂课会影响他这么多年。

是的，生活中也是这样，你周围的每个人对你而言，都应该是重要的。

已故的奥地利著名心理学家阿尔夫·阿德勒写过一本名为《人生对你的意义》的书。他在书中说：“对别人不感兴趣的人不仅一生中困难最多，对别人的伤害也最大，人类的所有失败，都出自这种人。”

简在纽约大学选修过一门关于短篇小说写作的课程。有一次，柯里尔杂志的主编来给他们上课。他说，每天他只要读上几段送到他桌子上的小说，就能感觉出作者是否喜欢别人。如果作者不喜欢别人，别人就不会喜欢他的小说。

这位激动的主编在讲授小说创作的过程中，曾两次停下来为他不得不说这些大道理而致歉。同时他还说：“我现在所说的，和老师告诫你们的是同样的道理。但是请记住，如果你想成为一名成功的小说家，就必须对别人感兴趣。”

如果写作真是如此的话，那么可以确定，待人处世更应该这样。

这也是西奥多·罗斯福异常受欢迎的秘诀之一。他令他的仆人都喜爱他。他的那位黑人男仆詹姆斯·阿默斯曾写过一本关于他的书，取名《西奥多·罗斯福——他仆人的英雄》，阿默斯在书中写了这样一段富有启发性的话：

“我妻子有一次问总统关于鹑鸟的事。因为她从未见过鹑鸟。于是总统详细地描述了一番。不久以后，我们小屋里的电话铃响了。我妻子拿起电话，才知道是总统本人打来的。他特意来告诉她，我们屋子窗口外面正好有一只鹦鸟，如果她往外看，就能看到。罗斯福时常做这类小事。每次他经过我们的小屋，如果看不到我们，他就会轻轻地叫着'呜、呜、呜，安妮！'或'呜、呜、呜，詹姆斯！'这是他表示友好的一种招呼习惯。”

仆人怎能不喜欢一个像他这样的人呢？任何人都不会不喜欢他。

有一天，卸任后的罗斯福到白宫去。不巧的是，塔夫脱总统和夫人都不在。这时，他那种真诚对待身份卑微的人的态度完全体现出来了：他同所有的白宫旧仆人打招呼，而且能叫出每个人的名字，连厨房里的姑娘也不例外。

当他见到厨房的阿丽丝时，问她是否还烘制玉米面包。阿丽丝回答，她有时为其他仆人烘制一些，但是楼上的人都不吃。

“他们的口味太差了，”罗斯福颇为不平，“等我见到总统的时候，我会这样告诉他。”

阿丽丝端出一块玉米面包放在盘子上给他，他一面吃着一面向办公室走去，经过园丁和工人的身旁时，还不断跟他们打招呼……

“他对待每一个人，还和以前一样。”仆人们互相低声议论着。而一名叫艾克·胡佛的仆人眼中含泪地说：“这是近两年来我们唯一的愉快日子，我们任何人都不愿拿这个美好的日子去换一张百元钞票。”

一个人真诚地对别人感兴趣的话，即使是从极为忙碌的人那儿，也可以得到关心，获得帮助。希尔曾在布鲁克林文理学院讲授小学写作这门课。他们希望邀请当时最著名的那些作家来，请他们把写作经验告诉学生。因此他就写信给作家，说学生热爱他们的作品，殷切希望能够得到他们的指导以及获知他们取得成功的秘诀。每封信大约都有150名学生的亲笔签名。信中写道，学生知道他们非常忙，没有时间准备演讲稿。因此，就附上一些关于学生自己以及有关写作方法的问题，请他们回答。作家很喜欢学生们的做法。结果，他们都想方设法赶到学校来上课。

用同样的方法，希尔成功地使西奥多·罗斯福任内的财政部长里斯利肖、塔夫脱总统任内首席检察官乔治·威克尔沙以及富兰克林·罗斯福等许多著名人物到他的讲习班来跟学生交谈。

如果我们要交朋友，就要挺身而出为别人效力，并且做那些花时间、花精力、需要诚心和思考的事。当温莎公爵还是威尔斯亲王的时候，曾排好日程计划到南美旅行一趟。起程之前，他花了好几个月的时间学习西班牙语，以便能用当地的语言发表公开的演讲。

“我们对别人感兴趣，是在别人对我们感兴趣的时候。”

学会做一个好的听众

美国汽车推销之王乔·吉拉德曾有一次深刻的体验。一次，某位名人来向他买车，他推荐了一种最好的车型给这位名人。那人对车很满意，并掏出10000美元现钞，眼看就要成交了，对方却突然变卦而去。

乔为此事懊恼了一下午，百思不得其解。到了晚上11点他忍不住打电话给那人：“您好！我是乔·吉拉德，今天下午我曾经向您介绍了一部新车，眼看您就要买下，为什么却突然走了？”

“喂，你知道现在是什么时候吗？”

“非常抱歉，我知道现在已经是晚上11点钟了，但是我检讨了一下午，实在想不出自己错在了哪里，因此特地打电话向您讨教。”

“真的吗？”

“肺腑之言。”

“很好！你用心在听我说话吗？”

“非常用心。”

“可是今天下午你根本没有用心听我说话。就在签字之前，我提到我的吉米即将进入密执安大学念医科，我还提到他的学科成绩、运动能力以及他将来的抱负，我以他为荣，但是你毫无反应。”

乔不记得对方曾说过这些事，因为他当时根本没有注意。乔认为已经谈妥那笔生意了，他不但无心听对方说什么，反而在听办公室内另一位推销员讲笑话。这就是乔失败的原因：那人除了买车，更需要得到他对于一个优秀儿子的称赞。

卡尔在纽约出版商格林伯所主办的一个晚宴上，见到了一个著名的植物学家。卡尔以前从没有跟植物学家谈过话，卡尔发现他很有意思。卡尔专注地坐在椅子边沿倾听着他谈论大麻、印度以及室内花园。他还告诉卡尔有关马铃薯的一些惊人事实。卡尔自己有一座室内花园——他真好，耐心地教卡尔如何解决植物生长的一些难题。

几个小时过去，午夜来临了，卡尔向每一个人道了别，走了。那位植物学家接着转向他们的主人，说了几句赞美卡尔的话。说他是“最有意思”的人。他最后说，卡尔是一个“最有意思的谈话家”。一个最有意思的谈话家？卡尔？他几乎没有说过什么话。如果卡尔要说话而不改变话题的话，他也说不出什么，因为卡尔对植物，就像对企鹅解剖一样一窍不通。但是卡尔做到了这点：专心地听讲。因为卡尔真诚地对植物学家的谈话感兴趣，而他能够感觉到这一点。自然，这使他高兴。专心地听别人讲话，是我们所能给予别人的最大的赞美。杰克乌弗在《陌生人在爱中》里写道：“很少有人经得起别人专心听讲所给予的暗示性赞美。”卡尔不只是专心听别人讲话，卡尔还“诚于嘉许，宽于称赞”。

一个商业性会谈成功的秘密又是什么呢？根据那位和蔼的学者查尔斯·伊里特的说法：“成功的商业性会谈，并没有什么秘密……专心地注意那个对你说话的人是非常重要的，再也没有比这个更有效的了。”

显而易见，你不必先上四年的哈佛大学才能发现这一点。不过大家都知道，有些商人会租借昂贵的地方，干练地购进他们的货品，把商店装潢得漂漂亮亮的，花了大量的广告费，却用了一些不懂得听别人说话的店员——那些店员打断客人的话，跟人家争执，给人难堪，这样只会把客人赶走。

以墨顿的经验为例。他叙述了他的一段经历：

他在新泽西州纽瓦克市的一家百货公司买了一套西装，结果这套西装令他很不满意，上衣褪色，弄脏了他的衬衫领子。他把西装送回店里，找到了当初卖给他的那位店员，他试着把情形说出来，但被店员打断了。那位店员说：“这种西装我们卖了好几套，你是第一个抱怨的人。”

这是他所说的话，但他的语调更糟糕，他那咄咄逼人的语调等于在说：“你在骗人，哼！我可要给你一点颜色瞧瞧。”

在这场激烈的争吵中，第二位店员插嘴进来，他说：“所有深色的西装，因为颜色的关系，开始的时候都会褪点颜色，这是没有办法的，这种价钱的西装都是如此。”

“这个时候我已经怒火中烧了，”墨顿先生在叙述这件事的时候说，“第一个店员对我的诚实感到怀疑，第二个暗示我买的是低级货。我火大了，我正想叫他们滚到地狱去的时候，突然间，服装部的经理走过来了。他很有一手，他把我的态度整个改变过来。他使一个愤怒的人，变成了一名满意的顾客，下面就是他所做的：第一，他从头到尾地听我把事情叙述一遍，没有说一句话。第二，当我说完的时候，那两个店员又提出他们的说法，他却以我的观点跟他们争辩起来，他不只指出我的领子显然是被那套西装弄脏了，还坚持说该店所卖出的东西，必须令顾客感到100%的满意。第三，他承认自己不知道毛病出在什么地方，他对我很干脆地说：‘你要我怎么处理这套西装呢？我完全照你的意思做。’就在几分钟前，我还准备叫他们收回这套该死的西装，但这时我却回答：‘我只要你的忠告，我要知道这种情形是否是暂时的，以及是否有什么补救的办法。’他提议我再穿一个星期看看，并说：‘如果那时候你还不满意，再带来，我们再换一套你满意的。很抱歉，给你带来这么多麻烦。’我满意地走出那家商店。那套西装我又穿了一个星期，其间没有什么问题发生，于是我对那家百货店的信心又全部恢复过来了。”

难怪那位经理是服务部的主管，至于他的两名下属，他们将永远——我本来要说他们将永远只能当个店员而已，不，他们可能会被降到包装部去，他们在那儿，将永远没有机会接触到顾客。

伊萨克·马克森可能是世界上第一等的名人访问者，他说许多人不能给人留下很好的印象是因为不注意听别人讲话。“他们太关心自己要讲的下一句话，而不打开他的耳朵……一些大人物告诉我，他们喜欢善听者胜于善说者，但是善听的能力，似乎比其他任何的物质还要少见。”

不只是大人物喜欢善听的人，普通的人也如此。正如有人所说的：“许多人去找医生，但他们所需要的只是一名听众而已。”

在美国南北战争最黯淡的日子，林肯写信给伊利诺伊州春田城的一位老朋友，请他到白宫来。林肯说他有一些问题要同他讨论。这位旧邻到白宫来了，林肯跟他谈了好几个小时，探讨关于发表一个声明解放黑奴是否可行的问题。林肯一一检视这一行动可行与否的理由，然后把一些信和报纸上的文章念出来。林肯说了数小时之后，跟这位旧邻握握手，说声再见，就送他回伊利诺伊州，甚至都没有问他的看法。林肯一个人说个没完，这似乎使他的心境愉快起来。“他在说过话之后，似乎觉得好受多了。”那位老朋友说。

林肯并不是要别人给他忠告，他所要的只是一个友善的、具有同情心的听众，以便解脱自己的苦恼。当我们碰到困难的时候，这就是我们所需要的。而且这通常是所有不高兴的顾客所需要的，也是那些不满意的雇员，或受创伤的朋友所需要的。

反之，如果你要知道如何使别人躲开你、在背后笑你，甚至轻视你，这里也有一个方法：决不要听人家讲上三句话，只是不断地谈论你自己。如果你知道别人所说的是什么，不要等他说完。他不如你聪明，为什么要浪费你的时间倾听他的闲聊？随时插话，使他住口！

无聊者，他们就是这种人——自以为了不起，自以为很重要。只谈论自己的人，所想的也只有自己。“而只想到自己的人，”哥伦比亚大学校长尼古拉斯·巴特斯博士说，“是不可救药的无知者，他没有受过教育。不论他曾上过多好的学校。”

因此，如果你想成为一名优秀的谈话家，首先要做一个专心倾听的人。正如查尔斯·洛桑所说的：“要令人觉得有趣，就要对别人感兴趣——问别人喜欢回答的问题，鼓励他谈谈他自己和他的成就。”

细节中看人品

日本学者有岛武郎说过，释迦、基督和苏格拉底这三位圣人，生前都没有著书立说，他们留给后世的所谓说教，似乎不过对自己邻近所发生的事件呀，或者与人的质问等，说些随时随地的意见罢了，并没有系统地演讲过哲学大道理，日常茶饭和谈话，即是他们给后人留下的大说教。这个现象十分令人反省。

孔子好像也大体如此。这些圣人留下来的传世经典，都是其弟子们记录整理他们的语录。人类的伟大精神，中外的哲学精髓，似乎并不单是那些一大厚本、一大厚本的理论，更深刻的哲学思维大多蕴含在日常生活的细节中。

并非远古如此，近代也有类似的伟人。本杰明·富兰克林，是令美国人骄傲不已的名字，他不仅是著名的政治领袖、外交家、科学家、发明家、企业家、记者、作家……还是美利坚合众国的缔造者之一，美国独立运动的先驱、《独立宣言》的起草人。他给自己制定了十三条戒律严格的“道德格言”，竟然没有任何豪言壮语，几乎都是吃喝穿戴、待人接物等“生活琐事”。如“节制：食不过饱，饮不贪杯；”如“缄默：说话必须对人对己有益，避免无谓的闲聊；”如“秩序：什么东西应该放在什么地方，什么时间应当做什么事情；”如“俭朴：花钱必须于人于己有益；切忌浪费；”如“清洁：身体、衣服和住所力求干净”……一共十三条，是他自定的戒律，也是他的美德修养。

读了富兰克林的十三条终生戒律，我真正感觉到这位伟人“伟大得平凡”，平凡得也与众不同，平凡到每个生活细节之中，每个细节又凸显出他的认真态度。富兰克林的戒律告诉我们一个真理，伟大，一点也不能逃避平凡生活的约束。伟大是从爱人、爱己、爱生活开始的，单纯的豪言壮语代替不了日常的平凡生活。这一点，富兰克林与爱因斯坦是一致的。爱因斯坦说：“雄心壮志和单纯的责任感不会产生任何真正有价值的东西。”一个人的伟大不仅仅表现在他的特殊行动上，尤其表现在他的日常行为中。凡出类拔萃的人物大体如此。

富兰克林那些“节制”“缄默”“秩序”“俭朴”“健康”等戒律，并非无足轻重的小事，只有坚守这些普通道德的人，才可能根植扎实的品行，用点点滴滴的行为构筑做人的基础；日积月累，升华成一种境界；以小见大，折射出一个人的本性和本质，表现出积极的人生态度，从而造就时代伟人。一个人的德性往往并不彰显在大事业大成功中，它喜欢隐藏在生活的细节里；它也往往并不一定让人们经受极大的痛苦才能获得，它与你内心的良知同在。法国启蒙思想家、教育学家、文学家卢梭说：“德性啊！你是纯朴的灵魂的崇高科学，难道非要花那么多的痛苦与工夫才能认识你吗？你的原则不是铭刻在每个人的心里吗？为了认识你的法则，只要返求自我，并且在感情宁静的时候谛听自己良知的声音不就够了吗？这就是真正的哲学，让我们学会安心于此吧！”

做人切不可忽略细节，如果说一个人的大事业大成功是他的框架和骨骼的话，那么若干“细节”就是他的血肉，是来自生活母体的活性细胞。一个人往往因为好多优秀的“细节”，终于筑就了良好的人品与德性。谁如果能从富兰克林遵循十三条戒律的细节与过程中，用心思考，静静地品评，即使表面看来多是平凡无奇的举止，也会从中得到深刻的修养。许多人的德性败坏就是从不拘小节开始的。德性就像一架时钟的发条，为了一个辉煌的目标，一分一秒不能松劲，不放弃使命，不放弃责任，不放弃尊严……这些原则都不在豪言壮语之中，而是在生命和生活的细节中体现。古人说：“勿以善小而不为。”人品与德性的大厦不可能“拔地而起”，只能在一个个的生活“细节”中长高。

讥讽嘲笑不如保持沉默

沙皇尼古拉一世平定了一场由自由分子领导的叛乱，并判处领袖李列耶夫死刑。当绞刑开始时，在一阵摆动之后，绳索断裂了，李列耶夫猛然摔落在地上。在当时，类似这样的事情会被当成是天意，犯人通常会得到赦免。

李列耶夫站起身后，向着人群大喊：“你看，他们甚至连制造绳索也不会。”

一名信使立刻前往宫殿报告绞刑失败的消息，并说：“陛下，李列耶夫这样说：‘你看，他们甚至连制造绳索也不会。’”听到这样的话，沙皇说：“那么，让我们来证明事实相反。”第二天，李列耶夫再度被推上绞刑台。这一次绳索没有断裂。

你必定会为李列耶夫的愚蠢而发笑，却不会想到，类似的事情在你的身上也可能发生。想想你是否为了逞强而说过过激的话，最终因小失大铸成败局？

你应该明白，如果想要用言语震慑别人，你说得越多，就越显得平庸，而且越不能掌控大局。同时，你说得越多，就越有可能说出愚蠢的话。

如果你说的比需要的少，必定会令你看起来更了不起，更有权势。因为你的沉默会让其他人感觉不自在，而人是追求诠释和解释的机器，他们想要知道你在想什么，如果你注重这种细节修练，小心翼翼地控制住要吐露的讯息，他们就无法洞察你的意图。

借助言语想要驱使人们去做你希望的事通常是行不通的，他们只会因为你的怪僻而反对你，毁灭你的愿望，不服从你。所以，在人生绝大部分的领域内，你说得越少，就越显得神秘。当你学会闭上嘴巴时，实际上更有机会拥有权力。

请记住：话一旦出了口，就无法收回。控制你的言语，要特别小心讥讽之言，你从刺人的话语中得到的短暂的满足感远远不及你付出的代价。

“言多必失”“祸从口出”的万世警训在今天依然见证着它的价值。

古人早有明训：“言语伤人，胜于刀枪。”许多人常以“嘲弄”他人为乐，也有部分综艺节目的主持人，戏称未能在比赛中过关的来宾“笨”，或嘲笑比赛者的长相“丑”。其中有些虽然只是属于玩笑性质，但总让人觉得不妥，毕竟尖酸刻薄、有失厚道的批评，会使听者产生不悦。因此，古人说：“丧家亡身，言语占八分。”这其中的道理真是叫人不得不谨慎。

法国巴黎有一名美食专栏作家，他经常在文章中特别赞誉某家餐厅，或严厉批评某些餐厅的菜肴。有一次，此专栏作家在专栏中对一餐厅的菜色做出“像猪食”的评语，以致激怒了餐厅老板。该老板事后特别邀请此美食专栏作家去试吃“精致美味的佳肴”，不料美食专家吃完后脸色大变，晕倒在地，送到医院时气绝而亡。餐厅老板被警方逮捕收押后，坦承“设毒宴”下毒，他说：“批评我们的美食像猪食的人都该死!”这真是叫人瞠目结舌，“专栏作家”们下笔时可得小心点，就像你说话一样，若言辞过于尖酸刻薄，批评太过分，可能也会惹祸上身。

我们常常可以在影片中看到监狱里有一个叫作禁闭室的房间，用来惩罚违规的犯人。房间不仅非常狭窄，而且最重要的是那里既见不到阳光又没有人和你说话，你就这么静静地待着，一待两个星期或者更长的时间。实际上，正常的人即使是在里面关上一天都会觉得度日如年。因为人生性是排斥黑暗和沉默的，沉默使人感到没有依靠，有的时候真的可以让人为之疯狂，所以人常常会沉不住气。

正因为如此，许多擅长心理战术的高手才经常会利用“沉默”这张牌来打击对手，也往往利用它来达到目的。

台湾有一个经营印刷业的老板，在经营了多年之后萌发了退休的念头。他原来从美国购进了一批印刷机器，经过几年使用后，扣除折旧费应该还有250万美元的价值。他在心中打定主意，在出售这批机器的时候，一定不能以低于250万美元的价格出售。有一个买主在谈判的时候，针对这台机器的各种问题滔滔不绝地讲了很多缺点和不足。这让印刷业的老板十分恼火。但是他在自己刚要发作的时候，突然想起自己250万美元的底价，于是又冷静了下来，一言不发，看着那个人继续滔滔不绝。结果到了最后。那人再没有说话的气力，他突然蹦出一句："嘿，老兄，我看你这个机器我最多只能给你350万美元，再多的话我们可真是不要了。"于是，这个老板很幸运地比计划多赚了整整100万美元。

沉默并不是简单地一味地不说话，而是一种成竹在胸、沉着冷静的姿态，尤其在神态上更是要表现出一种优势在握的感觉，从而逼迫对方沉不住气，先亮底牌。如果你神态沮丧，像霜打的茄子一般，这只能是山穷水尽的表现了。这是表达力量的一种细节修炼。

思想家说，沉默是一种美德；教育家说，沉默是一种智慧；文艺家说，沉默是一种魅力。是的，沉默即智慧，它使人深邃，而深邃的人更趋向成熟；是的，沉默即力量，它使人充实，而充实的生命才会永远年轻；是的，沉默中有含蓄，它使人想象，而想象给予人的往往更多。麻木不是沉默，蔑视不是沉默，昏睡更不是沉默……沉默是临产前母腹中的胎动，沉默是爆发前地下运行的岩浆，沉默是春寒里芽苞中萌生的新绿……

沉默既是一种气质，也是一种风度，更是一种品格。

受挫时要学会沉默——在沉默中镇定，在沉默中反省，在沉默中坚强，在沉默中撞击出新的火花；成功时更需要沉默——在沉默中冷静，在沉默中清醒，在沉默中寻找新的起点，在沉默中确立新的目标。

不要表现得比别人聪明

从前有一只蚂蚁，它力气很大，开天辟地以来，像这样的蚂蚁大力士还不曾有过，它能够毫不费力地背上两颗麦粒。若论勇敢，它的勇气也是前所未有的：它能像老虎钳似的一口咬住蛆虫，而且常常单枪匹马地和一只蜘蛛作战。它不久就在蚁穴之内声名大噪，蚂蚁们的话题几乎都离不开这位大力士。

后来，这只蚂蚁大力士的头脑里塞满颂扬的话，因此它一心想到城市里去一显身手，到城市里去博得大力士的名声。有一天，它爬上架最大的干草车，坐在赶车人的身旁，像个大王似的进城去了。

然而，满腔热情的蚂蚁大力士在城里碰了一鼻子的灰！它以为人们会从四面八方赶来，可是不然！它发觉大家根本不理会它：城里人个个忙着自己的事情。蚂蚁大力士找到一片树叶，在地上把树叶拖呀拖的，它机灵地翻筋斗，敏捷地跳跃，可是没有人注意，也没有人瞧。所以。当它尽其所能地要过了武艺却无人关注后，它便怨天尤人地说道："我觉得城里人都是糊涂和盲目的，难道是我不可理喻吗？我表现了种种武艺，怎么没有人给我以应得的重视呢？如果你上我们这儿来，我想你就会知道，我在全蚁穴是赫赫有名的。"

蚂蚁大力士就是这样没有自知之明，自以为名满天下，恍然大悟时才知道自己的名声仅仅限于蚁穴的范围而已。

自豪，一旦它与骄狂、偏见及狭隘同行，一旦它与同情、谦逊及友谊分手，就成了一种消极的品质。这种虚幻的自豪感是傲慢和无知——对创造性生活的无知，对朴实、谦恭和果敢的无知。

妄自尊大的悲剧在于，它阻止人们达到完美和真正的高度。试问，你能在妄自尊大的同时怀有真正的自尊吗？不能！你能在妄自尊大的同时拥有对他人的理解吗？也不能！

真正的自豪感来自于对自己的理解，这是一种由成功和谦恭结合而成的幸福。

虚心，能使自己保持头脑的冷静和思维的敏锐，帮助自己最大限度地了解所面临的困难和不利条件，为整体成功创造有利因素；虚心，能使自己具有涵养和修养，为顺利打通成功之路创造条件；虚心，能使自己具备丰富的知识，保持不断进取的坚韧精神。

虚心是在坚信自己力量的同时表现出的宽广胸怀。虚怀若谷的人，往往是知识渊博、成功系数最大的人。因此，虚心是成功的第一块基石。唯有真正的虚心，才是成功的条件。表面上的谦虚，受制于环境的虚心，这是无济于成功的。

所以虚心的同时还要注意一个细节，即适时地表现得不比别人聪明。

正如英国19世纪政治家查士德·斐尔爵士对他的儿子所说的：要比别人聪明——如果可能的话，却不要告诉人家你比他聪明。

如果有人说了一句你认为错误的话，即使你知道是错的，你也要这么说："噢，这样的！我倒有另一种想法，但也许不对。我常常会弄错。如果我弄错了，我很愿意被纠正过来。我们来看看问题的所在吧。"

用"我也许不对""我常常会弄错""我们来看看问题的所在"这一类句子，确实会收到神奇的效果。

你承认自己也许会弄错，就绝不会惹上烦恼。因为那样的话，不但会避免所有争执，而且还可以使对方跟你一样宽容大度；此外，还会使他承认他也可能弄错。如果你肯定别人弄错了，而且直率地告诉他，结果会如何呢？

有一次，彼得请一位室内设计师为他置办一些窗帘。等账单送来，他大吃一惊。过了几天，一位朋友来看彼得，看到那些窗帘，问起价钱，这位朋友面有怒色地说："什么？太过分了，我看他占了你的便宜。”

真的吗？不错，他说的是实话。可是很少人肯听别人羞辱自己判断力的实话。身为一个凡人，彼得开始为自己辩护。他说贵的东西终究有贵的价值，你不可能以便宜的价钱买到质量高而又有艺术品位的东西，等等。

第二天，另一位朋友也来拜访，这位朋友开始赞扬那些窗帘，表现得很热心，说她希望家里购买得起那些精美的窗帘。彼得的反应完全不一样了。“说句老实话，”他说，“我自己也负担不起，我所付的价钱太高了。我后悔订了这些窗帘。”

当我们错的时候，也许会对自己承认，而如果对方处理得很适合，而且和善可亲，我们也会对别人承认，甚至为自己的坦白直率而自豪。但如果有人想把难以下咽的事实硬塞进我们的食道，你想，你的感觉将会如何？表现得聪明未必是件好事。

如果你想知道一些有关处理人际关系、控制自己、完善品德的有益建议，不妨看看本杰明·富兰克林的自传——它是最引人入胜的传记之一，也是美国的一本名著。

在这本自传中，富兰克林叙述了他如何克服好辩的习惯，不在任何时候都表现得比别人聪明，从而使自己成为美国历史上最能干、最和善、最老练的外交家的。

当富兰克林还是个毛躁的年轻人时，有一天，一位教会的老朋友把他叫到一旁，尖刻地训斥了他一顿：“本，你真是无可救药。你已经打击了每一位和你意见不同的人。你的意见变得太珍贵了，没有人承受得起。你的朋友发觉，如果你在场，他们会很不自在。你知道得太多了，没有人再能教你什么，也没有人打算告诉你些什么，因为那样会吃力不讨好，而且又弄得不愉快。因此，你不能再吸收新知识了，但你的旧知识又很有限。”

富兰克林的优点之一，就是他接受了那次的教训。他已经能成熟、明智地领悟到他的确是那样，也发觉他正面临失败和社交悲剧的命运。

他立刻改掉了傲慢、粗野的习惯。

“我立下一条规矩，”富兰克林说，“绝不准自己太武断。我甚至不准自己在文字或语言上有太肯定的意见表达，比如‘当然’‘无疑’等等，而改用‘我想’‘我假设’‘我想象一件事该这样或那样’或‘目前，我看来是如此’。当别人陈述一件事而我不以为然时，我绝不立刻驳斥他或立即指正他的错误。我会在回答的时候，表示在某些条件和情况下，他的意见没有错，但在目前这件事上，看来好像稍有两样等。我很快就领会到我改变态度的收获：凡是我参与的谈话，气氛都融洽得多了。我以谦虚的态度来表达自己的意见，不但容易被接受，更减少了一些冲突。我发现自己有错时，我并没有什么难堪，而我自己碰巧是对的时候，更能使对方不固执己见而赞同我。

“我最初采用这种方法时，确实和我的本性相冲突，但久而久之就习惯了。也许五十年来，没有人听我讲过些什么太武断的话，这是我提交新法案或修改旧条文能得到同胞的重视，而且在成为民众协会的一员后具有相当影响力的重要原因。我不善辞令，更谈不上雄辩，遣词用字也很迟疑，还会说错话，但一般说来，我的意见还是能得到广泛的支持。”

如果把富兰克林的方法用在经商上呢？我们再看一个例子。

纽约自由街114号的麦哈尼专门经销石油所使用的特殊工具。一次他接受了长岛一位重要主顾的一批订单，图纸呈上去，得到了批准，工具便开始制造了。然而，一件不幸的事情发生了：那位买主同朋友们谈起这件事，他们都警告他，他犯了一个大错，他被骗了。一切都错了，太宽了，太短了，太这个，太那个，他的朋友把他说得发火了。于是，他打了一个电话给麦哈尼先生，发誓不接受已经在制造的那一批器材。

“我仔细查验过了，确知我方无误，”麦哈尼先生事后说，“我知道他和他的朋友们都了解情况，可是，我觉得，如果这样告诉他，将很危险。我到了长岛。当我走进办公室，他立刻跳起来，一个箭步朝我冲过来，话说得很快。他显得很激动，一面说一面挥舞着拳头，竭力指责我和我的器材，而我却耐心地听着。结束的时候，他说：‘好吧，你现在要怎么办?’”

“我心平气和地告诉他：我愿意照他的任何意见办。我说：‘您是花钱买东西的人，当然应该得到适合您用的东西。可是总得有人负责才行啊！如果您认为自己是对的，请给我一张制造图纸，虽然我们已经花了2000美元，但我们可以不提这笔钱。为了使您满意，我们宁可牺牲2000美元。但我得先提醒您，如果我们照您坚持的做法，您必须负起这个责任。而如果您放手让我们照原定的计划进行，我相信，原计划是对的，我们可以保证负责。’”

“他这时平静下来了，最后说：‘好吧！照原计划进行。但若是错了，上天保佑你吧。’”

“结果没错。于是他答应我，本季还要向我们订两批相似的货。”

“当那位主顾侮辱我，在我面前挥舞拳头，而且还说我外行的时候，我要维护自己而又不同他争论，真需要有高度的自制力。的确，我们常常需要极度地自制，但结果很值得。要是我说他错了，开始与他争辩起来，很可能要打一场官司，感情破裂，损失一笔钱，失去一位重要的主顾。所以，我深信，用这种方法来指出别人错了，是划不来的。”

显而易见，虚心的态度无论在何时、何地都能让你受益匪浅，使你获得生意上的、名声上的、人品上的及人际关系上的诸多收益。

第七章 掌控心智，实现梦想

源自于心智的力量

一个叫塞尔玛的年轻女人，陪伴丈夫驻扎在一个沙漠的陆军基地时，丈夫奉命到沙漠里演习。她一个人留在陆军的小铁皮房子里，不仅炎热难熬，而且没有人跟她聊天，只有墨西哥人和印第安人，他们不会说英语。她太难过了，就写信给父母说要回家，她父亲的回信只有两行字，但是这两行字彻底改变了她的生活：

"两个人从牢房的铁窗望出去，一个人看到了泥土，一个人看到了星星。"

塞尔玛把这封信读了多遍，感到非常惭愧，决定在沙漠里寻找自己的星星。她开始和当地人交朋友，人们对她非常热情，她对当地的纺织品和陶器表示出兴趣，人们就把舍不得卖给观光客人的纺织品和陶器送给她。塞尔玛研究那些引人入迷的仙人掌和各种沙漠植物，又学习了有关土拨鼠的知识，观看沙漠的日出日落，还寻找海螺壳……沙漠没有变，印第安人没有变，只是塞尔玛的念头和心态改变了。这一念之差使塞尔玛变成了另一个人，原先的痛苦变成了一生中最有意义的冒险，并为自己的新发现而兴奋不已。两年之后，塞尔玛的《快乐的城堡》出版了，她终于"看到了星星"。

如果塞尔玛不去改变她对所在环境的看法的话，没有转变她和当地人相处的看法的话，那么她就会被生活抛弃，最终沦为生活的失败者，更谈不上有著作问世。

生活中失败者和平庸者早已见多不怪了，主要是因为他们思考的模式和处理问题的方式有问题。遇到困难，他们总是为自己寻找退却的借口：

"我们已经做了这么大的努力，已经没有希望了。"

"市场已经饱和，我们还是放弃吧！"

"对方条件太好，我们不可能战胜他们。"

"我年龄太大了！"

"别人已经试过，但失败了，与其劳累失败，不如不动手。"

"我没有受过高等教育，我没有文凭，我没有资金，我的运气不好，所以我不能成功。"

寻找借口是失败者的通病。要想取得事业的成功，就必须战胜恐惧和借口。看看罗斯福，他下肢瘫痪，他是最有资格寻找借口的人，可他从不寻找借口和托词，而是用信心、勇气和意志向一切困难挑战，结果打破了美国传统束缚，连任四届总统。

相信谁也不想做生活的失败者，但究竟是什么影响了我们看待事物的方式，影响了我们的认知方法呢？这就是心智模式。改善心智模式，以积极的心态看待人生，可以帮助我们战胜自卑和恐惧，可以帮助我们克服惰性，可以发掘自己的潜能，使我们工作更有成效。

回首人生，我们需要一种心灵的力量和支持，我们到底要学习怎么样的一种本领去面对生活的所有不幸、恐惧、懒惰、威胁和爱的压力，如何才能没有限制地想象和赋予自己神圣的使命？社会发展的速度越快，人们的心理压力也就越大，那"心智模式"也已经成为人们考虑的重点问题了。心智模式的成熟与否会直接影响到你的生活、工作、感情、社会价值观等众多的问题。

我们在生活中很多时候都会遇见一些难以控制或难以解决的问题，在这个时候我们一般采取的判断标准和行为方式都是我们“心智模式”的集中表现。比如，一件事情本身很困难，而且你也曾经试图用过很多方法去解决，但效果都不好，可这个问题还必须解决，在这个时候你一般都会选择怎么做，决定这些的就是“心智模式”。

可以这么说，我们认识和理解世界的大脑活动过程称为“心智模式”或思维模式”。心智模式像一面凸镜，将来自外部的真实信息放大、缩小、过滤甚至歪曲，形成了我们对世界的认识。因此，所见即所想，而心智模式决定着我们的所思所想。

要改变你的世界，首先必须改进你的心智模式。以超乎寻常的方式看待世界的能力能够创造重大机遇，这一点已经在美国西南航空、联邦快递等著名公司得到证明。但如果成功的模式制约了你认识不断变化的世界的能力，那么它最终也会变成一个禁锢你的思想的“监狱”。我们应避免被过时的心智模式所劫持，而要使之不断得到改进。

这里介绍一种心智模式——“3Q 模式”。

我们都知道 IQ、EQ（即智商、情商），而对于 EQ（情商）的关注却很少。所以在此，就更多地介绍一些关于 EQ 方面的内容。

一般情况下，高的 EQ 应具备 5 个要素：

A. 了解自己的感情；

B. 能管理自己的感情；

C. 可以控制自己的感情；

D. 理解别人；

E. 能处理好人际关系。

举一个 EQ 高的人的例子来具体描述。美国前总统尼克松在上任之前以暴脾气出名。一天，他的助手对他说：“发脾气算什么？发脾气只是表明了你的无知与无助。”尼克松一想：是啊，如果老是发脾气于大众面前，会让他们觉得我很无知。于是，他学会了很好地掌控自己的感情，关键是他提升了自己的EQ。

著名的成功学指导师卡耐基的一个重要的指导意义就是："一个人的成功15%是IQ的作用，85%是EQ的作用。"

另外，在现代社会里，除了要具备良好的EQ和IQ之外，人们开始关注另一项心智模式的指标"AQ"，即逆境商。在亚洲经历了金融风暴后、在美国经历了"9·11"后，人们发现，必须培养能从逆境中走出来的精神，要能做到面对困境能泰然处之。所以，AQ也被作为评判是否具有成功特质的重要标准之一。

那些成功者在操控自己的心智上，常常不忘"清空"自己，坚决不放弃自我，用豁达的心态去应对千变万化的环境。因为他们坚信，唯有自己，才能使自己的心智生生不息，时刻保持良好的状态。

1. **清空自己**

在这竞争激烈的时代，我们每个人的内心都被各种繁杂琐碎的事情困扰着，来自生活的、家庭的、学习的、少不了工作上的事务……都沉积在心里，压抑着我们，时刻都是满满的状态，已经让我们身心疲惫不堪了。甚至抵挡着一些新的事物进入你的内心，而且这些慢慢沉积的东西就会变质落后，最后必将变成废物。那我们整个人将被其控制，到那时我们的判别能力、学习能力、交际能力等，都会受到很消极的影响。我们在这种疲惫包围下，永远都是事倍功半的状态。

可是，如果把这些堆积物都清除了，给自己的身心一次新生的机会。不断地清理堆积在内心的一些陈旧腐烂的东西，重新梳理价值观，时刻都给新生事物留有足够的空间，让思想开始流通，这样就会提升你的容纳和吸收能力。将自己最好的精神面貌展示于众，让自己保持干净利索的状态，永远有丰富的载入功能。

当你的内心空无一物的时候，所有美好的事物才会被你所认识、接纳，你才会发现世界原来这么美好。

2. **放弃自我**

我们最忠实的对象就是自我了，但是同时也别忽视了自我其实也是我们自己的一大敌人。因为在受到我们宠爱的时候，不知不觉它就会蒙蔽我们的眼睛，让我们无法看见自我以外的东西。它诱惑我们的心灵，让我们无法腾出精力和空间去接纳自我以外的东西。

只要与自己发生利益关系的任何事物，我们都会权衡一下它产生的结果，其中必有自我的部分。因为参与，你的言行举止都会对事物产生影响，事物的发展也会影响自我的意识或行为变化。当别人说你是好人，这里有你参与的部分，反之，当别人说你不好时，那这里也有你参与的部分。所以，在抉择前首先放弃自我才能对一件事情有更加客观正确的判别能力，才有可能从实际出发彻底地去解决问题。

敢于放弃自我，这是一次心智的升华过程。正因为自我是参与者，所以不能参与判别。这个就好比现在自我是一个肇事者，而和自我发生关系的属于当事者，那在整个过程自我就会陷入事件中，就已经没有参与判别的能力了。但倘若这时候自我以第三者身份出现了，跳出了自我和发生关系者之间相互影响的局面，客观地来处理问题，这样最终问题就能被解决。

一切错误偏差都来源于自我，只有放弃自我，才能参与判别。

3. **豁达心态**

三伏天，禅院的草地枯黄了一大片。

小和尚说："快撒点种子吧！好难看啊！别等天凉了。"

师父挥挥手："随时！"

然而，半年后，禅院为火所焚，不光是那一片草地，连原先的一片碧瓦朱甍也化作焦土。三年后，荒芜的禅院前后野草丛生，绿是绿了，只是景已不同。

隆冬时，一位香客来禅院祭拜，正好捎来一包草籽，小和尚随手撒在那块空地上。来年春天，几场春雨过后，春暖花开，空地上，泛出点点新绿。小和尚好高兴。可是，当那点点的绿色逐渐长高以后，小和尚才发现，坐在去年纳凉的地方看去，这块草地和去年并没有多大的不同，稀稀拉拉的几棵小草，在春风中招摇，脆弱而孤独。在它们身边的泥土里更多的兄弟姐妹因为没有得到土壤的呵护，而早已在那个冬天里随着冰雪消逝了。

中秋，师父买了一包草籽，叫小和尚去播种。临行时，小和尚问：“怎么种?”师父说：“随性!”于是小和尚将那一包草籽随手倒在空地的墙根下。第二年，墙根下长出一丛杂草，成为了斑蝥、蜈蚣们的乐园。

撒完种子，跟着就飞来几只小鸟啄食。“要命了！种子都被鸟吃了!”小和尚急得跳脚。

“没关系！种子多，吃不完!”

师父说：“随遇!”

半夜一阵骤雨，小和尚早晨冲进禅房：“师父！这下真完了！好多草籽被雨水冲走了!”

“冲到哪儿，就在哪儿发!”

师父说：“随缘!”

谁知接连几天的暴雨，把很多的草子冲出了泥土，种子或在污水中浸泡腐烂，或被饥饿的鸟儿啄食，余下的被冲到低洼的地方幸存下来，挤做一团，为那有限的阳光和养分，争得你死我活。过了几个月，原先光秃的地面居然也长出了青翠的草苗，只是聚集在一些没人能注意到的角落，孤独地展现着它们得来不易的绿意!

小和尚高兴得直拍手。

师父点点头：“随喜!”

小和尚困惑得直拍自己的小光脑袋，问师父：“对于这件事我一直保持着佛家随时、随性、随遇、随缘的平静心态，可为什么却没有一个能让师父您说随喜的结局呢?”

我们处理事情，要顺其自然，不躁进、不过度、不强求。别跟自己过不去，要顺其自然。有些问题出现时，越想努力解决，就越会使自己内心冲突加重，苦恼更甚，问题越会复杂化。如果在问题出现时，对其采取豁达的态度，顺其自然，既来之则安之，以平常心对待。这样问题就会自行消失。

当然顺其自然不是放任自流，而是让你一方面对已发生的问题自然接受，另一方面靠自身努力去做自己应该做的事。

探索心智成熟的旅程

雨后，一只小蜘蛛很艰难地向墙上支离破碎的网爬去，由于墙壁潮湿，它爬到一定的高度，就会掉下来，但是它还是一次次地向上爬，尽管又一次次地掉下来……

第一个人经过时看到了，幽幽地叹了一口气，自言自语地说："我的一生不正如这只蜘蛛吗？终日忙碌却无所得。"于是，他日渐消沉。

第二个人经过时看到了，他说："这只蜘蛛真是愚蠢，为什么不从旁边干燥的地方绕一下再爬上去？我以后可不能像这只蜘蛛那样愚蠢。"于是，他变得聪明起来，看事情不再往牛角尖里钻。

第三个人经过时看到了，他被蜘蛛屡败屡战的精神所感动。于是，他变得坚强起来，并且愿意重新面对他最害怕的挑战。

为什么3个人在观察了同一事情后，看法不一致，心理反应不一致，采取的决策不一致，最后的行动也不一致？——究其原因，主要是他们的心智模式不同。

心智模式是人们在成长的过程中受成长环境、教育背景、生活经历的影响，而逐渐形成的一套思维、行为的模式。"我们的心智模式不仅决定我们如何认知周围世界，并影响我们如何采取行动……不同的心智模式将导致不同的行为方式。"通过彼得·圣吉在《第五项修炼》里所总结的推论阶梯——心智反应循环，可以看到：不同的心智模式，对问题的判断会大相径庭；不同的人即使在面对同一种客观事实时，由于思维方式、价值观念的不同，心理最初产生的应激反应不同，进而得出的结论不同，最后表现在行动层面上，就产生了更显现化的差异。

故事中的3个人正是由于具有不同的心智模式，对外界事物的认知角度不同，思考问题的路径不同，所以最终采取的行动也截然不同。

在上述故事中，选择“什么都不做”的人，在心理假设阶段就步入了消极、逃避的状态，最终成为一个消极避世的人；认为“只要坚韧不拔，就能够成功”的人，思维多是纵向的、逻辑性的，倾向于聚焦于某一点，坚持不懈，不断增加努力程度，重在“持之以恒”“苦干到底”；认为“只要不断改变，就能够成功”的人，则更善于平面思维法，偏向于运用多种思路进行思考，不断探索其他方法的可能性，重在“及时转变”“灵活巧干”。比如在一个地方去打井，如果总打不出水来，按纵向思考的方法，就会认为井打得不够深，自己的努力程度不够；而按平面思维法来思考，则会考虑很可能是选择打井的地方不对，或许这里根本就没有水，或许需要打得很深很深才能挖到水，所以与其在这样一个地方努力，不如另寻一个更容易出水的地方打井。

由此可见，健康的心智模式是与思维方式息息相关的，而思维方式是可以通过引导、培训、练习来培养的。

1. 心智的开启

若你还没有找到你内在的真正的财富——开启你的心智，那纵使你拥有庞大的物质财富，在精神上你仍将是一无所有的。在你丧失与心智的联系时，滋生了你和你自己以及你和世界隔离的幻想，你便会有意识或无意识地感觉自己是一个孤立的碎片，恐惧因此而产生，内在和外在的冲突便成了常态。

只有当心智静止或临在（深刻地专注在当下）的时候，本体才能被感觉到。心智的认同，它使思想变成强迫性。心智认同创造一个由概念、标签、形象、文字、批判和定义所组成的不透光屏幕。它隔阂了所有的亲密关系：你和你自己、你和你身边的人、你和大自然、你和神的关系。

心智如果应用得当便是一个超级利器。问题不在于你误用了你的心智，在更多的情况下是因为你根本没有使用它，而是它在控制你。你相信你就是你的心智，这是一个幻象。这个工具已经反客为主掌控你了。

你能够随心所欲摆脱你的心智吗？你找到了控制心智的“开关”吗？若不，心智就在使用你。你无意识地与它认同了，因此你甚至不知道你是它的奴仆。当你明白你不是那个思考者的时候，就是自由的开始。知道这一点使你能够观察这个思考者。你开始观察思考者的那一刻，便启动了一个更高的意识层面。

心智只是智力的沧海一粟。当你明白所有真正重要的事物——美、爱、创造、喜乐、内在的平和——都来自于心智之外时，你就开始觉醒了。

2. **心智的成长**

人的成长过程，就是不断地探索心智成熟的旅程。人可以拒绝任何东西，但绝对不可以拒绝成熟。拒绝成熟，实际上就是在规避问题、逃避痛苦。规避问题和逃避痛苦的趋向，是人类心理疾病的根源，不及时处理，你就会为此付出沉重的代价，承受更大的痛苦。

心智成熟不可能一蹴而就，它是一个艰苦的旅程。要勇敢地面对自己的问题，不要逃避。直面问题，我们的心智就会逐渐成熟；逃避问题，心灵就会永远停滞不前。

心智成长是一条少有人走的路，这是因为大多数的人不愿面对、有意回避这个棘手的难题，自欺欺人地认为自己没有问题。

心智是人生一切苦难、情绪、人格、幸福、成功、自由的生命之源。如果逃避心智的问题，外部的成功和自以为的幸福都是短暂易逝的。不解决心智的问题，人就无法获得心灵的自由，苦难和悲剧就成为注定：因为人的生命终究是有限的。

正如韦恩·戴尔博士（Dr. waylle w. Dyer）所说：“每一个人生问题都有一个心智的解决方案。”无论你的问题是对生存的担忧、情绪的困扰、婚姻的麻烦、事业的挫折、身体的疼痛、心理的障碍、性格的缺陷，还是对人生的迷茫，只有从心智成长入手解决人生所遇到的问题，才是根本的解决之道。否则只是舍本求末，头痛医头，脚痛医脚，治标不治本。

心智，是心灵与智慧的融会贯通、浑然天成。心智是宇宙的精灵、时空的造化。她是如此的高深莫测、难以名状，语言已失去了表达她的能力，恰如老子对“道”的解释：“道可道，非常道；名可名，非常名。”一旦你给她命名，她就失去了她的内涵。

3. 心智的成熟

一个人的心智不成熟是指其没有稳定的人生观和世界观，不会独立地思考问题，可能是生活中一帆风顺，生活在一个没有压力、没有竞争的世界里就会出现这种情况。人都是需要经历一些事情来让自己成长的，去看一些有思想的书籍，真正地、客观地去认识这个世界、面对不论美好或丑恶的一面，积极地思考身边的事，就会成长起来的。

把自己的愤怒、恐惧、激情、性的冲动，都当作一种“自我情绪”来处理。不盲目地压抑，也不钻牛角尖，所以没有罹患恐惧症及强迫神经症的顾忌或忧虑。以尽量不和周围环境起冲突的方式来处理。而且，碰到挫折、欲求不满时也具有相当的耐力，不会乱发脾气、牢骚，也不会随便责怪他人、自怜自艾。时时反省自己、等待时机，寻求解决问题的方法，避免情绪不高，或是能克服情绪不安。

当然，一个具有成熟人格的人，也不是就能随时保持冷静、沉着。既然是人类，就免不了有喜、怒、哀、乐等心情的转换，有时也会莫名其妙地忧郁。但他绝不会被这些情绪影响，而做出冲动的行为，有损别人的利益。既能保持自己的情绪状态，又能愉快地生活。这种情绪的安定，是由“均衡感”以及能自我控制所造就的。即使遭遇危险，也不会慌慌张张、不安畏惧，对别人的情绪表现也不会感到有威胁感。

4. 心智的循环

心智模式往往是潜伏在暗处，不知不觉地操控着我们的行为，而我们自己却一点也没察觉到。而且在这种潜伏状态下，最具杀伤力的还在于，每个心智模式几乎都在反复不断重复运行，形成一个惯性高速公路，使我们无法在关键时刻及时控制刹车，重选路径。所以，在这种惯性状态下，我们的心智模式就像呼吸一样不容易被察觉了。

于是，我们就带着这些限制性的、带有偏见的并信以为真的心智模式去判断、选择和决策，错误和丧失机会的结果也自然会时常发生。《圣经》称心智模式为“隐在心灵深处的顽石”，而现在，我们已经可以摸到这块顽石的位置了，那么离清除和清洗他们的时候也就不远了，我们可以通过自身的努力让自己的心智模式更趋于成熟。

我们知道，一个人心智的成熟一方面是由天生的性格决定的，另一方面离不开后天的经历的塑造。这种东西很难量化，多感受生活，多看书吧！

控制你的心智，选择你的人生

控制你的心智离不开选择，就算是瞬间的念头，也千万别小看它，因为你的人生随你的选择正发生千变万化。下面一则关于心智选择的故事是这样展开的，说不定会给你启发：

杰瑞是美国一家餐厅的经理，他总是有好心情。当别人问他最近过得如何的时候，他总是有好消息可以说。他总是回答：“如果我再过得好一些，我就是双胞胎了。”这是英语中常用的比喻，双胞胎指的是最幸运的人。当他换工作的时候，很多服务生都跟着他走，从这家餐厅到另外一家餐厅。

为什么呢？因为杰瑞是一个天生的激励者。

如果有某位员工今天运气不好，杰瑞总是告诉那位员工，往好的方面想。看到这样的情景，真是让人很好奇。有一天一个人禁不住上前去问他：“没有人能够总是那样积极乐观。你是怎么做到的？”

杰瑞说：“每天早上起来，我告诉自己，我有两种选择，我可以选择好心情，或者可以选择坏心情，我总是选择好心情。如果有坏的事情发生，我可以选择做受害者，也可以选择从中学习，我总是选择从中学习。每当有人跑过来对我抱怨，我可以选择接受抱怨，也可以选择指出生命的光明面，我总是选择生命的光明面。”

“但是并不是每件事都这么容易啊！”“的确如此，”杰瑞也这样说，“生命就是一连串的选择，你选择如何回应，你选择人们如何影响你的心情，你选择如何处理好心情或者坏心情，你选择如何过你的日子。”

几年以后，有一天意外地听说杰瑞忘了关上餐厅的后门，结果，早上有三个武装歹徒闯进来抢劫。他们要钱，杰瑞打开保险箱，由于过度紧张弄错了密码，这造成了劫匪的惊慌，他们开枪射击。幸运的是杰瑞很快就被邻居发现了，紧急送到医院抢救，经过 18 个小时的手术以及密切的照顾，杰瑞终于出院了，但是还有一颗子弹留在他身上。事件发生 6 个月之后，同事遇到了杰瑞，问他最近怎么样。他回答说：“如果我再过得好一些，我就比双胞胎还幸运了。”

在问及劫匪闯入时他的心路历程时，他说：“我想到的第一件事情就是我应该锁后门。当他们击中我之后，我躺在地板上，我有两个选择，我可以选择生，也可以选择死，我选择了活下去。”

“你不害怕吗？”

“医护人员真了不起，他们一直告诉我没事。但在去急症手术室的路上，我看到了医生和护士脸上忧虑的神情，我真的被吓到了。他们的眼睛里好像写着‘他已经是个死人了’。我知道我需要采取行动。”

“当时你做了什么呢？”

杰瑞说：“当时，一个护士用吼叫的音量问了我一个问题。她问我是否对什么东西过敏。我回答说，‘有。’这时候，医生和护士都停下来等待我的回答。我深深地吸了一口气，接着喊‘子弹’。听他们笑完之后，我就告诉他们，我现在选择活下去，请把我当作一个活生生的人来开刀，而不要把我当成一个活死人。”

杰瑞能活下来，当然要归功于医生的精湛医术，但同时也由于他乐观的心智。每天你都能选择享受生命，或者憎恨它，没有人能够控制和夺去的东西就是你的心智，这是唯一真正属于你的权利。如果你能时时注意这些愉快的事情，你就会因此而变得心情愉快。现在你有两个选择，你可以遗忘这个故事，也可以把这个故事传递给你关心的人。

大家通过这个故事可以发现，生命来自一种选择。

中国的佛教中也有一个故事。一个老太太每天都在哭，一个和尚看到以后，就问她为什么哭。这个老太太说，我有两个女儿，一个女儿做雨伞生意，一个女儿做土坯生意。下雨的时候，她就想起做土坯的女儿，土坯被雨水浇坏了，她就哭。有太阳的时候，她发现另一个女儿的雨伞卖不出去，她就哭。这个和尚告诉老太太，你能不能倒过来想一想，有太阳的时候，你想到的是女儿做的土坯能卖出去了；下雨的时候，你想到的是你的另一个女儿的雨伞能卖出去了。从此以后，这个老太太就天天在那儿笑。这就是生命的选择。

幸福和苦难都是一种比较，是对待事情的态度，心中有希望的人才能从绝望中找到希望，心中没有希望的人永远只能从绝望中寻找绝望。

当然，幸福和快乐不单纯是阿Q式的满足，而是不断地创造成就感。流水不腐，使生活不断地充实，这就是幸福的源泉。夫妻为什么要离婚？就是因为他们把对方身上能够挖掘到的东西都挖掘尽了，又不想去创造新的东西，结果发现一起生活的那个人实际上已经是一具行尸走肉。妻子能预料到丈夫下一句话会说什么，丈夫也能预料到妻子下一句话会说什么，他们的思想境界就停留在那个水平上。生活中没有了惊喜和进步，因此也失去了快乐和幸福的源泉。

要得到快乐和幸福，一定要不断地去创造成就感。成就感包括财富的增加、名声的增加、地位的增加、心灵的丰富、知识的增加、思想的成熟、人品人格的成熟，所有这一切都是创造成就感的基础。如果你处于一潭死水的状态，没有人会看得起你，也没有人想听你去年已经讲过的话。幸福、快乐到底是什么呢？幸福、快乐就像是做一份自己力所能及的工作。不要有太多高不可攀的梦想，任何工作都是从基础干起的，切实可行的目标才是幸福的基础。你就是你，不要因为别人比你好而懊恼，你要做的是比昨天的你做得更好，而不是比别人做得更好。在这个世界上，永远会有你无法超越的人。如果你跟这些人相比，你会永远痛苦。如果天天去跟苏格拉底、亚里士多德、林肯、毛泽东相比，你每天都会想自杀。但是如果你跟自己的昨天相比，当你今天又多读了半本书，当你今天又多背了十个单词，当你今天读到了一篇让自己感动的文章的时候，你就会发现你在进步，因此开始感到高兴。

所以你要跟你的昨天比，而不要跟你周围的人去比。你会发现，每个人都会有比别人更优秀的地方，有自己独特的地方。你在某些方面比别人差，但是在另外一方面，你会比别人好。对此，你可以选择嫉妒别人，从而让自己痛苦不堪；也可以选择欣赏自己，让自己由衷地快乐。如果你努力维护自己比别人好的东西，珍惜爱护它，并且不断发展，你就会永远在优势的方面比别人好，因此就会永远得到别人的尊敬。这并不是因为你是一个完人，而是因为你在某个领域做得比别人更好。

别迷失了自己的心智

苏格拉底说，精灵总是在他即将犯错时发出警告，在关键时刻及时地对他说“不”，提醒他不要去做那些注定是错误的事情。难道你不觉得苏格拉底形容的这些可爱的“精灵”，正像极了我们所说的心智吗？这些可爱的“精灵”随时提醒着我们自己是一个什么样的人，怎样的路才是正确的。不然，我们就很容易在茫茫路途中迷失了自我。

比如，电影里扮演的在某方面有成就的男女主角，为什么我们会对他们欣赏羡慕不已呢？正是因为他或她是“知道如何定义自己”的人，他们扮演着一个分明的角色，追求着明确的目标。他们在剧中知道自己是谁，所追求的是什么样的生活，然后承担自己的选择所造成的结果。

以这样的方式展现的人生不仅精彩，而且更富有意义。

意义往往是根据人的理解而出现的，要理解活着是怎么回事，有些人往往耗费一生的心力也未必成功。心理医师常常这样问：你知道自己要什么吗？“要”这个字代表生存的欲望：为什么要活下去？活下去是为了什么？医师只能鼓励你选择一个目标，而不能保证什么目标是正确的选择。更何况，对别人是正确的，对你则未必。我们对于自己，偶尔会有矛盾的情绪，如果不先主动认清自己，又怎能期待别人来了解？面对这项严峻的挑战，希腊哲学家苏格拉底琢磨出一个办法：就是倾听内心的声音！

人人心中的精灵都是一直在发出声音，但是谁听得到呢？说到“听”，显然需要先冷静下来。只有内心平静无波，你才能听到精灵对你的低声细语。苏氏说他每当犯错之前，精灵会发声示警。若是平日缺少反省的功夫，独处时心不在焉，那么在即将犯错时，怎能听到内心微小的示意呢？

智者说，世界是安宁的，喧嚣只来自人的内心。我们要学会拥有并掌握自主权，不再受制于他人，也不再被心智所掌控。记住下面几句人生宝贵的忠告，运用于生活实践中，必定让你受益匪浅。

（1）要操控自己，用你的头脑；要指挥别人，用你的心。

（2）对什么都看不顺眼的人，疲劳的一定不仅仅是眼睛。

（3）如果敌人让你生气，那么说明你还没有战胜他的把握；如果朋友让你生气，那么说明你仍在意他的友情。

（4）保持沉默是个好原则，但不要因此而不发脾气。

（5）用心生活是累人的，但唯此才能幸福。

（6）碰出去又弹回来的：一是乒乓球；二是微笑；三是仇恨。

（7）细节是这样一种东西，轻视它必要受到惩罚，过分重视它又干不了大事。

（8）从不树敌的人，也没有真正的知己。

（9）礼貌像只气垫：里面可能什么也没有，但是能奇妙地减少颠簸。

（10）别去理会白天轻佻的玩笑，不过是一时忘却了内心的苦痛。只有在寂寞的晚上唱出的歌儿，才是在揭示内心深处的伤痕。

认识自己是一门一辈子都修不完的课程。面对自己，除了要“听自己内在的声音”以外，听懂别人的声音与建言也是不可或缺的能力。只有双管齐下，才能保证不会迷失了自己一路前行所必需的良好心智！

你的 EQ 高吗

近年来，EQ——情绪智商，逐渐受到了重视，世界 500 强企业还将 EQ 测试作为员工招聘、培训、任命的重要参考标准。

看我们身边，有些人绝顶聪明，IQ 很高，却一事无成，甚至有些人可以说是某一方面的能手，却仍被拒于企业大门之外；相反地，许多 IQ 平庸者，却反而常有令人羡慕的良机、杰出不凡的表现。为什么呢？最大的原因，就在于 EQ 的不同！一个人若没有情绪智慧，不懂得提高情绪自制力、自我驱使力，也没有同情心和热忱的毅力，就可能是个“EQ 低能儿”。

EQ 高的人，在自信心、人际关系、工作表现、学习生活上，都有比较令人满意的成就，如下是国际标准情商测试题，通过这些测试题目请自评 EQ 的能力，帮助自己建立健康的心智模式！

第 1 ~ 9 题：请从下面的问题中，选择一个和自己最切合的答案。

1. 我有能力克服各种困难。

A. 是的　　B. 不一定　　C. 不是的

2. 如果我能到一个新的环境，我要把生活安排得：

A. 和从前相仿　　B. 不一定　　C. 和从前不一样

3. 一生中，我觉得自己能达到我所预想的目标。

A. 是的　B. 不一定　C. 不是的

4. 不知为什么，有些人总是回避或冷淡我。

A. 不是的　B. 不一定　C. 是的

5. 在大街上，我常常避开我不愿打招呼的人。

A. 从未如此　B. 偶尔如此　C. 有时如此

6. 当我集中精力工作时，假使有人在旁边高谈阔论：

A. 我仍能专心工作

B. 介于A、C之间

C. 我不能专心且感到愤怒

7. 我不论到什么地方，都能清楚地辨别方向。

A. 是的　B. 不一定　C. 不是的

8. 我热爱所学的专业和所从事的工作。

A. 是的　B. 不一定　C. 不是的

9. 气候的变化不会影响我的情绪。

A. 是的　B. 介于A、C之间　C. 不是的

第10～16题：请如实选答下列问题。

10. 我从不因流言蜚语而生气。

A. 是的　B. 介于A、C之间　C. 不是的

11. 我善于控制自己的面部表情。

A. 是的　B. 不太确定　C. 不是的

12. 在就寝时，我常常：

A. 极易入睡　B. 介于A、C之间　C. 不易入睡

13. 有人侵扰我时，我：

A. 不露声色　B. 介于A、C之间　C. 大声抗议，以泄己愤

14. 在和人争辩或工作出现失误后，我常常感到震颤，精疲力竭，而不能继续安心工作。

A. 不是的　B. 介于A、C之间　C. 是的

15. 我常常被一些无谓的小事困扰。

A. 不是的　　B. 介于A、C之间　　C. 是的

16. 我宁愿住在僻静的郊区，也不愿住在嘈杂的市区。

A. 不是的　　B. 不太确定　　C. 是的

第17～25题：在下面问题中，每一题请选择一个和自己最切合的答案。

17. 我被朋友、同事起过绰号、挖苦过。

A. 从来没有　　B. 偶尔有过　　C. 这是常有的事

18. 有一种食物使我吃后呕吐。

A. 没有　　B. 记不清　　C. 有

19. 除去看见的世界外，我的心中没有另外的世界。

A. 没有　　B. 记不清　　C. 有

20. 我会想到若干年后有什么使自己极为不安的事。

A. 从来没有想过　　B. 偶尔想到过　　C. 经常想到

21. 我常常觉得自己的家人对自己不好，但是我又确切地知道他们的确对我好。

A. 否　　B. 说不清楚　　C. 是

22. 每天我一回家就立刻把门关上。

A. 否　　B. 不清楚　　C. 是

23. 我坐在小房间里把门关上，但我仍觉得心里不安。

A. 否　　B. 偶尔是　　C. 是

24. 当一件事需要我作决定时，我常觉得很难。

A. 否　　B. 偶尔是　　C. 是

25. 我常常用抛硬币、翻纸、抽签之类的游戏来预测凶吉。

A. 否　　B. 偶尔是　　C. 是

第26～29题：下面各题，请按实际情况如实回答，仅须回答“是”或“否”即可，在你选择的答案后打“√”。

26. 为了工作我早出晚归，早晨起床我常常感到疲惫不堪。

是____否____

27. 在某种心境下，我会因为困惑陷入空想，将工作搁置下来。

是____否____

28. 我的神经脆弱，稍有刺激就会使我战栗。

是____否____

29. 睡梦中，我常常被噩梦惊醒。

是____否____

第30~33题：本组测试共4题，每题有5种答案，请选择与自己最切合的答案，在你选择的答案下打“√”。

答案标准如下：

1 从不　　　2 几乎不　　　3 一半时间

4 大多数时间　　　5 总是

30. 工作中我愿意挑战艰巨的任务。1 2 3 4 5

31. 我常发现别人好的意愿。1 2 3 4 5

32. 能听取不同的意见，包括对自己的批评。1 2 3 4 5

33. 我时常勉励自己，对未来充满希望。1 2 3 4 5

评分方法：

计分时请按照计分标准，先算出各部分得分，最后将几部分得分相加，得到的那一分值即为你的最终得分。

第1~9题，每回答一个A得6分，回答一个B得3分，回答一个C得0分。计____分。

第10~16题，每回答一个A得5分，回答一个B得2分，回答一个C得0分。计____分。

第17~25题，每回答一个A得5分，回答一个B得2分，回答一个C得0分。计____分。

第26~29题，每回答一个“是”得0分，回答一个“否”得5分。计____分。

第30~33题，从1至5分数分别为1分、2分、3分、4分、5分。

计____分。

结果分析：

通过以上测试，你就能对自己的EQ有所了解。但切记这不是一个求职询问表，用不着有意识地尽量展示你的优点和掩饰你的缺点。如果你真心想对自己有一个判断，那你就不应施加任何粉饰。否则，你应重测一次。

测试后如果你的得分在90分以下，说明你的EQ较低，你常常不能控制自己，你极易被自己的情绪所影响。很多时候，你容易被激怒、动火、发脾气，这是非常危险的信号——你的事业可能会毁于你的急躁，对于此，最好的解决办法是能够给不好的东西一个好的解释，保持头脑冷静，使自己心情开朗，正如富兰克林所说："任何人生气都是有理由的，但很少有令人信服的理由。"

看看你的分数所得出的结果是怎样的吧：

90~129分：

说明你的EQ一般，对于一件事，你不同时候的表现可能不一，这与你的意识有关，你比前者更具有EQ意识，但这种意识不是常常都有，因此需要你多加注意、时时提醒。

130~149分：

说明你的EQ较高，你是一个快乐的人，不易恐惧担忧，对于工作你热情投入、敢于负责，你为人更是正义正直，这是你的优点，应该努力保持。

在150分以上：

那你就是个EQ高手，你的情绪智慧不但不是你事业的阻碍，更是你事业有成的一个重要前提条件。

花开的方向

母亲喜欢养花，阳台上摆满了大大小小的花盆，四季的轮换里，总有花儿是绽放着的，如此，阳台里一直充盈着春意。另外，有几盆花是放在母亲的卧室里的，那几盆花是同一品种，母亲也叫不出名字，多次搬家，无论是同城里的迁移或城市间的辗转，那几盆花母亲都没有抛弃。

那几盆花只在每年的夏季里开放，花期半个多月。花朵并不出奇，比指甲略大些，一圈的花瓣，中间是橙黄的蕊，形状上像极了缩小的葵花。它们通常是三五朵聚拢成簇，有一种极浅极淡的香，只在寂寂的夜里，万籁皆宁的时刻才能感受得到。这种花唯一特别的地方，就是固定地朝着西方开放，无论怎样地挪动位置或转动花盆，都不能改变花的朝向。母亲就这样宝贝似的把它们放在卧室里，不离不弃。

母亲对于养花有一套独道的经验，不管什么花，在她的调理之下，都显出一股子活泼劲儿来，常让她那些老姐妹们欣羡不已，总有许多人上门来取经，或讨花桠和花籽儿。母亲的养花爱好是受姥姥影响，或者是遗传使然，少年时曾和母亲回她的老家探亲，姥姥家在一个很远很远的乡村，几乎养了一屋子的花，院子里也栽得满满的。那时我就发现了那种母亲至今珍爱着的花，想来是姥姥送她的了，问母亲花名的时候，她含笑说："你姥姥也不知道叫什么名字呢！反正我老家那边，这种花是很常见的！"

母亲卧室里的花，起初在老家的时候，我记得是 5 盆，后来我大学毕业后，就成了 6 盆，而搬到这个城市后，又多出来一盆，成了 7 盆。仔细回想一下，几乎是以每十年一盆的速度递增着。直到去年，发现那花变成了 8 盆，几乎摆满了卧室里的窗台。算起来，去年正是搬来这个城市的第十年了。而母亲的那些老友中，却极少有人知道这几盆花，母亲也从不给她们看，似乎那只是她自己的秘密。

母亲卧室里的窗户恰好是向西开的，那些花儿摆在那儿，每年夏季开花的时候，那些花儿便丛丛簇簇地向着窗外，很像隔窗远眺的样子。在它们的花期里，母亲留在卧室里的时间就多了，常常是坐在床上，向着那些花儿，也不知是在欣赏花儿的开放，还是看向窗外。那眼神飘忽着，仿佛很近，又似乎很远。

去年年末的时候，母亲回了一次她的老家，给姥姥过八十大寿。因为好几年没回去了，临行前显得很是兴奋，似乎不管多大年龄的人，一想到要见着自己的母亲，都表现得像个孩子，是啊，不管多大，在母亲面前都是孩子吧！母亲一个劲儿地叮嘱父亲，卧室里的那些花儿天浇一次水，每次水量是多少，直到父亲都能背得出来，这才放心而去。而阳台里那些花儿的照看问题，母亲却是一句没提，任由父亲去折腾。

母亲回来后，很高兴，有一种满足的神情，不停地说着姥姥的身体很棒，依然伺候着一大院子的花。也难怪，八十岁的人了，能有这样的身体和精神，作为子女自然开心幸福。心里忽然一动，姥姥八十大寿，而母亲的花儿正好是八盆，回想起来，似乎真的是随着姥姥每十岁的增长而增多一盆。于是笑问母亲，母亲看向那些花，说："对呀，就是这样，你姥姥每长十岁，我就多种一盆！"一瞬间忽然明白了母亲为什么钟爱那几盆花了，那些花是母亲从故乡带出来的，是姥姥曾栽种下的，母亲珍爱着它们，其实是对姥姥的一种思念，一种祝福。

有一天在网上，无意间闯入一个花卉论坛，各种花草的图片琳琅满目。素来对花花草草兴趣不大的我，正要关掉网页，忽然，仿佛闪电般，一个熟悉的画面就划过我的眼睛，正是母亲卧室里的那种花！于是急忙点开，看它的介绍。上面说，这种花不管在什么地方什么情况下，都是向西开放，并分析了一大堆的原因，心里涌动着一种巨大的感动，因为我终于知道了它的名字，那是一个让人悠然神往、魂牵梦绕的名字——望乡。

那些花又到了花期，母亲依然在守望着，目光轻柔地抚摸过那些小小的花朵背影，然后投向西方。而远远的西方，隔着山，隔着水，隔着风雨云雾，有母亲的故乡，有母亲的母亲！

简简单单

那年，我听说南岳岣嵝峰有最原始的禹王碑，兴奋不已，决定独自前去探访。行前，我给自己准备了一个旅行包。包里，从卫生纸到防治感冒发烧、头痛、拉肚子的药品，等等，应有尽有。随着行程渐远，尤其在体力、精力消耗得差不多的时候，我感觉包越来越沉了。

太阳就要下山，暮霭已隐约出现。我咬紧牙关，艰难地挪动脚步，走进不远处一户山村人家。

房东是位老大爷，看样子岁数不小，很健谈。我问了他好多问题，比如这个山村的来历，等等。

据老大爷说，早先有位隐士，为了避世来到这山里。他生活非常简朴，连换洗的衣服都没有。后来，实在太不方便，便到山下的村子里要来一块布，当做换洗之用。可是，屋里有耗子不断啃啮那块布。没办法，他又到山下的村子里要来一只猫。再后来，为了解决自己和猫的口粮，他又从山下的村子里弄来一头奶牛。为了放牛，他又从山下的村子里找来个流浪汉。而放牛人又把自己的老婆接到山上……最后，就有了这个小山村。这位隐士，想避世却深深步入世中。

躺在老大爷家那张“嘎吱嘎吱”作响的床上，想着老大爷讲的故事，我竟久久无法入睡，于是从旅行包里随手抽出了一本书。

上面有这样一则故事：一群小和尚围坐一处，争得面红耳赤。静坐一旁的老僧缓缓起身，用手里的棍子在地上重重画了一道，问他们：“这是什么？”一小和尚答：“这么简单，不就是‘一’吗？”接着，小和尚们又开始争论起来。老僧叹了一口气，用棍子指着地问："这地下是什么？"小和尚说："土。"老僧说："既然是土，土上覆一横，不就是个'王'吗？"

好睿智的老和尚！

台湾作家林清玄曾在一篇文章中说过这样的话：垦地播种，总是"花未发而草先萌，禾未绿而草先青"。为何？原来是草籽早在耕种前就已经存在。一个人垦殖心田，竟也多是"草"先萌长，这是因为我们的心里早已存下杂念。

生命本应单纯快乐，因为这蔓延的杂念，生命的光泽早已不再。而我们的生活，也似乎只是为了满足一个又一个的要求，而乐此不疲地劳碌着、奔波着。

就好比同样是旅行，有的人轻松快乐，沿途欣赏美景；有的人就如我此次旅行一般，被沉重的背包压着，迈不开腿，挪不动步！

翌日，我将旅行包里的大部分东西都转赠给了老大爷。卸下包袱，我顿觉轻松。

快乐原来这么简单！

心智无常，物尽其妙

邻居告诉我，我们小区里的一位智障人毛毛炒股票发财了。我陡然想起今天又有人说我："你会画画？还画油画？"一下子我似乎无以应答，我只能用简单的道理来阐述我的理论：绘画是不需要多少本事的，绘画比写文章容易多了。或者也可以说，炒股票是不需要多少本事的，比买其他东西容易多了。

俗话说："心智无常，物尽其妙。""心智无常"说的是，一个人的智慧并不是一成不变的，或者说人不会一直聪明或者一直愚笨。"物尽其妙”说的是，任何事物都有其妙不可言之处。

我 30 岁之前从来没有想过我会画画，去苏州的时候，偶尔看到十全街上的画家绘画、制作画框、卖画的全过程，突然心血来潮，觉得绘画原来这么简单，天底下活得最潇洒的莫过于画家了，他们把色彩玩弄得斑斓灵动，把思想表达得淋漓尽致。此后，我就开始画画了，先是画好送给朋友，当然从来不说是自己画的，后来把家里挂的画都换上自己的“大作”，当别人问起这些画的内涵时就用“抽象”一言以蔽之。再后来，我真的投资开了画廊。那些时候，我每天下班后都是在画廊里度过的，有时候晚上也不回家，可以用“尽情”来形容我那时候对画画的痴迷。

我还喜欢唱歌，唱摇滚，认识我的人或许更不相信。平时工作中我老成，甚至有些迂腐，没有人看得出我“物尽其妙”的一面。

我拿自己的绘画作品参加文广传媒集团的书画比赛时，许多人打电话问我那个名字是不是我。在卡拉 OK 歌厅我一展歌喉的时候，有人把眼睛凑到我脸上看了几遍。我说：“太太出差不在家，孩子又上学住校的时候是我最能暴露本质的时候，一个人可以无拘无束地躺在地板上看天花板，或者来一杯色彩诱人的芝华士加冰块，你觉得不能尽兴，还可以在芝华士里面加自己研磨的巴西咖啡，然后，把音响的音量开到听不到电话铃声，你就可以完全沉醉在你的摇滚之中了。”

不说我自己行吗？那就说我们小区的毛毛是怎么炒股票发财的。毛毛从小智力就有问题，上学好几年一直是二年级，后来就不上了，整天在小区以及附近街道游荡。毛毛后来钟情于买彩票，父母为了不让他出去闯祸，每天给他买彩票的钱，当然也就几块钱而已。直到一次他真的中奖了，大概是 5 万块左右的奖金，这下毛毛的父母就把毛毛每天买彩票的钱增加了一些。到去年下半年，毛毛不知道从哪里听说炒股票更赚钱，就回去吵着跟父母说也要炒股票。经不起毛毛的吵闹，毛毛父母只好同意给毛毛开了股票账户，答应从他买彩票的奖金里拿 1 万块钱给他。这样，毛毛就成了我们那条街上证券公司的常客。他做股票的方法很简单，在交易大厅里他的嘴很甜，叔叔、阿姨、阿哥、阿姐的很会叫人，他看人家买什么他就买什么，只要股票涨了，他就抛掉。他一般只买300股、500股的，最多也只买1000股，然后只要涨过5毛钱，他就马上抛掉。所以，他两三天就赚三五百块钱。于是，毛毛很快就进了大户室，大户室的老板们都认识了毛毛，毛毛几乎是大户室的勤务员，随叫随到。那么，毛毛的股票也就买得好了。当小区里流传这些故事的时候，要对谁有个看不起什么的，就与毛毛做对比说："你还不如毛毛。"于是，总有人感叹："心智无常，物尽其妙！"

第八章 阳光心态助你实现梦想

拒绝平庸

一位电台主持人在自己的职业生涯中遭遇了18次辞退，她的主持风格被人贬得一文不值。

最早的时候，她想到美国大陆无线电台工作。但是，电台负责人认为她是一个女性，不能吸引听众，理所当然地拒绝了她。

她来到了波多黎各，希望自己有个好运气。但是她不懂西班牙语，为了练好语言，她花了3年的时间。但是，在波多黎各的日子里，她最重要的一次采访，只是有一家通讯社委托她到多米尼加共和国去采访暴乱，连差旅费也是自己出的。

在以后的几年里，她不停地工作，不停地被人辞退，有些电台指责她根本不懂什么叫主持。1981年，她来到了纽约的一家电台，但是很快被告知：她跟不上这个时代。为此，她失业了一年多。

有一次，她向一位国家广播公司的职员推销她的清谈节目策划，得到他的肯定。但是，那个人后来离开了广播公司。她再向另外一位职员推销她的策划，这位职员对此不感兴趣。她找到第三位职员，请求他雇用她。此人虽然同意了，但他不同意搞清谈节目，而是让她搞一个政治节目。

她对政治一窍不通，但是她不想失去这份工作，她“恶补”政治知识……

1982 年的夏天，她的以政治为内容的节目开播了。她主持技巧娴熟，风格平易近人，她让听众打进电话讨论国家的政治活动，包括总统大选。

这在美国的电台史上是破先例的。

她几乎在一夜之间成名，她的节目成为全美最受欢迎的政治节目。

她叫莎莉·拉斐尔，现在的身份是美国一家自办电视台节目主持人，她曾经两度获全美主持人大奖，每天有 800 万观众收听她主持的节目。

在美国的传媒界，她就是一座金矿，她无论到哪家电视台、电台，都会带来巨额的回报。

让自己快乐地工作

由洛克菲勒创办并经营的美国标准石油公司是当时世界上最大的石油经销商，那时每桶石油的售价是 4 美元，公司的宣传口号就是——“每桶 4 美元的标准石油”。

推销员阿基勃特仅是公司里一个名不见经传的小职员，身份低微，但他无论外出、购物、吃饭、付账，甚至是给朋友写信，但凡有签名的机会时，他都不忘写上“每桶 4 美元的标准石油”。有时，阿基勃特甚至不写自己的名字，而只写这句话代替自己的签名。时间久了，同事、朋友都开玩笑叫他“每桶 4 美元”。尽管受到各种嘲笑，但阿基勃特从不为之所动。

四年后的一天，洛克菲勒无意中听说了此事，马上请阿基勃特吃了一顿饭。他问阿基勃特为什么要这么做，阿基勃特说：“这不是公司的宣传口号吗？每多写一次就可能多一个人知道。”

五年后，洛克菲勒卸职，阿基勃特继任美国标准石油公司第二任董事长。

工作是一个人个人价值的体现，应该是一种幸福的差事，我们有什么理由把它当作苦役呢？有些人抱怨工作本身太枯燥，然而，问题往往不是出在工作上，而是出在我们自己身上。如果你本身不能热情地对待自己的工作的话，那么即使让你做你喜欢的工作，一个月后你依然会觉得它乏味至极。

IBM 前营销总裁巴克·罗杰斯曾说过：“我们不能把工作看作为了五斗米折腰的事情，我们必须从工作中获得更多的意义才行。”我们得从工作当中找到乐趣、尊严、成就感以及和谐的人际关系，这是我们作为职场人士所必须承担的责任。

即使你的处境不尽如人意，也不应该厌恶自己的工作，世界上再也找不出比厌恶工作更糟糕的事情了。如果环境迫使你不得不做一些令人乏味的工作，你应该想方设法使之充满乐趣。用这种积极的态度投入工作，无论做什么，都很容易取得良好的效果。

有一个在麦当劳工作的人，他的工作是煎汉堡。他每天都很快乐地工作，尤其在煎汉堡的时候，他更是专心致志。许多顾客对他为何如此开心感到不可思议，十分好奇，纷纷问他说：“煎汉堡的工作环境不好，又是件单调乏味的事，为什么你可以如此愉快地工作并充满热情呢?”

这个煎汉堡的人说：“在我每次煎汉堡时，我便会想到，如果点这汉堡的人可以吃到一个精心制作的汉堡，他就会很高兴。所以我要好好地煎汉堡，使吃汉堡的人能感受到我带给他们的快乐。看到顾客吃完之后十分满足，并且神情愉快地离开时，我便感到十分高兴，心中仿佛觉得又完成一件重大的工作。因此，我把煎好汉堡当作我每天工作的一项使命，要尽全力去做好它。”

顾客听了他的回答之后，对他能用这样的工作态度来煎汉堡，都感到非常钦佩。他们回去之后，就把这件事情告诉周围的同事、朋友或亲人，一传十、十传百，很多人都喜欢到这家麦当劳店吃他煎的汉堡，伺机看看“快乐煎汉堡的人”。

顾客纷纷把他们看到的这个人认真、热情的表现反映给公司，公司主管在收到许多顾客的反映后，也去了解情况。公司有感于他这种热情积极的工作态度，认为值得奖励并给予栽培。没几年，他便升为分区经理了。

这个煎汉堡的人把每做好一个汉堡并让顾客吃得开心，当作自己的工作使命。对他而言，这是一件有意义的工作，所以他满怀信心、热情地去工作。

如果我们也能像他一样，把每天工作当作人生的使命，把它做得完美，我们的成就感和信心就会愈来愈强，工作也会愈来愈顺畅。当别人看到我们热情地、全力地把工作做好时，自然会有所感受。

不同心态，不同结果

这是发生在非洲的一个真实的故事。

六名矿工在很深的井下采煤。突然，矿井坍塌，出口被堵住，矿工们顿时与外界隔绝。大家你看看我，我看看你，一言不发，他们一眼就能看出自己所处的状况。凭借经验，他们意识到自己面临的最大问题是缺乏氧气，如果应对得当，井下的空气还能维持 3 个多小时，最多 3 个半小时。

外面的人一定已经知道他们被困了，但发生这么严重的坍塌就意味着必须重新打眼钻井才能找到他们。在空气用完之前他们能获救吗？这些有经验的矿工决定尽一切努力节省氧气。他们说好了要尽量减少体力消耗，关掉随身携带的照明灯，全部平躺在地上。

大家都默不作声，在四周一片漆黑的情况下，很难估算时间，而且他们当中只有一人有手表。

所有的人都向这个人提问题：过了多长时间了？还有多长时间？现在几点了？

时间被拉长了，在他们看来，2 分钟的时间就像一个小时一样，每听到一次回答，他们就感到更加绝望。

他们当中的负责人发现，如果再这样焦虑下去，他们的呼吸会更加急促，这样会要了他们的命的。所以他要求由戴表的人来掌握时间，每半小时通报一次，其他人一律不许再提问。

大家遵守了命令。当第一个半小时过去的时候，这人就说："过了半小时了。"大家都喃喃低语着，空气中弥漫着一股愁云惨雾。

戴表的人发现，随着时间慢慢过去，通知大家最后期限的临近也越来越艰难。于是他擅自决定不让大家死得那么痛苦，他在告诉大家第二个半小时到来的时候，其实已经过了 45 分钟。

谁也没有注意到有什么问题，因为大家都相信他。在第一次说谎成功之后，第三次通报时间就延长到了一个小时以后。他说："又是半个小时过去了。"另外五人各自都在心里计算着自己还有多少时间。

表针继续走着，每过一小时大家都收到一次时间通报。外面的人加快了营救工作，他们知道被困矿工所处的位置，但是，很难在 4 个小时之内救出他们。

4 个半小时到了，最可能发生的情况是找到六名矿工的尸体。但他们发现其中五人还活着，只有一个人窒息而死，他就是那个戴表的人。

不同的心态有不同的命运

有一家服装厂，由于经济效益不好，决定让一批工人下岗。第一批下岗人员里有两位女性，她们都是40岁左右，一位是大学毕业生，工厂的工程师，另一位是普通女工。这位工程师的学识肯定超过那位普通工人，不过后来她们的命运恰恰相反。

在常人看来，普通工人下岗很普遍，但连工程师也下岗了，这个事就成为厂里的热门话题，人们纷纷议论着、嘀咕着。对于这一突然而来的打击，女工程师深怀怨恨，她愤怒过、骂过，也吵过，但都无济于事。工厂的情况还在恶化，更多的人员下岗了，其中也不乏工程师。不过，这些都不能使女工程师感到心里平衡，在她心里，始终觉得下岗是一件丢人的事。失去了工作，她的心态也越来越差，从开始的愤怒转化成抱怨，接着又由抱怨转化成了内疚。她整天心情抑郁地待在家里，不愿出门见人，更没想过要重新规划自己的人生，孤独而忧郁的心态控制了她的一切，包括她的才能的发挥。女工程师本来身体就不是太好，还有高血压，消极的心态总是把她的注意力集中到下岗这件事上。虽然下岗的事已成定局，但她内心始终拒绝接受这一变化，她无法解脱。就这样，在本该大有所为的年纪，她却带着忧郁的心态和不俗的学识孤寂地离开了人世。

而那位普通女工的心态却和她大不一样，她很快就从下岗的阴影里解脱了出来。她想：又不是只有我一个人下岗了，既然别人能活，我也肯定能生活下去。而且，下岗还使她还萌生了一个信念：一定要比以前活得更好！于是，她不再有抱怨和焦虑，而是平心静气地接受了下岗的现实。说来也怪，平心静气的心态让她变得聪明起来，发现了自己以前从来没有认真注意过的长处，她对烹调非常在行。于是，她就东挪西借，开起了一家小饭店。因为发挥了自己的长处，她经营的饭店生意十分红火，在短短一年时间里，就还清了借款。如今，她的饭店规模早已扩大了几倍，成了当地小有名气的餐馆，她也确实过上了比在工厂上班时更好的生活。

一个是高学历的工程师，一个是普通的女工，她们都曾面临着一个同样的困境：下岗。可她们的命运为什么却差别这样大呢？原因就在于她们各自的心态不同。

虽然女工程师的学历很高，可在面对生活的变化时，恰恰是心态阻碍了其学识的发挥。而且，消极的心态反而使她的学识在埋怨和忧郁的方向上发挥出了威力，换句话说，她的学识越高，她的抱怨就越深，她的忧郁就越有分量。反过来看那个普通女工，她虽然没有学历，可积极的心态不仅使她重拾生活的勇气，而且还起到了积极的作用，最后，她以自己的特长获得了成功，过上了比以前更好的日子。

正如一位心理学家所说：“心态是横在人生之路上的双向门，人们可以把它转到一边，进入成功，也可以把它转到另一边，进入失败。”

定期清理心中的垃圾

美国哈佛大学校长来北京大学访问时，曾讲过一段自己的亲身经历：

这一年，他向学校请了三个月的假，然后告诉自己的家人，不要问我去什么地方，我每个星期都会给家里打个电话，报个平安。实际上他是因为厌倦了日复一日重复的工作，因而只身一人去了美国南部的农村，趁着假期去尝试着过另一种全新的生活。在那里，他做了各种各样的工作，到农场去打工、给饭店刷盘子，和农民们一起在田地里做工时，背着老板躲在角落里抽烟，或和工友偷懒聊天，这都让他有一种前所未有的愉悦。

他还说到了他遇到的一件最有趣的事，他最后在一家餐厅找到一份刷盘子的工作，只干了4个小时，老板就把他叫来，给他结了账。饭馆老板对他说："可怜的老头，你刷盘子太慢了，你被解雇了。"于是，这个"可怜的老头"重新回到哈佛，回到自己熟悉的工作环境后，他却觉得以往再熟悉不过的东西都变得新鲜有趣起来，工作成为一种全新的享受。这3个月的经历，像一个淘气的孩子搞了一次恶作剧一样，新鲜而刺激。并且重点在于，有了这次经历之后，一切事物在他眼里就如同儿童眼里的世界，充满乐趣，他不自觉地清理了原来心中积攒多年的"垃圾"。

现代社会的生活节奏是飞快的，于是伴随而来的是人们生存压力的不断加大。所以，在人生的某些时期或阶段，人们总会自然而然地感受到一种难以摆脱的压抑和烦躁，主动地寻求排解和减压是很正确的做法。

有一位作家曾经说过：冠冕，是暂时的光辉，是永久的束缚。一个人只有走出成功的光环，并摆脱成功的束缚，才能不断地迈步向前。

说起篮球，不能不提乔丹。当年，在连得三届NBA总冠军后，神话般的飞人乔丹也未能免俗，当他发现已经没有什么事情需要他证明的时候，他感到了空虚和茫然，于是选择了退役，改行去打小时候就很喜欢的棒球。结果他不但反应太慢，而且脚步不够灵活，勉强在芝加哥白袜队混了个板凳队员。每天有大批的球迷涌进棒球场，他们不是来看棒球的，而是喊着排山倒海的口号，请求乔丹回去打篮球。尽管成绩不好，可乔丹依然很快乐，他对朋友说：我需要换一种方式前进。直到公牛队面临着连续两年失利的关头，乔丹才像个贪玩的孩子一样回到球队。在归队的那一天，克林顿在白宫早会上说："截至今天，我们今年总计创造了60万个就业岗位，现在是60万零1个——乔丹回来了！"随着一句简单的"I' m back"，乔丹重返NBA。回归之后，与伙伴们一鼓作气，乔丹又取得了一个三连冠，成就了NBA历史上一个遥不可及的王朝。

战胜自己的心魔

约翰是一个工作相当认真，做事也很尽职负责的铁路公司调车员。不过他有一个缺点，就是对人生过于悲观，常以否定的眼光去看世界。

一日，约翰不小心把自己关在了一辆冰柜车里。他在冰柜里拼命地敲打着、叫喊着，可全公司的职员早已下班给老板过生日去了，根本没有人在。约翰的手掌敲得红肿，喉咙叫得沙哑，也没人理睬，最后只得绝望地坐在地上喘息。

他愈想愈怕，心想，冰柜里的温度在-20℃以下，如果再不出去，一定会被冻死。他只好用发抖的手，找来冰柜里的纸笔，写下遗书。

第二天早上，公司里的职员陆续来上班。他们打开冰柜，发现约翰倒在里面。他们将约翰送去急救，但他已没有生还的可能。大家都很惊讶，因为冰柜里的冷冻开关并没有启动，这巨大的冰柜里也有足够的氧气，而约翰竟然给“冻”死了！

约翰是被自己想象出的冷气“冻死”的。生活中我们也许觉得这样的人可笑至极，但其实，每个人心中都潜藏着这样一个魔鬼，不是别人打败了你，而是你自己的心魔战胜了你的理智。自我控制，也就是在内心的战斗，战胜内心的魔鬼，你才能真正控制住自己。

有个国王非常残忍，每次处决死刑犯时，他都要想些新鲜的花招。

一位犯人被告知明天将被处以极刑，行刑的方式是在他手臂上割一个口子，让他流尽鲜血而亡。犯人惊恐之至，百般哀求，但毫无用处。

次日一早，犯人就被带到一个房间中，锁在一面墙上，墙上有个小孔，刚好可以把一条胳膊穿过去。刽子手把他一只手从孔中穿过，在墙的另一边，用刀子在他的手上割开一个口子，在手下边还放着一个瓦罐来盛血。

滴答，滴答……血一滴滴地滴在瓦罐中，四周静极了。墙这边的犯人就这样静静地听着自己的血滴在瓦罐中的声音，他觉着浑身的血液都在向那条胳膊涌去，越来越快速地流向那个瓦罐。不一会儿，他的意志随着血流走了，他无力地倒下来，死了。

其实，在墙的另一边，他手上的那个口子早就不流血了，刽子手身边的桌子上放着一个大水瓶，水瓶中的水正通过一个特制的漏斗软管往下边的瓦罐中滴水。

一种强烈的心理暗示，让犯人自己杀死了自己。

常怀感恩之心

提起霍金，人们就会想到这位科学大师那永远深邃的目光和宁静的笑容。世人推崇霍金，不仅仅因为他是智慧的英雄，更因为他还是一位人生的斗士。

有一次，在学术报告结束之际，一位年轻的女记者捷足跃上讲坛，面对这位已在轮椅上生活了30余年的科学巨匠，深深敬仰之余，她又不无悲悯地问："霍金先生，卢伽雷病已将你永远固定在轮椅上，你不认为命运让你失去太多了吗?"

这个问题显然有些突兀和尖锐，报告厅内顿时鸦雀无声，一片静谧。

霍金的脸庞却依然充满恬静的微笑，他用还能活动的手指，艰难地叩击键盘，于是，随着合成器发出的标准伦敦音，宽大的投影屏上缓慢而醒目地显示出如下一段文字：我的手指还能活动，我的大脑还能思维；我有终生追求的理想，有我爱和爱我的亲人和朋友；对了，我还有一颗感恩的心……

心灵的震颤之后，掌声雷动。人们纷纷拥向台前，簇拥着这位非凡的科学家，向他表示崇高的敬意。

这个世界不缺少善良，这个社会也不缺少感动，在人人都急功近利地追逐着自己的梦想时，有几个人能想到“感恩”这个词语？这个最平常、最容易说出的词语，的确就包含在心里，而不是脱口而出的一句寒暄！

有两个行走在沙漠的商人已行走多日，在他们口渴难忍的时候，碰见一个赶骆驼的老人。老人给了他们每人半瓷碗水。两个人面对同样的半碗水，一个抱怨水太少，不足以消解他身体的饥渴，怨恨之下竟将半碗水泼掉了；另一个也知道这半碗水不能完全解除身体的饥渴。但他却拥有一种发自心底的感恩，并且怀着这份感恩的心情，喝下了这半碗水。结果，前者因为拒绝这半碗水死在沙漠之中，后者因为喝了这半碗水，终于走出了沙漠。这个故事告诉人们，对生活怀有一颗感恩之心的人，即使遇到再大的灾难，也能熬过去。感恩者遇上祸，祸也能变成福，而那些常常抱怨生活的人，即使遇上了福，福也会变成祸。

生命之舟需要轻载

一个年轻人一心要寻找自己的目的地，于是，他千里迢迢从山上来到海边，驾一叶轻舟扬帆出海，劈恶浪、战狂风。虽经长途跋涉，但他的第一个目的地还未到达。

一天，他靠岸休息时遇见了智者，他说：“智者，我是那样执着，那样意志坚强，长途跋涉的辛苦和疲惫难不住我，各种考验也没能吓倒我。我的鞋子破了，手也受伤了，流血不止，嗓子因为长久的呼喊而沙哑……我已疲惫到了极点，为什么还到不了我心中的目的地？”

智者听完后问他：“你从什么地方来？”年轻人回答：“我从两千里外的山上来。”智者看了看他的船问道：“你的船里装的都是什么？”年轻人说：“它们对我可重要了。第一个箱子不能扔，里面装的都是我的生活用品；第二个箱子最珍贵，里面是发表我演讲的报纸、我接受采访的照片以及各种获奖的证书和奖杯；第三个箱子意义深刻，装满我每一次跌倒时的痛苦，每一次受伤后的哭泣，每一次孤寂时的烦恼；第四个箱子是无价之宝，那些沿途获得的珍宝不仅价值连城，而且很有收藏价值……靠着它们，我才能来到这儿。”

智者听完安详地问道：“你那些箱子大约有多重？”年轻人回答：“我没有仔细称量过。”“你的力气实在是太大了，你一直是扛着船在赶路吧？”年轻人很惊讶：“什么，扛着船赶路？它那么沉，我扛得动吗？”智者听完微微一笑，说：“你从那么远的地方，负了那么一大堆名利而来，岂不有力？不就如同扛着船赶路吗？过河时，船是有用的，但过了河，就要放下船赶路。”

年轻人顿悟，是啊！何必总生活在回忆中？于是他先把第三个箱子丢掉了，顿觉心里像扔掉一块石头一样轻松。赶了一段路，他又想：以前的辉煌也并不能说明以后啊！便扔掉了第二个箱子，船行得快多了。继续赶路后，他想：得到智者的至理名言不就是最好的无价之宝吗？最后，他又把千辛万苦得到的珍宝全部扔到了海里。这时，他发觉自己的步子轻松而愉悦，比以前快得多。原来生命是可以不必如此沉重的。

生活就像一株葡萄藤，只有修剪掉多余的叶子，才能结出更香甜的果实。

物欲的社会，让我们从“人之初，性本善”的纯真年华，变得挖空心思，钩心斗角，追名逐利……我们捡起太多的包袱，在生命之舟不能负荷的时候，毅然决然地丢弃包袱才是我们应该做的。也只有这样，我们才能找回生命的真正意义。

积极心态，快乐工作

美国一次舆论测验，有一题为“你认为人一辈子最重要、最幸福的事情是什么”。许多人认为，“能够做自己喜欢的工作，并且从中挣钱，这是人生最重要、最幸福的事情”。可是，人的一生中有多少时间是在从事自己喜欢的工作？恐怕不是很多。好多人于是陷入烦恼的苦海，为自己不喜欢的工作而愤怒和烦忧，这是人生痛苦的根源之一。特别是当前大学生就业难，许多人老是去寻找所谓理想的工作，但是现实总是与其相悖。比利时的一家杂志曾经就“你一生中最后悔的事情是什么”为题，对全国60岁以上的老人进行了一次专门的调查，大约有72%的老人认为“自己在年轻时心浮气躁，工作态度不够积极，没有奋发努力，等到自己明白过来，为时已晚，以致后来事业无成”。

我们不能改变世界，唯一能够改变的就是自己。尽管生命无常，命运起伏，人生充满许多不如意的东西，但是有不少东西是完全可以把握的，那就是我们工作和生活的态度。有人说：“每个人身上都有一种看不见的法宝。它的一面写着‘积极心态’，另一面写着‘消极心态’。积极心态可以使你达到人生的顶峰，而消极心态会使你一生贫苦与不幸。”

心态不只影响工作，而且决定人一生的命运。一个人心态好，即便目前找的工作不是自己理想的目标，也能够心满意足、心安理得、心平气和，而这种积极的心态，就会带来好的工作态度，其工作效果就好，并逐渐引导我们走向成功的道路。如果对工作心不在焉，或者心烦意乱，这种消极的心态就会带来不愉快甚至是恶劣的工作态度，其工作效果就差。能够做好自己不愿意做的事情，是人生的智慧，更是生存的策略。这个世界，这个工作，这个岗位，不是为了你一个人而存在的。既然你已经得到了这个工作岗位，就要努力地把这份工作做好，这也是一种人生的责任。

积极的心态能够调动一个人的心灵力量，而且可以不断挖掘潜在的心灵力量，使其工作水平的发挥达到一种好的状态，甚至是完美的境界。相反，消极的心态往往阻挡心灵力量的发挥，更不用说挖掘内在的心灵力量了。它容易使一个人陷入悲观失望、得过且过、烦恼痛苦以及忧虑无奈的泥潭。其实，同样的工作环境，如果心态不同，其对工作环境的态度也是不一样的。积极的心态面对再不好的工作环境，也是气定神闲的，一点没有那种烦躁、抑郁、悲观和自卑的情绪。消极的心态面对再好的工作环境，也是悲哀叹息，感觉处处不如意。

陶渊明的“结庐在人境，而无车马喧。问君何能尔，心远地自偏”，就是一种好的心态。有人问一个在事业上取得巨大成功的人士，成功最关键的因素是什么？那人说：“最关键的因素是我在工作中的心态很好，所以工作的状态也好。”思想决定行为，而正确的思想往往是良好的心态引导的，所以心态左右个人的行为。境随心转，乐观时看到的是美好的景色，悲观时看到的是萧条的景色。

受良好心态的影响，即使处在艰苦的工作环境中，心情也是快乐的、愉悦的。如果是恶劣的心态，即使身处舒适的工作环境，心情也是苦闷的、忧郁的。人的一生，年轻的时候，不要害怕，应该积极去努力，这样老年时就不至于懊悔。那种对工作经常挑三拣四，不是看这个不顺眼，就是看那个不如意的人，几年下来，人也累了，心也烦了，名也坏了，再想做什么事情，也非常困难了。人生苦短，其一生就这么平淡地过去了。人生的成功往往有两种概念：“一种是偶然灿烂的成功，一种是习惯于成功的成功，也就是积极态度的成功。”有报道说，一个日本人在冰窖里生活了一年，于是被人们视为奇迹和英雄。殊不知爱斯基摩人要在冰窖里生活一辈子，人们却习以为常。我们赞美新西兰人希拉力第一个成功登顶珠峰，却忽视了那个向导，就是他帮助了希拉力，在攀登珠峰过程中他被希拉力视为灵魂和寄托。可是，登顶珠峰对那个向导来说只是工作，为了谋生的一份工作。

人人都想做大事情，这是一种本能，完全可以理解，但是这种欲望如果不加以正确引导，人生就容易走上岔路。许多人刚走上社会时，心气很高，定位不准，认为自己就是救世主，是来解决社会大问题的，自己有知识、有能力来做大事情。但是，许多时候这样不切实际的想法往往导致一个人在社会上总是碰得头破血流，有时候连自己的生存都很困难。人们总是喜欢高估自己，认为自己是多么的了不起，实际上这种想法会害了自己。所以，我们的工作态度一定要端正。工作的门槛一旦迈进去，就没有回头的机会。为什么有的人迈得很轻松，而有的人迈得很痛苦？为什么有的人工作愉快，进步飞快，而有的人工作烦躁，总是停步不前？实际上主要原因还是一个人对于工作的态度问题。

每个人都是百万富翁

一个修行多年的智者，在路上遇见一个疲惫不堪、没有神采的年轻人。这个年轻人唉声叹气，满脸愁云惨雾。

“年轻人，你为什么这样闷闷不乐呢？”智者关心地问。

年轻人看了一眼智者，叹了口气：“我是一个名副其实的穷光蛋。我没有房子，没有老婆，更没有孩子；我也没有工作，没有收入，整天饥一顿饱一顿地度日。智者，像我这样一无所有的人，怎么能高兴得起来呢？”

“傻孩子，”智者笑道，“其实你不该如此的灰心丧气，你还是很富有的！”

“为什么？”年轻人不解地问。

“因为，你其实是一个百万富翁呢。”智者有点诡秘地说。

“百万富翁？智者，您别拿我这穷光蛋寻开心了。”年轻人不高兴了，转身就走。

“我怎么会拿你寻开心呢？现在，你回答我几个问题。”

“什么问题？”年轻人有点儿好奇。

“假如，我用20万元买走你的健康，你愿意吗？”

“不愿意。”年轻人摇摇头。

“假如，现在我再出20万元，买走你的青春，让你从此变成一个小老头儿，你愿意吗？”

“当然不愿意！”年轻人干脆地回答。

“假如，我再出20万元，买走你的面貌，让你从此变成一个丑八怪，你可愿意吗？”

“不愿意！当然不愿意！”年轻人的头摇得像个拨浪鼓。

“假如，我再出20万元，买走你的智慧，让你从此浑浑噩噩，度此一生，你可愿意？”

“傻瓜才愿意！”年轻人一扭头，想要走开。

“别急，请回答我的最后一个问题，假如我再出20万，让你去杀人放火，让你失去良知，你愿意吗？”

“天哪！干这种缺德事，魔鬼才愿意！”年轻人愤愤道。

“好了，刚才我已经开价100万元了，仍然买不走你身上的任何东西，你说，你不是百万富翁，又是什么？”智者微笑着问。

年轻人恍然大悟，他笑着谢过智者的指点。从此，他振奋精神，微笑着寻找自己的新生活去了。

减去奢侈的欲望

在四十岁这年，吉姆·特纳继承了拥有30多亿美元资产的莱斯勒石油公司，所以人们都以为新上任的总裁会大干一番，好好地为公司做加法。可他却做起了减法，他组建起一个评估团，对公司资产做了全面盘点，然后以50年为基数，在资产总和中先减去自己和全家所需、社会应承担的费用，再减去应付的银行利息、公司刚性支出、生产投资，等等，一切评估做完后，他发现还剩8000万美元。他把这笔钱用到了他认为有价值的地方，先拿出3000万为家乡建起一所大学，余下5000万则全部捐给了美国社会福利基金会。人们对他的行为表示了不理解，他却说："这笔钱对我已没有实质意义，减去它就是减去了我生命中的负担。"

在公司员工的印象中，永远看不到吉姆·特纳愁眉苦脸。太平洋海啸，给公司造成1亿多美元损失，他在董事会上依然谈笑风生，说："纵然减去1亿美元，我还是比你们富有10倍，我就有多于你们十倍的快乐。"当灾难降临到他的头上：他的孩子在车祸中不幸身亡时，他说："我有五个孩子，减去一个痛苦，还有四个幸福。"

吉姆·特纳活到85岁悄然谢世，他在自己的墓碑上留下这样一行字：我最欣慰的是用好了人生的减法！

记得有位作家曾经说过："幸福是什么？幸福就是自己觉得幸福。"是啊，幸福是一种内心的真实体验，它既不等于豪华的别墅，不等于银行里的大额存款，也不等于令人炫目的珠宝钻石。某些人虽然拥有汽车洋房，虽然能够尽自己所想地进行很多物质享受，而且还能得到周围人们的夸赞与艳羡，但是每当静下心来盘点自己所拥有的幸福与快乐时，这些人却感到捉襟见肘——尽管拥有汽车洋房，但是没有真心相爱的人与之相伴；尽管能够尽自己所想地进行各种各样的物质享受，但是内心时常感到空虚和无聊；尽管能够得到周围人们的夸赞与艳羡，但是身边没有一位真诚相待的朋友……

在人生中，真正的幸福与快乐并不在于你的手中拥有多少物质，而在于你的内心能容纳多少高贵而美妙的思想。人的一生，从某种角度来说就是一种不断地拥有和失去的过程。也许，只有在经历过无数次的拥有与失去之后，你才能意识到，获得幸福与快乐的关键并不是去无休止地追求什么，而是在适当的时候懂得放弃。

心态治病也致病

阿姆斯特朗是美国著名的自行车运动员，25岁那年，他被诊断患了睾丸癌，而且癌细胞已扩散到肺部、脑部。医生说他的死亡概率为99%，存活的可能性不到1%。这样不幸的消息会让许多人闻之丧胆，可阿姆斯特朗却对医生说："没事，大夫您放心，我不怕。您不是说活的概率有1%吗？我就是那1%。"此后，切除了睾丸的他又经历多次放射治疗，最后竟奇迹般地恢复了健康。不仅如此，治疗期间他还一直坚持练车，成绩不断提高，竟连续七次获得环法自行车赛世界冠军。

阿姆斯特朗战胜癌症是一个真实的奇迹，一般人也许难以做到。然而，像他这样无所畏惧地战胜疾病、恢复健康的事例，现实生活中并不少见。他们战胜疾病的主要武器，既不是医疗技术，也不是灵丹妙药，而是自己的健康心态。

健康心态能够治病，听起来有些玄虚，但却有科学根据。世界卫生组织的研究报告指出：如果把健康元素按百分比划分，那么遗传占15%，环境占17%，医生占8%，自己占60%（自己指个人的生活习惯）。这就是说，人体健康的钥匙主要掌握在自己手中，战胜疾病主要靠自己。这是因为，人体生来就拥有一整套完备而周密的抗病网络，具有强大的自身修复能力。而人体的这种能力，只有在健康的心态下才能充分发挥出来，诚如《黄帝内经》中所言："心者君主之官。"（人的意识、心态对战胜疾病起决定性的指挥作用）如果一个人的心胸豁达乐观，情绪健康稳定，对未来充满信心，那么他的抗病能力就非常强大，足可战胜来犯的细菌、病毒、癌症等。阿姆斯特朗的胜利，就是很好的例证。

当然，任何事物都具有两面性，人的心态也有好坏之分。好的、健康的心态能够治病，而坏的、不健康的心态也能致病。这是因为，恐惧、忧愁、郁闷、悲伤等负面情绪具有杀伤力，能使自身的防病网络遭受破坏，严重地削弱其防病、抗病能力，从而使细菌、病毒乘虚而入，没病容易得病，得了病则难以治愈。正如健康教育专家洪昭光教授所说："态度悲观的人容易得病，就算没得病的时候，他也是'健康的病人'。"这样的例子，现实生活中也有很多。笔者有一位从事教育工作的朋友，20多年前因嗓子肿痛，久治不愈，在当地一家医院被诊断为喉癌。他一听结果，顿时惊得魂飞魄散、六神无主，从此情绪低落，抑郁苦闷，茶饭不思，越想越怕。这使病情越来越严重，最后发展到连话也说不出来。在百般无奈之下，家人陪他到省城一家大医院就诊。一位有经验的大夫在问明病情、略做检查后，让他就地起蹲几次，然后用压舌板压住他的舌头，让他大声喊叫。经过这一摆弄，他那失语多日的喉咙竟然"啊"的一声发出声来。接着稍作调理，他就能说话了。医生告诉他，这只是普通炎症，肯定不是喉癌。这位老兄听后竟然高兴得蹦了起来，立即给我打来电话，用他那沙哑的声音对我说，中午请我吃饭，庆贺他"死里逃生"……心态致病的功能，由此也可见一斑。

我们强调心态对人体健康的重要性，并不意味着否定或贬低医疗的作用。对许多疾病来说，正确的诊断和医疗都是十分必要的。问题在于不能单一或过分地依靠医疗，而忽视人体本身的免疫功能和修复能力。实际上再好的医疗也离不开心态的配合；而不同的心态会产生截然不同的医疗效果。现实生活中不乏这样的例子：同一种疾病，用同一种方法治疗，有人能很快被治愈，有人却久治不愈。其中原因可能有多种，但起主导作用的还是心态。只有拥有健康的心态，才能产生最好的医疗效果。美国成功学大师拿破仑·希尔曾经这样说过："人与人之间只有很小的差异，但这种很小的差异却往往造成巨大的差异。很小的差异就是所具备的心态是积极的还是消极的，巨大的差异就是成功与失败。"希尔的这条成功定律，适用于干事业、做学问，也同样适用于跟疾病进行斗争。

学会宽以待人

亚历山大大帝骑马旅行到俄国西部。一天，他来到一家乡镇小客栈，为进一步了解民情，他决定徒步旅行。当他穿着没有任何军衔标志的平纹布衣走到一个三岔路口时，他记不清回客栈的路了。

亚历山大无意中看见有个军人站在一家旅馆门口，于是他走上去问道："朋友，你能告诉我去客栈的路吗？"

那位军人叼着一只大烟斗，头一扭，高傲地把这身着平纹布衣的旅行者上下打量一番，傲慢地答道："朝右走！"

"谢谢！"大帝又问道，"请问离客栈还有多远？"

"一英里。"那位军人生硬地说，并瞥了陌生人一眼。

大帝抽身道别，刚走出几步又停住了，回来微笑着说："请原谅，我可以再问你一个问题吗？如果你允许我问的话，请问你的军衔是什么？"

军人猛吸了一口烟说："猜嘛。"

大帝风趣地说："中尉？"

那烟鬼的嘴唇动了下，意思是说不止中尉。

"上尉？"

烟鬼摆出一副很了不起的样子说："还要高些。"

"那么，你是少校？"

"是的！"他高傲地回答。

于是，大帝敬佩地向他敬了礼。

少校转过身来摆出对下级说话的高贵神气，问道："假如你不介意，请问你是什么官？"

大帝乐呵呵地回答："你猜？"

“中尉?”

大帝摇头说:“不是。”

“上尉?”

“也不是!”

少校走近他仔细看了看说:“那么你也是少校?”

大帝静静地说:“继续猜!”

少校取下烟斗,那副高贵的神气一下子消失了。他用十分尊敬的语气低声说:“那么,你是部长或将军?”

“快猜着了。”大帝说。

“殿……殿下是陆军元帅吗?”少校结结巴巴地说。

大帝说:“我的少校,再猜一次吧!”

“皇帝陛下!”少校的烟斗从手中一下掉到了地上,猛地跪在大帝面前,忙不迭地喊道:“陛下,饶恕我!陛下,饶恕我!”

“饶你什么?朋友。”大帝笑着说,“你没伤害我,我向你问路,你告诉了我,我还应该谢谢你呢!”

爱上自己的工作

失败时,有些人常常喜欢说他们现在的境况是别人造成的。事实上,你的境况不是周围环境造成的,怎样看待人生、把握人生由你自己决定。

东天是一家汽车修理厂的修理工,从进厂的第一天起,他就开始喋喋不休地抱怨:“修理这活太脏了,瞧瞧我身上弄的!”“累死人了,我简直要崩溃了,太讨厌这份工作了!”“凭我的本事,做修理这活太丢人了!”

每天,东天都是在抱怨和不满的情绪中度过。他常常认为自己在受煎熬，在像奴隶一样做苦力。因此，东天每时每刻都窥视着师傅的眼神、举动，稍有空隙，他便偷懒耍滑，应付手中的工作。

几年过去了，与东天一同进厂的 3 个工友，各自凭着自己的手艺，或另谋高就，或被公司送进大学进修了，独有东天，仍旧在抱怨声中，日复一日地做着他蔑视的修理工作。

不管你是为了什么目的而从事现在的工作，要想获得成功，就要对自己的工作充满热爱。若你也像东天那样鄙视、厌恶自己的工作，对它投以“冷淡”的目光，那么，就算你正从事最不平凡的工作，你同样不会有任何成就。

所以说，一件工作能否做得有声有色，取决于你的看法与心态，对于工作，你可以做好，也可以做坏。面对一份工作，你可以选择高高兴兴和骄傲地做，也可以愁眉苦脸和厌恶地做。怎样选择，这完全在于你自己。

作为员工，你有责任去热爱你的本职工作，即使这份工作你不太喜欢，也要尽一切能力去转变去热爱它。因为只有你去热爱了，才能发掘出你内心蕴藏着的活力、热情和巨大的创造力。付出和结果永远是成正比的，你对自己的工作越热爱，决心越大，工作效率就越高。

当你全身心地投入一份工作时，上班就不再是一件苦差事，工作就变成了一种乐趣，就会有许多人愿意聘请你来做你更热爱的事。而且，有了这种热爱，你就不会再去抱怨，不会再感到空虚，你就会从中获得巨大的快乐。

所谓心态，就是人们的心理态度，即人的各种心理品质的修养和能力。具体地讲，心态就是人的意识、观念、动机、情感、气质、兴趣等心理素质的某种体现，对人的思维、选择、言谈和行为动作具有导向和支配作用。也正是由于积极心态的导向和支配作用，才决定了人们事业的成败。

看了下面这个案例，你就会明白消除厌职心态，同时用积极的心态去面对工作是多么重要。

杜克在这个公司已经两年了，却始终没有什么进步，一直在原地踏步。于是，他心生抱怨：“我只拿这点钱，凭什么去做那么多工作。我为公司干活，公司付我一份报酬，等价交换而已。我只要对得起这份薪水就行了，多一点我都不干。又不是我自己开的公司，说得过去就行了。”在杜克眼里，工作只是一种简单的雇佣关系，抱着这种“我不过是在为老板打工”的想法，做多做少，做好做坏，对自己意义不大，达到要求就行了。

杜克在这家贸易公司工作了两年，由于不满意自己的工作，他不满地对朋友说：“我在公司里的工资是最低的，老板也不把我放在眼里，我现在都快受不了了，若是再这样下去，总有一天我要跟他拍桌子，再递上一封辞职书。”

朋友问他：“你在这家贸易公司这么久了，你把业务都弄清楚了吗？做国际贸易的窍门完全弄懂了吗？”杜克说：“还没有！”朋友说：“我建议你先静下心来，认认真真地工作，把他们的一切贸易技巧、商业文书和公司组织完全搞通，甚至包括如何书写合同等具体细节都弄懂了之后，再一走了之，这样做岂不是既出了气，又有许多收获吗？”杜克听从了朋友的建议，一改往日的散漫习惯，开始认认真真地工作起来，甚至下班之后，还常常留在办公室里研究商业文书的写法。

时间很快又过了一年，那位朋友偶然又遇到杜克：“现在你大概都学会了，快辞职了吧？”

杜克说：“但我发现近半年来，老板对我刮目相看，最近更是委以重任，又升职、又加薪。说实话，不仅仅是老板，公司里的其他人都开始敬重我了！”

正是因为消除了厌职心态，杜克才真正找到了自己的位置，也实现了人生价值。事实上，在成功这件事情上，学历、能力、运气、财产是不起决定性作用的，最重要的决定性因素是积极的心态。

走错的也是路

三兄弟从乡下到城市谋生，他们一个叫怨天，一个叫怨地，另一个叫无悔。

三兄弟结伴而行，一路上风餐露宿，遭遇大风沙尘，翻过七座高山，涉过二十一条大河，兄弟们齐心协力，八个月后，终于来到了一座繁华热闹的集镇。这里有三条大路，其中一条能够通往城市，但是谁也说不清究竟哪条才是。

怨天说："咱老爷子一辈子教我的只有一句：听天由命吧。我就闭上眼睛选一条，碰碰运气好了。"他随便选了一条，走了。

怨地说："谁叫咱们生在个穷地方呢，我没读过书，计算不出哪条最有可能，我就走怨天旁边的那条大路吧。"怨地拍拍屁股也走了。

剩下的是一条小路，无悔拿不定注意。他想了又想，决定还是先去镇子里问问长者。长者接见了他，但仍然是摇头："没人到过城市，因为它太远了。另外，我们这里生活也不错。不过，孩子，我可以把我祖父的话告诉你：'走错的也是路'。"

无悔记着长者的诚挚教诲，踏上那条小路。追寻他的城市之梦。他经历的痛苦、艰难无与伦比，但每一次挫折，每一回失败，都没有击倒他。当他面临绝境时，总是对自己说"走错的也是路"，于是他挺过来了。在十年后的一天，他终于见到了朝思暮想的城市，凭着他杰出的韧劲与毅力，他从一无本钱的生意做起——擦皮鞋，捡垃圾，端盘子，公司普通职员，蓝领，白领，最后独立注册了一家公司。

三十年后，无悔老了，他把公司交给儿子打理，只身回乡下寻找当年同行的兄弟。依然是那个贫穷的西部小村，依然是茅屋泥墙，怨天和怨地住在里面，依然过着日出而作、日落而息的日子。三兄弟各自叙述了自己的故事。怨天沿着大路走了五个月，路越来越窄，常有野兽出没，一天黄昏他差点被狼吃掉，只好灰溜溜地回来了。怨地选的那条路的情况并无区别，回来之后，他一辈子不敢抬头做人。无悔叹息说："我的路和你们的一模一样，唯一不同的是我选定了就决不回头。"其实，每条路都能通向城市，走错了的也照样是路啊。

生命在于永不放弃

有一个老人今年刚好一百岁了，他不仅功成名就，子孙满堂，而且身体硬朗，耳聪目明。在他百岁生日的这一天，他的子孙济济一堂，热热闹闹地为他祝寿。

在祝寿过程中，他的一个孙子问："爷爷，您这一辈子中，在那么多领域做了那么多的成绩，您最得意的是哪一件呢?"

老人想了想说："是我要做的下一件事情。"

另一个孙子问："那么您最高兴的一天是哪一天呢?"

老人回答："是明天，明天我就要着手新的工作，这对于我来说是最高兴的事。"

这时，老人的一个重孙子，虽然还30岁不到，但已是名闻天下的大作家了，他站起来问："那么老爷爷，最令你感到骄傲的子孙是哪一个呢?"说完他就支起耳朵等着老人宣布自己的名字。

没想到老人竟说："我对你们每个人都是满意的，但要说最满意的人，现在还没有。"

这个重孙子的脸唰地红了，他心有不甘地问："您这一辈子，没有做成一件感到最得意的事情，没有过一天最高兴的日子，也没有一个令您最满意的孙子，您这一百年不是白活了吗?"

此言一出，立即遭到了几个叔叔的斥责。老人却不以为然，反而哈哈大笑起来："我的孩子，我来给你说一个故事：一个在沙漠里迷路的人，就剩下半瓶水，整整五天他一直没舍得喝一口，后来，他终于走出大沙漠。现在，我来问你，如果他当天喝完那瓶水的话，他还能走出大沙漠吗?"

老人的子孙们异口同声地回答："不能!"

老人问："为什么呢?"

他的重孙子作家说："因为他会丧失希望和欲念，他的生命很快就会枯竭。"

老人问："你既然明白这个道理，为什么不能明白我刚才的回答呢？希望和欲念也正是我生命不竭的原因所在呀!"

希望之光

1942年寒冬，纳粹集中营内，一个孤独的男孩正从铁栏杆边向外张望。恰好此时，一个女孩从集中营前经过。看得出，那女孩同样也被男孩的出现所吸引。为了表达她内心的情感，她将一个红苹果扔进铁栏。一个象征生命、希望和爱情的红苹果。

男孩弯腰拾起那个红苹果，一束光明照进了他那尘封已久的心田。第二天，男孩又到铁栏边，尽管觉得自己的做法可笑和不可思议，他还是倚栏杆而望，企盼她的到来，年轻的女孩同样渴望能再见到那令她心醉的不幸的身影。于是，她来了，手里拿着红苹果。

接下来的那天，寒风凛冽，雪花纷飞。两位年轻人仍然如期相约，通过那个红苹果在铁栏的两侧传递融融暖意。

这动人的情景又持续了好几天。铁栏内外两颗年轻的心天天渴望重逢，即使只是一小会儿，即使只有几句话。

终于，铁栏会面悄然落幕。这一天，男孩眉头紧锁地对心爱的姑娘说："明天你就不用再来了。他们将把我转移到另一个集中营去。"说完，他便转身而去，连回头再看一眼的勇气都没有。

从此以后，每当痛苦来临，女孩那恬静的身影便会出现在他的脑海中。她的明眸，她的关怀，她的红苹果，所有这些都在漫漫长夜给他送去慰藉，带来温暖。战争中，他的家人惨遭杀害，他所认识的亲人都不复存在。唯有这女孩的音容笑貌留存心底，给予他生的希望。

1957 年的某天，美国。两位成年移民无意中坐到一起。"大战时您在何处?"女士问道。

"那时我被关在德国的一座集中营里。"男士答道。

"哦！我曾向一位被关在德国集中营里的男孩递过苹果。"女士回忆道。

男士猛吃一惊，他问道："那男孩是不是有一天曾对你说：明天你就不用再来了，他将被转移到另一个集中营去?"

"啊！是的。可您是怎么知道的?"

男士盯着她的眼睛："那个人就是我。"

好一阵沉默。

"从那时起，"男士说道，"我再也不想失去你。愿意嫁给我吗?"

"愿意。"她说。

他们紧紧地拥抱。

1996 年情人节。在温弗利主持的一个向全美播出的节目中，故事的男主人公在现场向人们表示了他对妻子四十年忠贞不渝的爱。

"在纳粹集中营，"他说，"你的爱温暖了我。这些年来，是你的爱使我获得滋养。可我现在仍如饥似渴，企盼你的爱能伴我到永远。"

第九章　放飞梦想的心灵

抛下自卑才能奋进

球王贝利的名声早已为世界众多足球迷所称道，但如果说，这位大名鼎鼎的超级球星曾是一个自卑的胆小鬼，许多人肯定会觉得不可思议。在成名以前他可一点也不潇洒，当他得知自己入选巴西最有名气的桑托斯足球队时，竟然紧张得一夜未眠。他翻来覆去地想着："那些著名球星会笑话我吗？万一发生那样尴尬的情形，我有脸回来见家人和朋友吗？"他甚至还无端猜测："即使那些大球星愿意与我踢球，也不过是想用他们绝妙的球技，来反衬我的笨拙和愚昧。如果他们在球场上把我当作戏弄的对象，然后把我当白痴似的打发回家，我该怎么办？怎么办？"

贝利终于身不由己地来到了桑托斯足球队，他那种紧张和恐惧的心情，简直没法形容。"正式练球开始了，我已吓得几乎快要瘫痪。"他就是这样走进一支著名球队的。原以为刚进球队只不过练练盘球、传球什么的，然后便肯定会当板凳队员。哪知第一次训练，教练就让他上场，还让他踢主力中锋。紧张的贝利半天没回过神来，双腿像长在别人身上似的，每次球滚到他身边，他都好像是看见别人的拳头向他击来。在这样的情况下，他几乎是被硬逼着上场的。而当他一旦迈开双腿，不顾一切地在场上奔跑起来时，他便渐渐忘了是跟谁在踢球，甚至连自己的存在也忘了，只是习惯性地接球、盘球和传球。在快要结束训练时，他已经忘了身在桑托斯球队，而以为又是在故乡的球场上练球了……

忘掉自我，专注于足球，保持一种泰然自若的心态，正是贝利克服紧张情绪，战胜自卑心理的法宝。这样的方法对我们也同样适用。

仔细思忖，自卑实际上是一种徒然的自我折磨，因为它不会给人以激励，不会给人以力量，反而只会摧老人的身心，盗走人的骨气，容忍它的存在真是有百害而无一利。邹韬奋在《自觉与自贱》一文中明确指出："若自觉有所短而存在着自贱的心理，便是甘居卑劣的地位，所得的结果只能是颓废。"现实生活的实践早已证明，凡自卑情绪严重的人，除自己得不到快乐外，在事业上也不会得到更大的成功。相反，那些成就巨大的人，都是心胸广阔、信心十足的人。任何困难对他们来说，都可以不屑一顾，他们到头来终究会走向成功。著名的科学家李四光之所以能够翻开地质研究新的一页，就是因为他有强烈的责任感和事业心。所以说，自信、自强是人才成功的内在的决定性条件，是成功的精神因素。也许有人会说，自信心是一个人与生俱来的本领，但事实证明，通过有效的培养，每个人都可拥有很强的自信心。

母亲的行为让他们感动

这是弗兰在巴基斯坦最大的超市柜台工作时遇到的一件令他终生难忘的事情。

"对不起，您能听一下这孩子的话吗？"当弗兰被一位三十多岁的母亲叫住的同时，她看到一位不到十岁的男孩子紧张地站在母亲身旁。

男孩儿的嘴像贝壳一样紧紧闭着，眼睛只是向下看。

他母亲以严厉的语气说："快点，这位阿姨很忙！"弗兰感到空气骤然紧张起来，到底是什么事呢？弗兰一边猜想着，一边仔细看着这母子俩。这时弗兰发现那男孩儿手中握着什么东西，他那双小手还有点颤抖——那是一件当时很受孩子们欢迎的玩具，这种玩具每次进货都被抢购一空，而且被盗窃的数量不亚于销售量。

"怎么了，你说点什么呀！"他母亲很生气，眼眶里充满了泪水，这时男孩儿已经上气不接下气地哭了。

弗兰的心脏仿佛被猛戳了一下，弗兰又一次面向孩子，弗兰想她必须要听他说句话，弗兰甚至感到这个瞬间可能会左右孩子今后的人生。

这时，孩子的手不自然地伸开，被揉搓得破烂的包装中露出了玩具。

"我没想拿！"他费了很大力气才说出这句话。弗兰现在还记得，孩子最后泣不成声地说了一句："对不起。"母亲那时的表情难以形容，弗兰感到她好像放心地深吸了一口气。

然后，孩子母亲干脆地对弗兰说："请叫你们负责人来，我来跟他说。"这时，弗兰第一次懂得了母亲对孩子深深的爱和教育子女的不易，弗兰被这位母亲的行为深深地感动了。

"不用了，我收下这玩具钱，这件事就作为我们三个人的秘密吧。孩子也明白自己做错了事，这就够了。"

弗兰说，那时她只能将她的心情表达出一半，因为那个时候她的眼泪已经控制不住地流了下来。想起那位母亲几次致歉的身影，弗兰终生也难忘掉。

摆脱依赖的拐杖

莫妮卡是位年轻妇女，她总是很愿意让一位朋友摆布她的生活。

当她的垃圾处理装置出毛病后，她给好朋友米娜打电话，问她怎么办。订阅的杂志期满后，她也去问米娜是否再继续订。有时她不知晚饭该吃什么时，也给米娜打电话问她的意见。米娜一直像个称职的母亲一样，直到有一天出了乱子。那天，米娜的一个儿子摔了一跤，胳膊给划了个口子，需要缝针。莫妮卡又打电话来问问题了，由于非常疲倦，米娜严厉地说道：“天哪！看在上帝的分上，莫妮卡，您就不能自己想想办法？就这一次！”说完就挂了电话。

莫妮卡对米娜的拒绝感到迷惑不解，她说：“我还以为米娜是我的朋友呢。”

过分的依赖会损害你和朋友的关系。朋友并非父母，他们没有指导和保护你的义务，他们能给你支持，但不可能包办代替，你必须清楚，朋友只不过是朋友而已。你自己不能做决定，缺乏主见，就会使你受到朋友正确或错误的意见的影响。为此，你应该立刻决定，摆脱对朋友的依赖。

不仅仅是朋友，我们身边的任何人都会成为我们依赖的拐杖，不狠下心扔掉它，你永远也学不会走路、奔跑！

小璐上高中时，有一位体育老师教溜冰。

开始时，小璐不知道技巧，总是跌倒。所以老师给她一把椅子，让她推着椅子溜冰。

果然，此法甚妙，因椅子稳当，可以使她站在冰上如站在平地上一般不再跌跤，而且，她可以推着它前行，来往自如。

小璐想，椅子真是好！

于是，她一直推着椅子溜。

溜了大约一星期之后。有一天，老师来到冰场，一看小璐还在那儿推着椅子溜！这回他走冰面上来，一言不发，把椅子从小璐手中搬走。

失去了椅子，小璐不自觉地惊惶大叫，脚下不稳，跌了下去，嚷着要那把椅子。

老师在旁边，看着她在那里叫嚷，无动于衷。小璐只得自己想办法，站稳了脚跟。

这时小璐才发现，在冰上溜了这么久，椅子已帮她学会了许多。但推椅子只是一个过程，真要学会溜冰，非把椅子拿开不可，没有人带着椅子溜冰的，是不是？

命运不用埋怨

一个商人从事航海贩运发了大财。他曾屡屡战胜风险，各种各样恶劣的气候和地形都没有对他的货物造成损失，似乎命运女神格外垂青于他。他所有的同行都遭到过灾难，只有他的船总能平安抵港。人们追求奢侈的欲望使他财源广进，他顺利地贩卖了运回来的砂糖、瓷器、肉桂和烟草。总之，他很快就成了腰缠万贯的大富翁。

他开始挥霍，一个朋友目睹了他的豪华盛宴之后，羡慕地说道：“您的家常便饭就有这样的气派，真让我大开眼界！”

“这还不是靠我自己的努力奋斗，靠我的聪明才智，靠我的独具慧眼，才能抓住机遇获得今天的成就。”

这位商人认为赚钱是件极容易的事，因此，他把赚得的钱拿出来搞投机。但这一次可没有什么好运气了，第一条船设备很差，碰到一点儿风浪就翻了船；第二条船连必要的防御武器都没有，海盗连船带货都一齐掳了去；第三条船呢，虽然平安到港了，但一时间经济萧条，没有了往日那种追求奢华的风气和购物狂潮，货物也因为积压过久而变质了。另外，代理人的欺骗和他的花天酒地、挥金如土的生活方式也花费了他不少的钱财。

他的朋友看到他如此迅速地陷入一文不名的境况，问他道："这是怎么回事?"

"唉，别提了，全怪那不济的命运。"

"您别放在心上，"朋友安慰他说，"如果命运不愿意看到你幸福，至少它会教你变得谨慎小心。"

不知道他是否听进去了这个忠告，但可以肯定的是，人们在一般情况下，总爱把成绩归功于自己的才干，如果失败，那就把责任推到命运女神身上。

解开报复的锁链

一位画家在集市上卖画，不远处，前呼后拥地走来一位大臣的孩子。这位大臣在年轻时曾经欺诈过画家的父亲，导致他心碎地死去。

这孩子在画家的作品前面流连忘返，他天真的眼睛被画家的一幅画所吸引，久久不肯离去。大臣家人想为孩子买下这幅作品，画家却匆匆地用一块布把它遮盖住，并声称这幅画属于非卖品。

从此以后，这孩子因为再也无法见到这幅画而变得憔悴，最后，他父亲出面了，表示愿意为那幅画付一笔高价。可是，画家宁愿把这幅画挂在他画室的墙上，也不愿意出售。他总是阴沉着脸坐在画前，自言自语地说："这就是我的报应。"

每天早晨，画家都要画一幅他信奉的神像，这是他表现信仰的唯一方式。可是现在，他觉得这些神像与他以前画的神像日渐相异。

画家为他的神像苦恼不已，他苦苦地寻找着原因。然而有一天，他惊恐地丢下手中的画笔，跳了起来：他刚画好的神像的眼睛，竟然是那位大臣的眼睛，而嘴唇也是那般酷似。

他把画撕碎，并且高喊：“我的报复已经回报到我自己的头上来了！”

报复是腐蚀心灵的毒药，正所谓“冤冤相报何时了”，报复的人一旦开始投入报复的行动，自此就将远离愉快宁静的生活。

一个匈牙利的骑士被一个土耳其的高级军官俘获了。这个军官把他和牛套在一起犁田，而且用鞭子赶着他工作，他所受到的侮辱和痛苦是无法用文字形容的。因为那个土耳其军官所要求的赎金是出乎意料的高，这位匈牙利骑士的妻子变卖了她所有的金银首饰，典当出去他们所有的堡寨和田产，他们的许多朋友也捐募了大批金钱，终于凑集齐了这个数目。匈牙利骑士总算是从羞辱和奴役中获得了解放，但他回到家时已经是病得支持不住了。

没过多久，国王颁布了一道命令，征集大家去跟犹太教的敌人作战。这个匈牙利骑士一听到这道命令，再也安静不下来。他无法休息，片刻难安，他叫人把他扶到战马上，他气血上涌，顿时就觉得有气力了。他在战场上把那位曾把他套在轭下，羞辱他，使他痛苦万分的将军变成了他的俘虏。那个土耳其军官被带到他的堡寨里来，一个钟头后，那位匈牙利骑士问他说：“你想到过你会得到什么待遇吗？”

“我知道！”土耳其人说，“报复，但是我怎样做才能得到你的饶恕呢？”

“一点也不错，你会得到一个犹太教徒的报复！”骑士说，“耶和华的教义告诉我们爱我们的同胞，宽恕我们的敌人。上帝本身就是爱！放心地回到你的家里，回到你的亲爱的人中间去吧。不过请你将来对受难的人温和一些，仁慈一些吧！”这个俘虏忽然大哭起来：“我做梦也想不到能够得到这样的待遇，我以为，我一定会受到酷刑和痛苦的折磨。因此我已经服了毒，过几个钟头毒性就要发作。我必死无疑，一点办法也没有！不过在我死以前，请再让我听一次这种充满了爱和慈悲的教义。它是这么的伟大和神圣！让我怀着这个信仰死去吧！让我作为一个犹太教徒死去吧！”他的这个要求得到了满足。

人生中的十八般武艺

我的身边总有些人让我眼前一亮。他们揣着特殊的能耐，有的是独有的特长，有的是某种技能。这些能耐离现在的生活越远，我就越觉得当事人十八般武艺俱全。

比如，同学赵。赵写得一笔好字，大学第一次班会，赵自我介绍，提及姓名时，他捏起粉笔刷刷在黑板上写下一句与之相关的古诗。那些字清雅庄重，笔力遒劲，举座震惊。此后多年，赵以书法见长，从学生会的宣传干部变成单位的宣传骨干。据说，他给女友的信被准岳父看到，是一笔好字先赢得好感，后来才通过终审的。我曾去赵家拜访，在他的书房里见过他刻的印，“真是多才多艺！”我发自内心地赞叹。

又如，前同事秦。我最爱和秦逛街，概因她火眼金睛，擅长在街头小店满坑满谷的衣衫中选出精品。秦曾对我说，分辨真正的外贸原单和仿制品的区别在于针脚。“外单要求 3 公分 12 针，仿制品一般都把针脚放大。”“日本的服装最讲究，不会露包缝线在外面……”我对秦佩服不已，为她的生活智慧。

一日，我和朋友逛地坛书市。在旧书一条街溜达时，我无意间说起朋友手上拿的那本画册是“珂罗版”。“什么叫珂罗版？”他问。“就是玻璃版印刷。”我答。朋友不信我认识所谓的“版”，便抄起一旁的几本书，继续追问。“铅印”、“石印”、“木板刷印”……一连串术语从我口中蹦出，朋友惊为天人，“你真让人刮目相看！”

但事实是，我曾在拍卖公司工作过半年，判断旧书、古书的印刷方式只是那一行的基本常识。朋友肃然起敬的表情，让我失笑之余，不由得想起赵和秦让我刮目相看的“武艺”。

逛街时，我旁敲侧击地问秦：“你得花多少时间在外贸店，才能修炼成职业买手？”

秦大乐，表示“职业买手”的称呼太贴切，而后她透露，她的第一学历是中专，学的是服装设计。原来，买布料、做衣服、考察服装市场真的是她的本行。

饭局中，我遇到赵的妹妹。早听说，赵的妹妹在单位也是以书法闻名，“你家一定是书香门第。”我诚恳地说。“哪里，”赵妹妹笑笑，“家里世代刻碑，如果不是考上大学，我和哥哥或许还在刻碑。”

原来，所谓“武艺”都是经历赋予的技艺。许多技艺如密室的门，只要按对机关，便会自动弹出。经历多了，技艺多了，别人看来，自然认定你三头六臂。

这个周末，我在准备搬家事宜，女友弓来帮忙。不一会儿，她就反客为主，手起绳落，麻利地打了一个又一个包。她还炫技般一边打包一边说：“这是十字结”，“这叫井字结”……

我笑，“这么精于打包，莫非有过从业经历？”

弓一抹汗：“真说对了，我上大学时在书店打足两年工，打包是我的强项……”

我忽然想起，弓还在家给女儿的童书编码——她本科学的是图书馆专业，她给女儿做的裙子可与商场的媲美——她的父亲是裁缝。

嘿，只要有心，透过“十八般武艺”便能窥破、拼凑出一个人的人生经历。

找一个控制情绪的理由

有一个叫作爱地巴的人，每次生气和人起争执的时候，就以很快的速度跑回家去，绕着自己的房子和土地跑三圈，然后坐在田地边喘气。爱地巴工作非常勤劳努力，他的房子越来越大，土地也越来越广，但不管房有多大，地有多广只要与人争论生气，他还是会绕着房子和土地跑三圈。爱地巴为何每次生气都要绕着房子和土地跑三圈？

所有认识他的人，心里都有着疑惑，但是不管怎么问他，爱地巴都不愿意说明。直到有一天，爱地巴很老了，他的房和地也已经很大、很广。他生气时，依然拄着拐杖艰难地绕着土地跟房子走三圈，等他好不容易走完三圈，太阳都下山了。爱地巴独自坐在田边喘气，他的孙子在身边恳求他："阿公，你已经年纪大了，这附近也没有人的土地比你更广的了，您不能再像从前，一生气就绕着房和地跑啊！您可不可以告诉我这个秘密，为什么您一生气就要绕着房和跑上三圈？"

爱地巴禁不起孙子恳求，终于说出隐藏在心中多年的秘密。他说："年轻时，我一和人吵架、争论、生气，就绕着房和地跑三圈，边跑边想，我的房子这么少、土地这么小，我哪有时间、哪有资格去跟人家生气，一想到这里，气就消了，于是就把所有的时间用来努力工作。"

孙子又问到："阿公，那现在您年纪老了，又变成最富有的人，为什么还要绕着房和地走？"

爱地巴笑着说："我现在还是会生气，生气时绕着房和地走三圈，边走边想，我的房子这么大、土地这么多，我又何必跟人计较？一想到这里，气就消了。"

坚果树的生长之道

在巴西的亚马孙河流域的原始森林里，生长着很多粗大的坚果树。坚果树高达 50 米，树干直径可达 2 米，树龄达到 500 岁以上，是亚马孙雨林里最大的树木之一，也是巴西境内特有的物种。

坚果树之所以得名如此，是因为它结有坚果的果实。那果实大似足球，重达8公斤。每当成熟的果实从50米高的树上落下来，如平地响起一声炸雷，惊得树下的动物四散奔逃。如果有的动物不幸被砸中，必定肝胆碎裂当场身亡。

它的果实外壳坚硬厚实。有人做过实验：用锯子锯，居然要用五分钟之久才能把它锯开。果实里面是味道鲜美的果肉，也就是它的种子。种子中含有14%的蛋白质、11%的糖类、67%的脂肪，以及丰富的硒、镁和维生素，它含有的饱和脂肪甚至比澳洲胡桃更高。由于有坚硬的外壳作保护，就是具有尖利牙齿的大型猫科动物，也咬不开它。

坚果树的果实落地后可以百年不朽。里面的种子得不到阳光雨露的滋养就不能生根发芽，那么，坚果树是怎样传宗接代的呢？一位生物学家通过长期观察，发现当地有一种体型不大的啮齿类动物，长着两颗非常尖利的门牙，仿佛凿子一样，能凿开坚果坚硬的外壳，吃到里面的种子。一次吃不完，它们就把种子找个地方埋藏起来，以备饥荒时享用。由于埋得太多，有很多种子就被它们遗忘了，完全记不清埋在哪里了。

就这样，那些幸运的种子得以在泥土中生根、发芽，即将破土而出。可是小树芽的体形过于幼小，它们的上方笼罩着密密麻麻的大树冠，这些小树芽仍然浸润不到充足的阳光。它们并未因此气馁、枯萎，而是不声不响地潜伏在大树下面，长达几十年，期间遭受数不清的风雨侵袭和鸟兽践踏。但是这些幼小的植物却都顽强地活了下来。很多很多年之后，一旦笼罩着它们的大树枯死，阳光普照下来，地上的小树芽就有了继续生长的机会。它们好像知道这机会来之不易似的，从接受到阳光照射的那一刻起，便开始疯长，争着抢着向着太阳的方向伸展肢体。因为一旦生长的速度落后，又会被其他树木笼罩在下面，它们就又要进行新一轮的“潜伏”。

一万年太久，只争朝夕！就这样，领先的树苗大有一飞冲天之势，不过几年时间，它便长成了参天大树。当它高高耸立于森林中时，当它可以尽情接受阳光雨露的爱抚时，它终于安详地开始了它500年的生命征程……

生命本身就是一场漫长的等待。我们看到的那些成功人士，他们并不是处处交好运，而是在机遇来临之前，他们懂得在等待中积蓄能量、经受重重磨难。一旦迎来机遇，他们便拔地而起、一飞冲天，成为了我们的榜样。

当我们看到坚果树高入云霄的华美姿态时，请别忘记，它曾有过那么多年的等待与积淀。

不假设别人的人品

一个小镇商人有一对双胞胎儿子。这对兄弟长大后，就留在父亲经营的店里帮忙。父亲过世后，兄弟俩接手共同经营这家商店。

起初生活一直都很平顺，直到有一天丢失了1美元，兄弟二人的关系才开始发生变化。哥哥将1美元放进收银机，并与顾客外出办事，当他回到店里时，突然发现收银机里面的钱已经不见了！

他问弟弟："你有没有看到收银机里面的钱?"

弟弟回答："我没有看到。"

但是哥哥对此事一直耿耿于怀，咄咄逼人地追问，不愿罢休。

哥哥说："钱不会长了腿跑掉的，你一定看见了这笔钱。"语气中带有强烈的质疑，弟弟的怨恨油然而生。不久手足之间就出现了严重的隔阂。

开始双方不愿交谈，后来决定不再一起生活，他们在商店中间砌起了一道砖墙，从此分居而立。

20年过去了，敌意与痛苦与日俱增，这样的气氛也感染了双方的家庭与整个社区。

有一天，有位开着外地车牌汽车的男子，在哥哥的店门口停下。

他走进店里问着："您在这个店里工作多久了?"哥哥回答说他这辈子都在这店里服务。这位客人说："我必须要告诉您一件往事。20 年前我还是个不务正业的流浪汉，一天流浪到这个镇上，已经好几天没有进食了，我偷偷地从您这家店的后门溜进来，将收银机里面的1 美元取走。虽然时过境迁，但我对这件事情一直无法忘怀。1 美元虽然是个小数目，但是我一直深受良心的谴责，我必须回到这里来请求您的原谅。"

这位访客说完后，很惊讶地发现店主已经热泪盈眶，用哽咽的音调请求他："你是否也能到隔壁商店将此事再说一次呢?"当这陌生男子到隔壁说完此事以后，他惊愕地看到两位面貌相像的中年男子，在商店门口痛哭失声、相拥而泣。

20 年的时间，怨恨终于被化解，兄弟之间存在的对立也因而消失。可是又有谁，20 年猜疑的萌生，竟是源于区区1 美元的消失。

彻底摆脱自卑

十几年前，他从一个仅有 20 多万人口的北方小城考进了北京的大学。上学的第一天，与他邻桌的女同学第一句话就问他："你从哪里来?"而这个问题正是他最忌讳的，因为在他的逻辑里，出生于小城，就意味着没见过世面，肯定会被那些来自大城市的同学瞧不起。

就因为这个女同学的问话。使他一个学期都不敢和同班的女同学说话，以致一个学期结束的时候，很多同班的女同学都不认识他!

很长一段时间，自卑的阴影都占据着他的心灵。最明显的体现就是每次照相，他都要下意识地戴上一个大墨镜，以掩饰自己的内心。

20 年前，她也在北京的一所大学里上学。

大部分日子，她也都在疑心、自卑中度过。她疑心同学们会在暗地里嘲笑她，嫌她肥胖的样子太难看。

她不敢穿裙子，不敢上体育课。大学时期结束的时候，她差点儿毕不了业，不是因为功课太差，而是因为她不敢参加体育长跑测试！老师说："只要你跑了，不管多慢，都算你及格。"可她就是不跑。她想跟老师解释，她不是在抗拒，而是因为恐慌，自己肥胖的身体跑起步来一定非常的愚笨，一定会遭到同学们的嘲笑。可是，她连向老师解释的勇气也没有，茫然不知所措，只能傻乎乎地跟着老师走。老师回家做饭去了，她也跟着。最后老师烦了，勉强算她及格。

在最近播出的一个电视晚会上，她对他说："要是那时候我们是同学，可能是永远不会说话的两个人。你会认为，人家是北京城里的姑娘，怎么会瞧得起我呢？而我则会想，人家长得那么帅，怎么会瞧得上我呢？"

他，现在是中央电视台著名节目主持人，经常对着全国几亿电视观众侃侃而谈，他主持节目给人印象最深的特点就是从容自信。他的名字叫白岩松。

她，现在也是中央电视台著名节目主持人，而且是第一个完全依靠才气而丝毫没有凭借外貌走上中央电视台主持人岗位的。她的名字叫张越。原来是他们。原来他们也会自卑。原来自卑是可以彻底摆脱的。

不可放低自己

几年前，我在美国大使馆被自己的同胞结结实实恶心了一把。

那次我因公务赴美，去办签证。签证处大厅里人头攒动，几个身着美国大使馆保安制服的中国年轻人在里面来回走动。办完签证，我拿着护照准备离开，看到其中一个保安正冲着一对老人厉声讲话，或者可以说是"训斥"，因为老人"说话声音太大"。看老人的穿着打扮，像是来自偏远地区，要去美国看望孩子。说话声音大，的确不妥，保安应该维持秩序，但他的态度未免太恶劣。

我走过去提醒他："请注意尊重老人。"没想到这个保安勃然大怒，觉得我挑战了他美利坚合众国大使馆保安的赫赫权威，冲过来用他并没有被赋予的权利把护照从我手中拿走，然后强行要把我轰出去。

他说："你给我出去，这里是美国领土！"

我告诉他："我知道这里被理解成是美国领土，但你没有这个权利。美国使馆的规则我非常清楚，美国大使我也认识。"

但他依然咆哮，威胁我说："如果你不出去，我就不让其他的中国人进来办签证。"

我们在门口僵持着。因为我的缘故，中国人都被拦在门外。为了不影响他们，我选择暂时让步，走了出去。但我对那一群中国保安说："我在门口等你们解决问题，否则一切后果由你们承担。你们真不应该这样，你们是中国人吗？"

让我哭笑不得的是，其中一个从北京本地招来的年轻保安竟然狐假虎威大言不惭道："我们都是美国公民，你赶快给我们从美国领土上出去！"

是年少无知，还是别的什么？在这样的时刻听到这样的话从自己同胞的嘴里说出来，心痛。

我在门口站了许久，这群保安的领班才走出来。也许感觉到我不是那么好欺负吧，他开始跟我诚恳地谈条件，给我两个选择：要么走正常投诉程序——路漫漫其修远兮，不知何时才能取回护照，我会因此无法按时赴美；要么，他替我取回护照，叫出那个保安，说两句好话一笔勾销，还要我向他保证不通过其他渠道找他们算账。

我着急走，答应了他的条件，拿走了护照。

后来听说不少朋友在美国大使馆都有过类似被自己的同胞欺负的经历。我始终觉得故事并没有结束，只不过忙起来，也就渐渐淡忘了。

一晃几个月过去了，我在耶鲁校园里偶遇熟人——时任美国驻华大使雷德。他也毕业于耶鲁。这位历史上任期最长的美国大使依然和蔼可亲，我们海阔天空地聊了一阵子。我一边和他聊，一边在心里斟酌是否单方面撕毁和保安领班达成的口头协议。想到那些因去办签证而遭到蔑视的中国父母和学生，我到底还是将那件不愉快的事告诉了他，并真诚地说："我们不希望这些不尊重自己和他人的中国人，破坏了我们对美国的印象。"雷德说："是的，我们也不喜欢那样。"

又过了几个月，回到北京，雷德大使和夫人邀请我共进午餐。当我拿着请柬经过大使官邸安检时，一位中国保安走过来对我说："上次和您过不去的那个保安已经被开除了。"我看了看他，似曾相识，也许是当时那一群保安中的一位，眼睛里有一丝歉意。

我笑了笑，点点头走进去。

再后来，又去美国大使馆签证处，看到了不少新面孔的保安，也听到他们用"您"来称呼办签证的人们，态度好了许多。我也依然会去排队办签证，依然会在人群中敏锐地观察不合理现象，并时刻准备着……

值得反思的是，在上海，今天仍然延续着一种"前殖民地文化"。一次我和外国朋友在上海见面，问他住在哪里，他很自然地告诉我："French Concession!（法租界）"我立刻半开玩笑地阻止他："去你的法租界，说什么呢?"

过去，老师告诉我们，走在街上遇到外宾，要主动用英语问好："Hello!""How are you?"那时候老外来中国都是旅游，为了不给中国人丢脸，我们都苦练口语。现在时代已经变了，很多老外来中国是为了找工作。我是这样做的，在北京遇见外国人，首先说的一定是中文——在自己的国家说自己的语言，天经地义。如果他表示中文水平不够，我们再用英语。

WTO 体制讲求"国民待遇"原则，意即一国以对待本国国民的方式对待外国国民，外国人与本国人享有同等的待遇。这一方面意味着我们不能歧视外国人，但我认为更重要的一点，是意味着我们也要调整心态，不能过于"高看"外国人而放低自己。

换一种方式去追求梦想

在 2012 年 2 月份的时候，微博上面的一条消息引起了人们的追捧，腾讯公司一名保安经过多轮面试，最终成为了腾讯研究院的一名工程师。而这条微博很短时间内就被转发 2 万多条，很快这条微博被腾讯 CEO 马化腾予以证实并转发，而这名保安段小磊也被誉为“2012 励志哥”。

保安段小磊只有 24 岁，2011 年毕业于洛阳师范学院，拥有计算机和工商管理的双学位。毕业后，段小磊带着成为一个 IT 工程师的梦想来到了北京。可是让段小磊没有想到的是在北京找一份合适的工作却并不容易，段小磊几经碰壁后，生活陷入了困境。最后段小磊决定找一份上手快的工作先在北京立足，而正好腾讯北京研究院在招保安，于是段小磊就来到腾讯北京研究院成了一名保安。

虽然生活算是暂时安定下来了，可是段小磊并没有放弃自己的理想。在工作之余，段小磊都会拿出有关计算机方面的书坚持学习，他知道自己的理想是成为一名 IT 工程师。可是在努力学习的时候，他并没有忘记自己的本职工作，而是积极用心做好自己的本职工作，在腾讯北京研究院的门口公告栏里时常可以看到段小磊做的一些温馨提醒，比如“明天会变天，注意加衣服”“今天加班这么晚，回去好好休息”……

很快腾讯北京研究院的员工就都知道了在研究院的保安里有一个特别的保安，而他们也很喜欢和这个保安聊聊天。段小磊并不因为自己是保安而自卑，相反他主动和同事们聊一些有关计算机方面的话题，很快段小磊就熟悉了腾讯研究院的大部分员工。

就在今年 1 月份的时候，Hidi 负责的一个项目急需一批外聘员工，她早就知道段小磊在看计算机的书，就半开玩笑地问他：“你要不要来帮我们做数据标注的外包工作?”这是一份基础性的工作，主要要求熟练操作电脑，并对数据敏感。令 Hidi 意外的是，几天后的一个下午，段小磊找到她说已经正式辞职，可以来帮她做数据标注工作了。

经过面试，段小磊顺利成为腾讯的外聘员工，负责一些数据整理和数据运营工作。因为工作涉及对腾讯产品进行外部测试，段小磊便利用休息时间四处找朋友和同学体验产品，还一直活跃在他所组织的测试QQ 群上。Hidi 对其工作非常满意，开始有意识地将一些产品方面的工作交给他，以便他能通过接触产品设计为自己将来的职业规划铺好路，同时找机会让他参加一些内部培训。

段小磊成功完成了 Hidi 交给他的工作，段小磊的工作让 Hidi 很满意。于是，她建议段小磊去研究院应聘。而段小磊最终经过几轮面试，成为了腾讯研究院的一名工程师。

现在段小磊已经是团队里的风云人物，虽然知道他的故事的人越来越多，可是他仍然对自己保持着清醒的认识，知道自己还有很多东西没有学会，还容易犯一些眼高手低的毛病。在段小磊的工位上贴着各种写着工作任务和励志内容的便签条：“多和同事交流，多向前辈请教”，“每天浏览行业信息不少于 30 分钟；每天发一条有创新性的微博；每个月发一篇有深度的博文”等等。

网友们都称呼段小磊为“励志哥”，段小磊却没有因此而松懈，在他的微博有很多网友向他提问，是什么让他坚持着对梦想的追求？段小磊说道：因为有梦吧，也许很多人觉得这是个虚无缥缈的词，但是在我心里它却异常清晰，我也有想过放弃，但是放弃的不是梦想，而是放弃现在努力的方式，用另一种方式去追求梦想。

人人都有梦想，可是并不是每一个梦想都能实现。有的时候当我们梦想不能实现想放弃的时候，我们应该想想我们放弃的不应该是梦想，而是努力的方式，也许这就是“励志哥”段小磊给我们的最好启示。

外星人的梦想

西多罗夫家门外站着的这几个外星人一点儿也不可怕，甚至还挺可爱。他们长着 3 只大大的绿眼睛，两只在脸上，一只在肚子上，头上还有 5 个淡紫色的触角，看上去很聪明，也很友善。

“您对我们来说非常难得，我们从几十亿地球人中选中了您。”外星人开门见山地对西多罗夫说。“这是您无上的荣幸。”

当然了，这些话外星人不是用嘴说的，而是通过心灵感应让西多罗夫感受到的。他们究竟是怎么做到的并不重要，重要的是西多罗夫明白了。

“你们选我要干什么？”西多罗夫忙问。

“我们选中您，是希望您能把整个银河系都是兄弟、所有的生命形式都应该得到平等对待的思想传播给地球人。当然了，这里指的是地球人已经熟知的生命形式。”

“这到底是什么意思？你们能说得具体点儿吗？”

“就是说，您要承担起一个使命，教会地球人善良博爱、公平正义、诚实信用和有责任感。你们这个星球迫切需要这些，否则就要彻底毁灭了。但您千万不要说这是外星人让您这么做的，要不您也许会被关到精神病院去。”

“我明白了。”西多罗夫点着头说。“请你们把这些话整理记录一下，我背诵下来后就去传授。”

“就这么办，”外星人很高兴，“但我们不会提到这是外星人的倡议，所有的荣誉都是您的。”

“是很光荣，”西多罗夫说，“但是关于公平正义这些问题，那些政客们每天都在电视上高谈阔论，谁会听我这个名不见经传的小人物的话呢?”

“这个您不必多虑，人们肯定会听的。我们会在一段时间内赋予您一种特异功能：您会创造奇迹，能让生命垂危的人起死回生，能让饥寒交迫的人衣食无忧……”

“啊，”西多罗夫听得满脸兴奋，“那我就会一夜成名，就会成为万众瞩目的偶像。我会有新房子、新汽车，银行里会有数百万存款……”

“不能，”外星人还没等西多罗夫说完就打断了他，“这是绝对不可能的。没有人会听那些住豪宅、开名车的人的教诲。”

“这我就不明白了，”西多罗夫很是扫兴，“那我为什么要听从你们摆布呢?”

“您的无私奉献会让人类拥有一个美好的未来。您可能要饱受贫困、历经磨难、屡遭背叛。但您的名字将会响彻整个宇宙!”

“不！不！不！不!”地球人西多罗夫的头已经摇成了一个拨浪鼓。他又仔细地打量了一番眼前这几个外星人，觉得这几个家伙的模样已经大不如之前那么可爱，甚至还多了几分阴险和狡诈。“你们熟悉附近的路吗?”西多罗夫已经在下逐客令了。

“熟悉，”外星人平静地回答，“这个地方我们已经来过无数次了。”

“是吗？难道你们的这个倡议就从来没人响应过?”

“怎么没有？有一个人响应了，大概是两千多年前，就是耶稣……此后我们一直在寻找接班人。”

“那你们赶快去再找一个傻瓜吧!”西多罗夫哼了一声，哐地关上了房门。

那一束巨大的失落感

不瞒你们说，我总想着在我40岁的时候，开一间酒吧。我的酒吧，一层用来喝酒，二层用来睡觉，但我不允许男女在我酒吧里乱搞。我知道有很多的人，希望在朋友能够看得到的隔壁房间，睡个好觉，譬如我。三层用来在第二天酒醒的时候，一起晒太阳。当然了，我们会隔着一层玻璃，与阳光发生关系。

我的这个理想，源于我一直想把一束叫作失落感的东西击个粉碎。

巨大的失落感经常不请自来。当我在疲惫的深夜里回到阴暗的小房间里，想要找到一个可以一起说话的朋友，却发现大家都四散在这个城市的某个角落，无比遥远。我必定是又遭遇了失败或者冷眼，或者在重复的机器一般的工作中感觉巨大的乏味，或者在焦急的等待中捧回一个破碎的希望，又或者在欣赏完他人的成就与美满后黯然归来，走向自己的孤独的床。

最近，我的朋友们接连出了问题。赵先生，他失眠了两天，巨大的失落感是他告诉我的，他其实形容的并非他自己，但我却认为，他是从他自己的命运里发现了这个词。赵先生已经30岁了，他身无分文，连拍婚纱照的钱都没有。在某天早晨起床时，女友告诉他：我已经怀孕了。赵先生看着窗外的阳光，觉得晕眩，他抽了一支烟，说：结婚，把他生下来。赵先生已经给他的孩子起好了名字，这是他和他女友刚刚同居时的事情了。但现在，除了这个名字，他却给不了他的孩子任何其他的东西。

那天上午他坐在人来人往的地铁里，想象着自己初来这座城市时的种种梦想，感觉到他所称的那种巨大的失落感，从头顶坠落下来。

郑先生是个艺术家，这应该是一个多么不凡的称呼啊。

那一束失落感在他的院子中悄然存在了很多天。他在很多年前来到了北京，在一个连电视机都没有的院子里一住就是五六年，每天想着艺术这件事，一直想到自己45岁的那一年。他知道在这个国家，做一个艺术家需要承受怎样的极端生活，他一直在做着准备。

当45岁来临的时候，他发现自己回家的次数越来越多，这是因为他妈妈的身体已经变得很糟。他把艺术暂时放在了北京郊区的院子里，自己变成一个普通人，走向北京站。他还是没有什么钱。在拥挤的火车上，他看着铁路沿线偶尔出现的高楼和汽车，觉得打不起精神。他想要像一个成功的45岁的人那样，把巨大的安全感，带回到自己的家中，告诉自己的父母和兄弟姐妹：请你们放心，我能够把所有的一切处理好，我会联系最好的医生，钱不是问题……

他在某个冰冷的早晨，回到他在郊区的小院里。他从老家回来了，母亲的病还将反复，他必须为了下一次回家做好准备。但现在，他没有时间计划下一次的回乡，也没有时间思考命运，他需要把火生起来，需要出门去买画框和画布（那又需要一些钱），需要计算这个月的开销，还需要赶紧睡个好觉，在这个终于可以安静一会儿的地方。

他已经45岁了，巨大的失落感，常常伴随母亲的病情和对于青年时期的回忆，疯狂地扑过来。

遗憾的是，我的那个酒吧还没有能够开业，现在还差得远。上面的两个人，都没有机会到我的酒吧里，痛快地笑一笑。我会尽力在这个城市的某一个角落安身，并保证不忘记自己的这个理想。

教规

每年总有这么一段时间，修道士要奉守斋戒，忌食荤腥食品。这是修道院的明文规定。当然，这段时间他们要是在外化缘或是在旅途中奔走，那又另当别论了。这时，凡是上天赋予人类的食品，他们都能尽情享用。

有一天，两位修道士外出办事，他们信步走进一家旅店，想在这里歇歇脚，吃点东西。他们走进店里，无意间碰上了一个过路的商人。

旅店的主人很穷，拿不出什么东西来款待客人。他想了很多办法，唯一可以端到桌面上来的是一只又小又瘦的鸡，只有鸽子般大小。

鸡烤熟了，主人把它从铁叉上取了下来，送到客人面前，希望这三位客人都尝一点。

商人是很狡猾的，他只瞟了一眼就在心里得出了结论，烤鸡顶多只够一个人吃。于是，他对修道士说："圣徒兄弟啊，如果我没有记错的话，这几天正是大斋期，我不想让你们破坏教规，吃鸡的罪孽就由我来承担吧！"

修道士很想向他解释，僧侣在外出云游期间，可以有些例外。诡计多端的商人却不容他俩分说，抓起鸡来就啃。修道士除了同意之外，还能有什么办法呢？

商人吃完鸡，还把鸡骨头都啃了。他的同桌只能吃一片面包和一小块干酪。吃过饭，他们一起上路了。修道士步行是因为贫穷，商人步行是因为吝啬。他们紧走慢赶，来到了一条大河边，大河挡住了他们的去路。

按照不成文的规定，碰到这样的事情，照例是由身强体壮的修道士挽起裤脚背商人过河。商人长得很胖，修道士背着他蹚进了水里。

商人腰间挎着旅行包，手里提着皮鞋，舒舒服服地趴在修道士背上。当他们来到河中间的时候，修道士已经被他压得腰弯背驼，气喘吁吁，几乎快走不动了。修道士想起了他们的教规，他犹犹豫豫地停住了，回头问商人说："亲爱的，请告诉我，你身上带钱了没有？""多么愚蠢的问题！"商人感到惊讶，"一个像样的商人出远门哪有不带钱的？""非常遗憾，"修道士说，"教规不允许我们把钱财带在身上。"说完，他撒手把商人扔进了河里。商人从水里站起来时，浑身都湿透了。他羞愧满面，不得不承认，他的自私和狡猾最终得到了报应。

遍地筛子

我的一个同事告诉我说，他碰上了一件奇事！

他打开自己手机的“每日备忘”栏，翻到2007年2月7日（农历十二月二十），激动得有些气喘地说：“我本来只是随便记下了这些东西，为的是开班会的时候给自己提供一点参考内容的，谁想到竟……”

我接过手机，从显示屏上读到了下面的文字：“雪大，未停，教务处通知可自愿上晚自习。坚持上完两节自习的同学共19人：马婷，夏小伟，周万鹏……”

“知道吗？”他说，“我们班今年高考上二批本科的，恰好就是这19人啊！怎么就那么巧呢！”

我也十分惊奇，忍不住又将那条简单的手机备忘文字仔细看了一遍。然后对他说：“的确太令人不可思议！但是，你好好琢磨琢磨，偶然中是不是包含着某种必然？”

我想到了毕淑敏老师早年写的一篇小文章，题目叫《暴雨筛》。写的是发生在一位“南方女友”身上的真实故事。那位女友35岁考上了一所夜大，每天下班后要穿越5条街道去上课。一天傍晚，台风突然来了，暴雨倾盆。那时电话还没有普及，她没接到学校发出的停课通知。于是她顶风冒雨连滚带爬地赶到了学校。到校后才发现，3000人的学校，从老师到学生，除了她，没有一个人来！但传达室的老师傅却给予了她很高的褒扬。他说，暴雨是一个筛子，将那些懦弱者、犹疑者统统筛了下去，仅在筛网之上留下了最有胆量、最不怕吃苦的人。这样的人，“以后会有大出息”！后来，她果然在自己的人生中赢得了更大的成功。

大雪是一个筛子，暴雨是一个筛子，人生时刻都会遇上一个筛子啊。

如果你是一个善于迁就自己、姑息自己的人，你就会听任自己在某些“特别的时刻”松弛懈怠，你总能用一个个强有力的理由劝阻自己前行的脚步。你会说，春困夏乏秋打盹，睡不醒的冬三月，一年三百六十日，岂有读书好时节！

再以一天为例，清晨起床，你首先遇到了“闹铃筛”，你上了个延时闹铃，每隔5分钟闹铃就喊一次“懒虫起床”，可是你在心里跟自己说，我不是“懒虫”，所以我不必起床；来到学校或单位，你遇到了“效率筛”，一件事，你磨蹭着做，聊会儿天，想会儿心事，不到最后的时刻就决不着急上火，“日事日毕”对你来讲简直比登天还难；晚上回到家，你又遇到了“电视筛”，韩剧那么长，你却甘愿让它把你的宝贵生命当成面条来抻，你看到人家利用业余时间做成了许多事，非但不心生钦佩敬仰，反而嘴硬地说那是命运女神在拍那些人的马屁，你根本认识不到自己原是被一个又一个无形的筛子无情地筛落的尘屑。

我曾在一个场合说过，我们再不要用“怀才不遇”这块祖传的遮羞布来遮羞了！当今世界，“怀才”者不易“不遇”，因为机会实在是太多了！我们要思考的不应再是“遇与不遇”的问题，而是“怀没怀才”的问题。若果真怀才，所有的“不遇”早被改写变成了“遇”。说到底，筛网之上的生活，不可能来自任何人的恩赐，而只能是不甘沉沦者用一个绝对大于筛眼的志向，成功将自己留在了理想的境地。

我清楚地看到了放置在2007年2月7日的那一场大雪中的筛子。我不知道那筛网之上的名字还将继续为我们讲述多么奇妙的故事，我愿意耐心等待，悉心倾听。

愿更多的人看到那被命运之神放置的遍地筛子，愿更多的心灵能在筛网之上轻灵舞蹈，自在飞翔。

第十章　青春不追梦，枉作少年时

梦想与努力有关

一个农家孩子，偶尔看到一个人吹口琴，觉得那声音真是好听极了，于是他也想买一个口琴学着吹。那时候一个口琴要三块多钱，这笔钱在当时的农村人看来，算得上一笔巨款。他要实现这个梦想，就只有靠自己把那笔巨款挣回来。

他出生在湖北通山，通山山多柴也多。虽然还在读小学，但打100斤柴去卖可以换回8角钱的行情，他是知道的。一个口琴，等于500斤柴，这个账他也是算得过来的。他那时候一次只能挑五六十斤柴，但积少成多，在打够500斤柴之后，他把口琴买回来了。

几年之后，他又有了一个想买一个收音机的梦想。但最便宜的收音机，也要27块钱。那时候100斤柴已经能卖1块钱了。这个账好算，打2700斤柴，就能把收音机买回来。

有了收音机，他的视野，他的知识面，就连许多大人，也是没法相比的了。

几年之后，他又产生了想买一把小提琴的梦想。他到县城的商店里去看过，一把小提琴的价钱是 80 元。那时的 100 斤柴已经可以卖到一元三角钱了。他打了 6000 多斤柴，买小提琴的梦想也实现了。

他没有成为一个口琴演奏家，也没有成为一个小提琴演奏家，当然，听收音机也不可能让他成为一个听收音机的专家。但通过打柴买回口琴、收音机、小提琴的经历，却让他得出了这样一个结论：再大的梦想，都可以通过现实里的努力来实现。反过来说，现实里的努力，都是可以拿来实现梦想的。

他没有成为口琴演奏家、小提琴演奏家，但他却成了通山县颇有名气的作家、硬笔书法家和摄影艺术家。

我是在一个笔会上认识他的。“你看，我的肩膀上至今还可以看出打柴时磨下的伤痕。”他说着，用手扒开衣领让我看。

不用说，他所实现的作家、书法家、摄影家的梦想，也都是他用现实里的种种努力换回的。

两代人的北大梦

1. 女儿赌气上北大

“儿子，你一定要考上北大。”已经 69 岁的温海东永远无法忘记高二那年父亲临终前的遗愿。尽管随后付出了艰辛的努力，他最终还是因为政审原因，被挡在北大校门外。大学毕业后，温海东被分配到南阳市做中学教师。经历过一段失败的婚姻后，经人介绍，他和同样离异的张运兰相识，并重新组建了家庭。1985 年 9 月 12 日，他们迎来了女儿温晖的降生。中年得女，温海东激动极了，看着襁褓中女儿粉扑扑的面庞，让女儿替自己圆北大梦的念头在他心头熊熊燃烧。

温海东决心从小好好培养女儿，并为她制订了周密的学习计划：两岁时，温晖开始画画、认字；三岁时已能读书看报，识字上千；六岁时，温晖学完小学的全部课程，被父亲直接送去读小学三年级。初中时，温海东让女儿就读于自己所在的中学，便于掌握女儿的一举一动。父亲的苛刻，让温晖很不满，可她又无可奈何。

初三那年，温晖参加全国数学奥林匹克竞赛，获得了一等奖，一下子引起了人们的注意，南阳、郑州等地许多重点高中愿意免试录取她。温海东比较之后，给女儿选择了位于新乡的河南师范大学附中，因为那里每年有很多学生考入北大。得知父亲想让自己去离家几百公里外的新乡市读书，温晖急得哭了，她恳求父亲："您就让我在南阳读书吧，我不要离开你们，我会加倍努力，一定考上北大。"看到满脸泪水的女儿，温海东的心揪成一团，可为了圆北大梦，他狠心做了决定："这是你最好的选择，好好学习，冲刺北大！"

含着泪来到河南师大附中后，温晖开始了封闭式学习。2001 年高考，16 岁的温晖以 698 分的成绩考入北大。这时，温海东又替女儿做了个决定：填报了数学系。其实，温晖更喜欢文科，可父亲根本不听她的。收到北京大学数学科学学院录取通知书的那一刻，温晖哭了，她根本不知自己是激动，还是悲伤。

与温晖复杂的心情形成鲜明对比的是，父母乐得合不拢嘴。温晖发现一向不苟言笑的父亲变了，他一遍遍地向亲朋说着她考上北大的事，言语中充满自豪、骄傲。温晖看着这一切，不但高兴不起来，反而开始痛恨起北大来。她认为，在父亲眼里，北大甚至比她更重要。

去北大报到前，温晖被父亲带到爷爷的坟前祭奠。温海东含泪道："温晖考上北大了，您老人家可以安息了！"父亲的举动，让温晖再也忍不住了，她质问道："你的梦圆了，可你想过我的感受吗？北大夺走了我的自由和欢乐，我恨北大！"温海东怎么也没想到，自己好不容易把女儿送进北大，她不但不感恩，反而对自己产生了这么深的误会。

2. 身心重创，亲情撕裂

由于是赌气上北大，温晖对校园里的一切没有多少好感，也很少跟老师、同学交流，甚至到校快一个月了，从未给父母报过平安。看到室友和家人通话时脸上洋溢着成为北大学子的兴奋表情，她的心却是冷冰冰的。

渐渐地，温晖发现，自己根本无法适应北大的学习生活。父亲为她选择的数学专业让她觉得越来越乏味，随着心情一天天郁闷，温晖越来越害怕面对老师和同学，她甚至不愿再学习枯燥的专业课。温晖所在的系领导发现她情绪异常，对她进行了疏导与关怀，但没有效果。

大一下学期，温晖认识了一个老乡校友。对方叫肖毅，比她高两届，曾是她父亲的学生。看到小师妹郁郁寡欢的样子，肖毅决定帮帮她。上自习时，肖毅便约温晖一起到阅览室。为了帮助温晖打开心结，肖毅还趁周末时，带她到校园内外走走。肖毅的出现，让温晖的大学生活重焕生机。

放寒假时，肖毅护送拿着大包小包的温晖回家。温海东见到昔日的学生，高兴地端茶递水。可当看到温晖拿着毛巾给肖毅擦手时，他的脸色突然阴沉下来，数落女儿道："我平时怎么教你的？大学期间不准谈恋爱。"接着，温海东又训斥肖毅，"你不要欺负我女儿小，不懂事。你太让我失望了。"肖毅讪讪地离开了。温晖再也忍不住了，哭道："人家只是关心我，你怎么能这样？我以后还怎么在同学面前做人？你的眼中只有北大，这些年，我心里有多苦，你知道吗？你迟早会把我逼死的。"此后，肖毅再也没有跟温晖联系过。一整个假期，温晖都把自己关在屋里，几乎不和父母说话。

春节后，温晖独自回到学校。长期的心理压抑使她精神恍惚，丢三落四，上课经常迟到，老师多次对她点名批评。期中考试时，她好几门功课不及格，通过补考才勉强过关。

一天晚上，温晖从自习室回宿舍，下楼时失神一脚踏空，从楼梯上滚落下来。腰部一阵巨痛袭来，使她怎么也无法起身了。在老师和同学的帮助下，温晖被送到北京大学第三附属医院做了检查，被诊断为腰间盘损伤，须尽快做手术。

温晖住院后，系领导要通知她的父母，温晖坚决不同意，谎称父母身体不好，不能让他们受刺激。在校方帮助下，温晖成功接受了手术。住院期间，温晖发现同病房的病人都有亲人陪着，而她的病床前冷冷清清，她既羡慕又心酸，她觉得自己就是父母圆梦的工具，心中对父母的怨恨不由得更深了。

半个月后，温晖出院返校。此后，她开始自暴自弃，经常逃课，有时一睡一整天，抑或在网吧打游戏消磨时间。即使上课，她也不再认真听讲。由于表现差，她被校方给予警告处分。但这并没有让温晖警醒，反而给她带来了更大的精神刺激，她开始频繁逃课，并患上了抑郁症。

3．绝症父亲终醒悟

2005 年 2 月初的一天，温海东接到北大数学科学学院领导的电话，说温晖在街头流浪，被北京昌平收容站收容。他简直不敢相信自己的耳朵，心急如焚地赶到昌平收容站，只见女儿衣衫单薄，赤脚站在雪地里，双脚已经冻得浮肿溃烂……温海东马上脱下羽绒服裹在女儿身上。温晖认出了父亲，却面无表情地说："你怎么来了？"温海东再也抑制不住，发出低沉的呜咽声。

温海东带女儿到北京第六人民医院进行检查，温晖被诊断为中度抑郁症。院方建议住院治疗，可温晖哭着喊着非要回家。温海东决定为女儿办理休学手续，学院领导却告诉温海东，由于温晖经常旷课，多门功课不及格，按校方规定，应该退学。消息如晴天霹雳，令温海东一下子瘫坐在地，他怎么也不能相信，优秀的女儿居然变成了这样！极度痛苦中，他开始抽烟、酗酒，借此麻木自己。

经过三年的药物调理和亲情安抚，温晖的病情总算有所好转。2008 年年底，温晖赌气外出打工，临出门前，她告诉父母："不准跟我联系，否则就永远不要相见了。"温海东和妻子非常想念女儿，可想到她临行前撂下的狠话，便不敢贸然跟她联系。他们能做的就是守在电话前，盼望着女儿打电话来。

可他们守候了一年，也没等到温晖的电话。2009 年年底，实在难抑对女儿的思念，温海东几经周折，找到了女儿所在单位的电话。他用颤抖的手拨通了号码，小心翼翼地说道："你现在怎样？我和你妈都很想你。"谁知，温晖咆哮道："我的死活跟你们无关，我恨你们！"挂断电话后，温海东神情失落地喃喃自语："难道我培养女儿的方式真的错了吗?"

2010 年 12 月底的一天上午，正准备外出的温海东突然栽倒在地，被送到南阳市第一人民医院检查后，确诊为肺癌晚期。数月后，张运兰辗转联系上温晖，哽咽道："医生说你爸是积郁成疾！你爸爸是爱你的，倾尽心血培养你，你却误解了他的良苦用心。"说到这里，她忍不住号啕大哭……父亲被自己气得患上绝症，温晖深感自责，精神几乎崩溃，当晚，她魂不守舍地独自上街，跑了一夜，来到火车站，迷迷糊糊地登上开往北京的火车。温晖在北京街头流浪时，遇上了好心人，被送到北京海淀区黑山扈救助中心。

2011 年 6 月 5 日，黑山扈救助中心给张运兰打来电话："温晖精神失常，被送到我们这里了，快来人把她接回家。"因为要照顾温海东，张运兰安排堂弟温豪去北京接温晖。谁料，返回途中，在郑州火车站候车室转车时，温晖趁温豪上厕所时逃走了，这可急坏了张运兰。好在，一个月后，郑州市救助站带来了好消息：温晖在街头流浪时，被他们救助了。当温晖被救助站工作人员搀扶出来时，张运兰简直不敢相信自己的眼睛：女儿双目呆滞，头发蓬乱……她哭着扑向女儿，可女儿却认不出她了。在邻居的帮助下，张运兰把女儿送到南阳市第四人民医院。经诊断，温晖患上了精神分裂症，需要住院治疗。

为了让温晖和父亲见上最后一面，南阳市第四人民医院积极治疗，希望让温晖的病情尽快稳定下来。可遗憾的是，7 月 19 日凌晨，温海东溘然长逝了……

为了让温晖尽快康复，张运兰没有告诉她父亲去世的消息。张运兰强忍着悲痛，每隔几天就去医院看望女儿一次，给予她亲情的慰藉。

三个月后，温晖出院，方知父亲已经去世。她忍着悲痛，来到父亲坟前，扑通一声跪下，悲泪长流道："爸，你放心去吧，我会努力地活好，把妈妈照顾好……”

2012年元旦，温晖把母亲安顿好后，独自来到上海，应聘到一家外资企业做翻译，开始了自己的新生活，可她的心，依然不时地疼痛……

一个韩国女生的甜蜜梦想

1. 属于每一个女生的甜蜜之梦

走进闹市中的秘密花园，踏着午后慵懒的太阳推开“Millys cake”的小门，所有女生都有像推开梦想之门的感觉：奶白色与粉色衬托的小店弥漫着温馨的气氛，一个个可爱造型的蛋糕散发着甜蜜的气息，面容清秀的女老板穿着白色围裙，戴着白色的围巾，对每一个推门进来的客人微笑地点点头。此时，外面阳光正好。

很多女孩儿在小时候都幻想过拥有自己的蛋糕店。Emily也有过同样的梦。这个韩国女生，身材修长，眼神清澈。但是，梦想归梦想，一个蛋糕店并非用糖水浸泡而来，光是如何提高自己的竞争力，就已经是最棘手的问题。

曾经有人说过，最好的竞争方式就是避免竞争。“Millys cake”无疑走的就是这条路线。“地道的甜品除了讲究原料和火候外，最重要的一点就是——原创性。”Emily认为。

在这家店里，“个性定制”是最突出的卖点。这一要求和美国动画大片《料理鼠王》的精髓如出一辙。这条理念让Emily的蛋糕店在竞争激烈的北京市场，就像一缕清泉一样，焕发出无比的生命力。

于是，一个韩国女生，在北京展开属于她自己的甜梦追逐。每周的订单都爆满，每天都“马不停蹄”地出品蛋糕。但是，甜蜜事业的背后不一定全是欢声笑语，那些芬芳的糖霜背后，有着太多五味杂陈的难忘故事。

2. 从 IT 女强人回归本真甜蜜心

六年前，Emily 从美国的大学毕业，被公司外派到北京从事一家 IT 公司的企业管理工作，内容性质类似于投行，高薪但无比繁忙。

在韩国的母亲则时不时催她回去嫁人，而公司做大后，Emily 陷入两难选择——去或留。要么继续留在公司，拿着公司的股票做到高层，但是，她一直的梦想是开一家自己的店。

Emily 果断辞去了工作，回到韩国学习插花，后来又辗转法国、英国学习甜品制作。然后，到中国创业。

刚开始的几个月只是试营业的阶段，甜点只能打包带走，经过几次调整，店里的菜单基本完善，能分时段供应餐食。早午餐包括 egg benedict 等咸品，下午茶吃糕饼喝红茶，晚上变身为甜点酒吧，香槟红酒一应俱全。

Emily 是个浪漫又非常务实的人，她并没有为这家店设置诸多功能，她的原则就是尽量用精美的甜点让客人愉悦。也许正是这样的理念，让 Millys cake 的名气越来越大。自开业起，从未做过任何推广手段的她，仅用口碑便在甜品店越开越多的北京声名鹊起。要预订上她家的蛋糕至少要提前两周。

由于餐厅供应的甜品比较考究，当然更是由于北京还没有第二家同等规模的甜品店和她竞争，所以她的生意挺好，尽管价格不菲，还是有不少客人去她那里。通过微博的传播，还有海外的客户打款过来，做一款特别的蛋糕送给自己的母亲。

最贵的是一个价值两万多元的五层婚礼蛋糕。要按客人的定制要求来做。在激情洋溢的夏季，她的店每周都接到诸多婚礼蛋糕订单。

自从开店以来，Emily 的闲暇时光被砍去多半，也不能像往常那样周末与朋友们聚会喝茶吃甜品。很多工作需要她亲力亲为，因而如何培养一个稳定优秀的学徒成了她最需要解决的问题，而这些只能让时间给一个答案。处理完毕这些，Emily 的烘焙课程就会在计划时间里开学习班，并开始承接一些小朋友的生日派对等。倒不是为了赚钱，因为她早已习惯与人分享，这是她从甜品中学会的最快乐的事情。有了这家店，就可以慢慢到老，无忧亦无惧。

梦里花开

喜欢自然界里的花草虫鱼，静的清纯，动的妩媚。

我不善养花草，虽说喜爱之情并不亚于他人，可总怕在我的伺弄下花草会渐渐枯萎，变成没有生命、没有水分的“干尸”，于是，不管遇到多艳丽、多优雅、多清香的花草，也只会驻足下来一盆盆地欣赏。这时卖花人会极力地推荐，他的花木不仅品种好而且成活率高。我用心地听着，脸上突然绽开了无数朵洁白晶莹的稚菊花，直把卖花人笑得掉进云雾里，我才开口：“看看就行，买回去怕养不活呢！”

究竟是在何时爱上这不起眼的花花草草的呢？是因为爱美的天性，还是……

记得小时候，家住在小城西南的一片平房里。那时，生活、物质条件远不如今。但爱美的人家都会在自家窗台下围起一道道篱笆，并且撒下一些比较容易成活的花种。春天到来时，阳光斜照在窗前的园子里，光灿灿的黄撒了满地、满屋都是，如同秋收后颗粒饱满的橙黄色稻穗，让人看了忍不住把笑容挂在了眼角、挂在了眉梢。花开后引来了无数蝶蜂飞舞，任淡淡花香轻飘在如水似梦的季节里。

竹篱中，修长的美人蕉花蔓低垂，似羞、又似在喃喃细语。一大片深绿、一大片浅绿的轻纱罗裙，层层叠叠褶皱着包裹了它娇美、玲珑的身体。以致于漂亮的瓢虫姑娘不小心跌落在它的裙褶中，只好在翠意浓浓的茎脉上奋力地爬行。看到这小小的瓢虫，谁都不会怀疑它是把春天送到我们面前的信使。瓢虫挣脱了绿叶的拥抱，展开薄的透明的翅膀，跟随着漫天飞舞的蒲公英挑战花伞，一上一下嬉闹着远去了。

园子里能跟美人蕉争艳的当数大丽花了。大丽花的花瓣像堆积在一起的毛茸茸的猫耳朵，竖立在媚态十足的阳光里，似乎是在探听春天里莺喃雁语中的爱情。深红的、粉白的、大红的，每一朵笑脸上都看到了春姑娘的身影。

站在竹篱外，闪亮的眸子紧盯着盛开的满园花草，生怕一眨眼的工夫它们就会消失得无踪无迹，如果真的是那样，我还能到哪里再寻得这满眼的芬芳、满心的春情呢？

我刚欲伸手触摸暖春阳光的碎屑，一阵轻风拂过，笑嘻嘻地把大丽花沉沉的花头和花头上斑驳的光影一起塞进了我小小的掌心里。大丽花的花根处，家人还种了些没有见过花开的薄荷，也许只有在夜深人静的时候，薄荷花才会羞怯怯地开放在无人的月夜里。薄荷绿色的叶片上纹路被清晰地雕刻着，如同月光下湖畔轻唱歌手怀里吉它上的琴弦。当暖暖的春风无意间从身边掠过时，又仿佛拨动了绿叶上的琴弦，让平庸的人们在这如烟的音乐声中找到了一丝生活的情趣。揉碎后的薄荷叶子散发出阵阵薄荷糖样的、清凉的香味，有时我也会采下一些薄荷叶让父亲拿去用鸡蛋炒炒，那种感觉就像在吃梦寐已久的大餐，当飘着清香的薄荷叶炒蛋放在我的小碗里时，爸爸就会说：天热了，吃点薄荷能解热祛毒。

前几日，先生从国外回来，说想要让自家的小院变成长着绿草皮的花园。

我笑笑说，只要你有时间就来开辟吧！

先生的工作就是每天跟标书、工程项目打交道，也只有当他想在小院里种草种花的那一刻，才能从他身上嗅到一丝难得的浪漫情怀。先生太忙了，每次也只能是说说而已，虽然只是一时的想法，但在他诉说时的眼睛里，我似乎已经看到了绿草幽幽的芳草地和五彩斑斓、光彩四射的蝴蝶花。不知道家中这个小小的庭院里，何时才能芳香盈盈呢！

数日前，院外又一次遇到那个卖花人。迎上去仔细打量着花的品种，花农说：“来一盆吧！多美丽的花，有了它们你会天天陶醉在春天里。”

哦，我想花农说的有道理。有了好的心情，有了一份花开的希望，我们才能生活得自如不是吗？正如小时候，窗下竹篱里曾经承载着多少对美好生活的渴望，这种渴望在园子里的花朵上，更在爱花人的心里。于是，这次买下了两盆比较容易管理的马蹄莲和茉莉花，同时也把一份殷切的祝愿搬回了家。花盆搁置在台阶上，我们相互对望，我赏识它的自然、青翠，还有昂扬的生命力。把儿子叫过来，俯下身一起闻着茉莉浓浓的花香，好让他在以后的岁月里亦能记得，记得我不曾忘却的竹篱花香。

现在想来，生活就如同养花。只要用一份努力、一份关爱、一种深情去培养、呵护，美好就会开放在我们目所能及的任何角落里。

小院何时才会粉蝶翩翩，雀起莺啼！

梦里早已飞花如雨……

人生是一道不能重复的风景

哲学家赫拉克利特说过这样一句话：人不能两次走进同一条河流。静静地坐着，揣摩着它的含义。皱着眉头，闭上双目，人生的诸多疑问，云雾一般缭绕着身心，水一样在意识里流淌。

一句哲学家的名言，总会有确定的解释。赫拉克利特这句话的意思是：河里的水是不断流动的，你这次踏进河，水流走了，你下次踏进河时，又流来的是新水。河水川流不息，所以你不能两次踏进同一条河流。

如果时间能够返回，我会重新开始！早知如此，何必当初……这是一些悔悟者的口头禅，可惜，这只是一种心理安慰。事实上，即使时光能够倒流，他仍然会做出当初的选择。人，只有到了一定年龄，有了足够的人生积淀时，才可能做出正确的抉择。

晚年的父亲常常坐在我家院子里的葡萄架下回忆着自己的人生，有时我会陪着他。他讲述着自己的人生片段，成功、失败，在哪段路上栽了跟头。他讲这些，无非是让我借鉴他成功的经历，汲取他失败的教训。可是当我按照他成功的经验处世待人时，却并非像父亲那样获得成功，或者取得如父亲一般的结局。我恍然了，时光在流逝，人在变，人的观念、是非标准都在变化，所以不会有相同的人生。

我的家乡在秦岭脚下。我喜欢登距离最近的圭峰，家乡人叫它尖山。几十年来，我无数次登上这座山峰，年轻时我会觉得每一次观赏到的都是同样的草木，头上盘旋的是同样的鸟儿，风是相同的风，云是相同的云。及至过了50岁，我才发现每次的登山遇到的都是不同的景色。就说身边缭绕着的云吧，每次观察它，都是不同的形状。有时它会是大海和森林，高山和河流，沙漠和草原；有时它会成为一叶帆船，一缕锦带或者一朵菊花，一面琵琶或者一条蝌蚪，一团蘑菇或者一只蝙蝠；我甚至可以想象它是一个人的头像，一个少女的睡姿，一个弯弓射雕的少年，一个驰骋疆场的壮士……

自然界是一道不能重复的风景。花谢了可以再开，雨住了可以再下，风吹了可以再刮，月缺了可以再圆，日落了可以再升。可是你必须意识到，那是不能重复的花朵、雨滴，那个月，那个日，也都是崭新的。人也一样，没有完全相同的一天，即使你重复着昨天的生活，然而在许多的细节上，你是无法重蹈覆辙了。有人崇尚破镜重圆，但重圆后的裂纹是无法弥合的。

人生没有两条完全相同的道路，正如世界之大，却没有两张完全相同的面孔一样。双胞胎的脸孔可以相似，甚至惟妙惟肖，但绝不会不差分毫，他的父母亲完全能够区分出谁是哥哥姐姐，谁是弟弟妹妹。生命的运行中，你可以借鉴前人的经验，追寻前人的脚步，但沿途看到的，却绝对不会是相同的风景。每个人的出身、学识、才能、性格以及生命环境的不同，决定了千差万别的人生道路。踩着别人的脚印前行，你迟早会发现，前方已经没有了路，而我们要做的，是在前人没有走过的地方，踏出一条崭新的路，一条属于自己的人生之路。

赫拉克利特启示我们：命运，没有复制；人生，没有重复。它是一道不能重复的风景，所以善待每一天，走好每一步，才会取得圆满的结果。

有人梦想，有人嘲讽，有人行动

九岁那年你在干什么？和生平第一个闺蜜躲在卧室里说悄悄话？为了学业早早加入了奥数学习班？

来自佛罗里达的九岁女孩雷切尔·惠勒登上演讲台，在上千个成年人面前郑重许下承诺："我承诺帮助这些可怜的儿童，给他们盖十二座房子，让他们有一个温暖的家。"

这是在海地举行的一个慈善聚会，雷切尔是跟随母亲朱莉来的。雷切尔稚嫩的声音清晰地传进每个人的耳中时，人们在感动之余，并没有把这个小女孩的承诺当真，这其中也包括雷切尔的妈妈朱莉。事实上，朱莉甚至不确定女儿是否真正理解他们正在讨论的问题。

第二天早上，当朱莉理所当然地等着雷切尔回到牛奶麦片、粉红色蝴蝶结的生活中时，却惊奇地发现：雷切尔把聚会上的承诺写在了自己卧室的墙上。几乎一刻钟也没有耽误，雷切尔开始了将梦想转化为现实的行动。她自制了许多卡片和简易玩具，在学校和街道上兜售。她把赚来的钱放进一个盒子里，盒子上写着"雷切尔的承诺"。

朱莉被女儿感动了，她和丈夫也加入了进来，烘烤蛋糕，调制热巧克力，用各种各样的方式募集善款。雷切尔还给亲朋好友发去邮件，呼吁他们援助。她甚至走进咖啡厅，站在椅子上向陌生的人们介绍自己的计划。

尽管如此，盒子里的钱离盖十二座房子的目标依然非常遥远。

故事进行到这里，放弃似乎是一件顺理成章的事。毕竟，这是一个即使对成年人来说都显得过于宏大的梦想，更何况雷切尔不过是一个九岁的孩子。

但是，雷切尔的字典里没有“放弃”这两个字。对于她来说，梦想是一个对未来的承诺，而不是一句空洞的口号。困难是用来克服，而不是用来放弃的。

在父母的参谋下，雷切尔制订了行动计划：去佛罗里达州西岸华人商会寻求募捐。在这里，雷切尔在两百多名商界人士面前完成了演讲，并高兴地收到了十五张数额不小的支票。

随着报社和电视台的介入，雷切尔的故事越传越远。人们被她的梦想，更多的是被她锲而不舍的精神所感染，纷纷加入筹款队伍中。就这样，在她许下承诺后不到半年的时间里，雷切尔超额完成了自己的目标，筹集到了建造十三座房屋所需要的款项。她将款项交给世界粮食济贫组织，实现了自己的第一个承诺。

雷切尔并未就此停止。经历了这半年的努力，这个九岁早熟女孩的思想愈加成熟了。她说：“我已经意识到，如果决定了想做的事情，你不能只是坐在那里，你的梦想必须通过自己动手才能实现。”

雷切尔当然不会“坐在那里”。在接下来的三年里，她继续筹到了25万美元，为海地的莱奥甘村又建造起了14栋新型防震水泥结构的房屋。一共有27个家庭入住了新家，其中包括32名儿童。村民们将这里命名为“雷切尔村”。

2011年5月，十二岁的雷切尔第一次来到了“雷切尔村”。村民们高举着写有“感谢雷切尔”的牌子，当地的女孩们簇拥着她，争相去摸她那头漂亮的金发。雷切尔欢笑着，和村民们一起感受着他们的喜悦，同时清楚了自己下一步应该做些什么。

孩子们需要一所新学校。在2010年的大地震中，村里的学校遭到了严重破坏。现在，孩子们只能在临时搭建的简易教室里上课。说是教室，其实只是由生锈的铁板、几根木头以及蓝色防水布搭建起来的棚子。而且，一下雨便会被淹没。

迄今为止，雷切尔已经筹集到了建造学校所需的一半资金。她还在路上。她说："我很清楚无法在一夜之间改变海地，但只要我继续做下去，情况总会越来越好。"

匀速追求梦想的女子

那天路过某家陶艺馆，本来，只是进去玩玩的。

李老师就坐在馆中一隅，两条麻花辫，一身素净的衣服，套了条宽大的围裙，一裙子的黄泥巴点点，显得她无比瘦小。

后来才知道，她也算是半个新人，来馆里才几个月，边打工，边学习，不要薪水，管吃管住就成，顺便看馆。我就跟着她从零学起，没几分钟，我就气急败坏地对她喊："不行不行，又坏了。"

她教我："静，首先要安静。"

于是学她，深呼吸，调整心情，泥巴慢慢在手中活了。

中午吃饭，我边洗手，边叫她："不如一起喝个茶？"

她没有拒绝，却带我去了楼上她的"工作室"，也是她栖身的小房间，不足10平方米。

真正的陋室，除去一些书籍和必需的生活用品，洁净的房间里简直别无他物。

茶是她的朋友从外地寄过来的，香甜醇厚，茶香氤氲，她说，明年我就去武夷山学做茶。我又一次惊讶得合不上嘴。我结结巴巴："那你靠什么生活呢？"

她抬起头看着我说："生活本来就是很简单的事情啊。"

这句话的意思，我花费了半年才明白。

一天，某朋友临时来西安游玩，我匆忙赶到机场接机，意外发现此刻本该在外地出差的老公，正和某女子在机场大厅甜蜜相拥。

突如其来的变故让我错愕在当场，我平日里引以为傲的幸福，像一个肥皂泡，经不起指尖轻轻一戳。

我只好去了李静家，像一只失魂落魄的狗。那天晚上，她把我包裹在一床毯子中，陪我坐在沙发上。我的眼泪一直在流，她什么也没有说，只是偶尔递给我一块热毛巾。这适时的温暖，像一只熨斗，慢慢熨平我满是皱褶的心。

晚上，她给半干的陶器绘画上色，我则坐在一边心事纷乱地看书。其实，一个字也看不进去。

休假的时候，她便邀请我采土做陶。做陶的时候，才觉得慢慢看清楚和靠近了李静这样的女人。

没有感情缺失的患得患失，没有物质上的渴求。只有陶。真的如她所言，生活可以简单到只剩下几件事。

我突然醒悟：我为什么还要纠结于一个已经不爱自己的人呢?

我和老公办完离婚手续。辞掉了别人艳羡的工作，用全部积蓄开了一家小小的咖啡馆。养了几只捡来的流浪猫，窗户边种下的绿植，都是李静送我的种子。

从小到大，我没有为自己活过一天，每条路，都事先被选择，被安排，我只是顺势流动。但是，李静的出现，让我有了自己的河床。

她又去了武夷山。告诉我，这次为了学做砖茶，没有白跑一趟，修成正果啦。

一个女子存活于世的安全感，并没有设置的那么多，或者，只需要一点点，就够了。

奥修说，不安全就是自由。

我想，他是对的。

别忘了出发时的梦想

周润发刚踏进演艺圈时，狄龙作为大哥，没少提携这个小弟。两个人都性格豪爽，关系一直不错。

有一段时间，狄龙发现周润发天天忙得手忙脚乱，就问他："最近在忙什么呢？"周润发不好意思地抓抓头发，憨厚地笑着回答："还不是为了多赚点儿钱不停地接戏，讨生活不容易啊！"狄龙笑着拍了拍他的肩膀，没再说什么。

过了一些日子，狄龙感觉周润发简直成了工作机器，一天到晚看不到人影，打电话也经常不接。他纳闷了：周润发天分非常高，也非常努力，可从他这段时间拍的作品来看，演技怎么没有一点儿进步呢？

一天，狄龙费了好大的劲儿才找到正在拍戏的周润发。"大哥，很不好意思，我等一会儿还要去赶另一个剧组，咱们得长话短说了。赚钱不容易呀！"周润发双手合十，弓着腰赔不是。

狄龙看着周润发，过了半天才突然问："还记得我们刚认识时，你说过你有什么梦想吗？"周润发愣了一下，仔细想了想说："我说我想成为明星。"狄龙意味深长地看了他一眼，微笑着拍拍他的肩膀，转身离开了，周润发望着他的背影默然无语。

不久，周润发兴高采烈地跑来告诉狄龙，他已经推掉许多对磨炼演技没有帮助的剧本，减少了应酬的次数，有更多精力揣摩演技了。狄龙满意地望着这个小兄弟。

因为把主要精力放在了磨炼演技上，再加上过人的天分，周润发的表演很快有了独特的风格。在随后的电影《英雄本色》中，所有人都被那个穿着风衣，一脸微笑、洒脱大气、重情重义的小马哥彻底征服！从此，周润发成了电影界的一代传奇。

那沓1986年的饭菜票

1984年，17岁的我远离家乡到厦门一所专科学校读书。

学校地处郊区，邻近的几条街，学校的饭菜票竟能和人民币一样通用——可以到路边小摊买油条，可以去书店买书，甚至还可以上邮局寄信。当时我正迷于写诗，常常饿着肚子省下饭菜票买诗集和投稿用的信封邮票。

我的诗陆续在报刊上发表，大二那年我俨然成了学校里的小名人。校刊还特意为我做了一个专题。专题刊出两个月后的一个下午，一位女孩敲开了我们宿舍的门，点名道姓地要找我。我并不认识她，但她的美丽却让满屋子的男生睁大了眼睛。

女孩大方地走到我面前，言辞恳切地说："在杂志上看过你的诗，很不错。我想看看你还没发表的诗。"见我有些狐疑，她立刻笑着递过一沓饭菜票："如果你不信任我，这是我的饭菜票，可以留作抵押。"

我在舍友的怂恿声里打开箱子，拿出那两个写诗的本子，连同那沓饭菜票一起递给她。女孩接过本子，很纯净地笑了，露出一排洁白的牙齿，她对我说声谢谢，转身就走了。女孩刚走，舍友们便一哄而上夺过我手中的饭菜票，高声地清点数目。总共30元，那差不多是我当时两个月的饭钱。

随后的日子里，我天天期盼着与女孩再次相见。我只能等待，因为我忘了问女孩的姓名系别和班级。日子一天天过去，女孩却再没有出现，我渐渐担忧起诗稿的命运。舍友们七嘴八舌地猜测着，然后一致肯定，那女孩准是个骗子，骗走诗稿自个儿拿去发表，既扬名又得利。是啊，那两本诗稿有100来首，挑上一些发表，稿费想必比那30元来得多！想到这些，我心里懊恼极了。

一个月后，我意外地收到寄自一座陌生小镇的包裹。打开一看，里边居然就是那两本诗稿！诗稿里夹了一封信，是女孩娟秀的笔迹。“前阵子太忙了，现在才将诗稿寄还，真是很抱歉。诗稿里那些有折痕的篇章是我特别喜欢的，我抄到笔记本里了……”女孩没留下地址，我只有继续等待和期盼，等她来领回自己的饭菜票。可直到来年开学，女孩依然杳无信息。那些在我抽屉里沉睡了半年的饭菜票，开始一张张走到我的一日三餐里。

一直到我毕业参加工作，女孩都再没出现过。九年后的一个冬天，我出差去北京，在火车上读到报纸上一篇小文章，作者叫依萍。1986年，18岁的她离家到厦门集美打工，闲时到某专科学校找老乡玩儿，读到了那学校一个男孩的诗，很是喜欢。随后，她开始收集男孩的诗，也渐渐知道了他为买诗集而饿肚子的事情。在离开厦门回老家前，她特意找老乡兑了30元那所学校的饭菜票，用作抵押，从男孩那里借回两大本诗稿，抄在自己的本子上，然后再从老家将之邮回厦门。她希望，那沓饭菜票能当成“版税”，帮助那位愿为诗而挨饿的男孩……

读到这儿，我已无法继续看下去了，心里五味杂陈，眼里湿乎乎的一片。下了火车，我第一件事就是给报社打电话，询问作者的通信地址。编辑翻查了半天才抱歉地说，那位作者没有留通信地址，他们也一直联系不上。我多想当面对那可爱的女孩说声“谢谢”啊。

许多年后，我重回母校，发现从前的那所食堂早已改用磁卡打饭了。看着一手拿碗一手拿饭卡的年轻校友，我不由感慨良多。

也许和许多事物一样，饭菜票渐渐地被人们淡忘了，但有些人有些事有些遗憾将永远无法从我的记忆里抹去。譬如那年女孩纯净的笑，譬如那沓1986年的饭菜票，譬如那珍藏心底的温暖与感激……

两扇磨盘也能磨亮人生

尤利乌斯·马吉出生在苏黎士郊区的一个贫困的农家，他童年和少年最深的记忆便是清贫，无法形容的清贫，这让一家人似乎永远都看不到希望。异常窘迫的家境让他没读完初中便开始了艰难的打工生涯。

很多年过去了，他唯一的特长就是磨面粉。父亲曾悲哀地对他说："你这辈子就是磨面粉的命了。"马吉不甘心地回答父亲："不，我不会一辈子迈着沉重的步子，一圈圈地推着两扇磨。我要磨出一份我想要的生活。"马吉的眼里闪烁着热切期待的光芒。

他绞尽脑汁地想了许多改变生活状况的门路，却遭到了一次又一次的失败。父亲撒手而去时，留给他的唯一的遗产便是那两扇简陋的磨盘。望着那已经转了无数圈的磨道，望着那两扇默默无言的磨盘，不服输的马吉又在思索着走出窘境的途径。

20岁那年的一天，马吉偶尔从朋友舒勒医生那里得知——干蔬菜不会损失营养成分。他想：若将干蔬菜和豆类放在一起磨，一定会磨出富有营养的汤料，那样岂不是可以让那些家庭主妇熬汤更快速、更方便一些？

说干就干，他立刻借钱购置了设备，开始磨自己想象的那种汤料。就这样，一个灵感加上果断的行动，马吉很快便赢得了人们难以想象的成功——在很短的时间内，他便磨出了最早的速溶汤料。产品一投放市场便大受欢迎。

马吉仍不满足，他的眼睛紧紧盯着那两扇磨盘，思索着接下来该磨出什么样的新产品。经过反反复复的试验，他终于在1890年磨出了可以改变沙拉、凉菜、鱼肉、汤和配菜味道的万能调味粉。后来，他又磨出了广为畅销的浓缩肉食品。到1901年，他已是拥有过亿资产的大型跨国公司的老板。

在苏黎士大学举办的一次演讲中，马吉自豪地告诉人们："即使命运只赠给我两扇简单的磨盘，我也懂得用智慧和执着，磨出亮丽的人生。"

努力成就梦想

法国少年皮尔从小就喜欢舞蹈，他的理想是当一名出色的舞蹈演员。可是，因为家境贫寒，维持基本生活都非常艰难，父母根本拿不出多余的钱来送皮尔上舞蹈学校。

皮尔的父母不得不将他送去一家缝纫店当学徒工，希望他学一门手艺后能帮家里减轻点儿经济负担。每天在缝纫店工作十多个小时的皮尔厌恶极了这份工作，不仅仅因为繁重的工作和所得的报酬还不够他的生活费和学徒费，重要的是，他觉得自已是在虚度光阴，他为自己的理想无法实现而非常苦闷。他甚至认为，与其这样痛苦地活着，还不如早早地结束生命。

绝望中的皮尔突然想起了他从小就崇拜的有着"芭蕾音乐之父"美誉的布德里，他觉得只有布德里才能明白他这种为艺术献身的精神。他决定给布德里写一封信，希望布德里能够收下他这个学生。在信的最后，他写道：如果布德里在一个星期内不回他的信，不肯收他这个学生，他便只好为艺术献身，跳河自尽了。

很快，年少轻狂的皮尔收到了布德里的回信。皮尔以为布德里会被他的执着打动，答应收下他这个学生，但是布德里在信中却并没有提收他做学生的事，只是讲述了自己的人生经历。布德里告诉皮尔，在他小的时候，他很想当一名科学家，可是因为当时家境贫穷，父母无法送他上学，他只得跟一个街头艺人过起了卖唱的日子。最后他说，人生在世，现实与理想总是有着一定距离的，人首先要选择生存，只有好好地活下来，才能让理想之星闪闪发光。一个连自己的生命都不珍惜的人，是不配谈艺术的。

布德里的回信让皮尔猛然惊醒。后来，皮尔努力学习缝纫技术，23岁的那一年，他在巴黎开始了自己的时装事业。很快，他便建立了自己的公司和服装品牌，也就是如今举世闻名的皮尔·卡丹公司。

皮尔在一次接受记者采访时说：其实自己并不具备舞蹈演员的素质，当舞蹈演员只不过是年少轻狂的一个虚幻的梦而已。如果那时他不放弃当舞蹈演员的理想，就不可能有今天的皮尔·卡丹公司。

是啊，每个年轻人都有着自己的理想，也都为自己那伟大的理想激动过，苦闷过。只有勤勤恳恳地做好身边的每一件事，脚踏实地地走好人生的每一步路，才能更快地接近理想。

有梦的石头能走多远

在法国，有一位名叫薛瓦勒的乡村邮差每天徒步奔走在乡村之间。

有一天，他在崎岖的山路上被一块石头绊倒了。他起身，拍拍身上的尘土，准备再走，可是他突然发现绊倒他的那块石头的样子十分奇异。他捡起那块石头，左看右看，越看越觉得那块石头与众不同，便有些爱不释手了。于是，他把那块石头放在了自己的邮包里。

村子里的人看到他的邮包里除了信之外，还有一块沉重的石头，感到很奇怪。人们好心地劝他：“快把它扔了，你每天要走那么多路，这可是个不小的负担。”他却取出那块石头，炫耀着说：“你们谁见过这样美丽的石头？”

人们都笑了，说：“这样的石头山上到处都是，够你捡一辈子的。”

他回家后疲惫地睡在床上，突然产生了一个念头，如果用这样美丽的石头建造一座城堡，那将会多么迷人。于是，他每天在送信的途中留心路上的石头，每天都会带回一块。不久，他便收集了一大堆奇形怪状的石头，但用这些石头建造城堡还远远不够。于是，他开始推着独轮车送信，只要发现中意的石头就往独轮车上装。从此以后，他再也没有过上一天安乐的日子，白天他是一个邮差和一个运送石头的苦力，晚上他又是一个建筑师，他按照自己天马行空的思维来建造自己的城堡。

对于他的行为，所有人都感到不可思议，认为他的精神出了问题。20多年的时间里，他不停地寻找石头，运输石头，堆积石头，在他的偏僻住处，出现许多错落有致的城堡，有清真寺式的，有印度神教式的，有基督教式的……当地人都知道有这样一个性格偏执、沉默不语的邮差，在干一些如同小孩子筑沙堡的游戏。

1905年，法国一家报社的记者偶然发现了这群低矮的城堡，这里的风景和城堡的建筑格局令他叹为观止，他为此写了一篇介绍薛瓦勒的文章。文章刊出后，薛瓦勒迅速成为新闻人物，许多人都慕名前来参观城堡，连当时最有声望的毕加索也专程前来参观了薛瓦勒的建筑。

现在，这个城堡成为法国最著名的风景旅游点，它的名字就叫作“邮差薛瓦勒之理想宫”。在城堡的石块上，薛瓦勒当年的许多刻痕还清晰可见，入口处一块石头上刻着这样一句话：“我想知道一块有了梦想的石头能走多远。”据说，这就是那块当年绊倒过薛瓦勒的石头。

站在路灯次第亮起的初夏

1

咣一声，脆脆的，好听极了。

那年我正18岁，过着读书、吃饭、白日梦的机械生活，只差在脖子上挂上一块标签“考生请勿靠近”。六月，风是热的，云朵变成透明，我在冲凉房用绿色的塑料桶接了凉水往头上浇，哗啦，水倾泻一地，暴躁的响声让人兴奋异常，我就带着这种莫名的亢奋坐回书桌前读书。

书桌前有一扇并不敞亮的窗，阳光肆无忌惮地徘徊在读书的我的身边，脑袋变得怔怔的，时间静止在英文课本上。那瞬间，我仿佛听见夏天。

夏天踮起脚尖来，蹑手蹑脚地，走到我 18 岁的窗前，叩叩叩……

2

我撕开烟盒上的锡纸，大蔡一支我一支，然后在杂货店里看电视，老板娘最爱看日本女子摔跤，我吸一口烟，看着，心底却充满惊惧，赶紧冲出店外，吹吹舒适的风，站在路灯逐渐亮起的巷道，站在夏天的旁边，默默地抽着烟。

我的 18 岁就像夏天踮起脚尖，蹑手蹑脚地，走来了。皮肤变得紧绷，思绪变得纷乱，但这一切我都默默地控制着。我点一支烟，然后深吸一口气，任一团烟雾在我茁壮的五脏和含义不明的眼前奔走相告。我像父母期许的那样，邮购昂贵的模拟题，然后在床铺上放一包烟，置物架上放一瓶洗发水。我觉得这个没太多美丽幻想的 18 岁，不过是个简陋的青春。而一直以来，我竟寂寞得那么无知，如同独自在操场上晒着金灿灿的阳光，身旁仅是几棵白色植物和它们营养不良的模样。

3

走在滚烫的柏油路上，走进不安的七月。我顺着斜坡，阳光映在破门上，影子变得憨憨长长。操场上校队足球赛沸腾了师生情绪，我们倒关上宿舍门，躲在里面做题做到头昏脑涨，烟头和碎纸片丢了一地。大蔡趴在床上，偶尔打一个嗝，我就用笔头捅一下床板。

那时的我们，需要一些课本之外的，有价值的梦想。然而价值是什么？从来没有认真想过，反正考试卷上密密麻麻的字句，将填满我 18 岁的机械生活，有书就读，有觉就睡，不用思考就是幸福。蓦地，我想起了夏天，夏天到来，按捺着沉静美丽的面容，几乎没有一点爱哭的坏脾气，只是踮起脚尖来，轻轻地走。我喜欢夏天悠闲晃荡的感觉，我想象自己跟踪夏天的步伐，我抽着一支烟，很隐秘，又自如，悄悄前进，后退，转弯，或者往左跳开一步，匿身在廊柱。那时的心灵，明净，而瞬息即逝。

4

那年我 18 岁，已经习惯这个城市汽车油烟的气味。若是焦躁不安的时候，我就逃自习，去坐夜车，从校门前的 35 路站牌上车，九点的车厢空荡无人，报站牌不记事地聒噪，夜风从车窗外扑进来，我掏出一支烟，点上。我是什么时候开始吸烟的呢？又是谁教我的呢？是大蔡？不是不是，是我和大蔡一起学习的，仅仅在两个月前。两个月前我还没意识到生活是可以配道具的，我挥舞着双手，空空荡荡而无不妥。两个月后，在很多的场合，我都会不自觉地在两指间放一支烟，否则我就会觉得画面不完整，事情无法进展下去。这是为什么呢？我不知道。夏天来了，七月来了，我不需要思考。

逢周末，心闷得厉害，就和大蔡一起看录像，看《阿郎的故事》，看《毕业生》，录像厅一片死黑，电视屏幕投射的光束里，青蓝色的烟雾沸腾翻滚，一点点的火星像熬夜的眼睛，灼人耳目。所有内心的浮躁，升腾又跌落，我无来由地相信多看录像有益身心健康。

不知道为什么相信，只知道我因此而变得特别聪明特别有勇气。

5

因为对未来的不可知和向往，尚且充满挑战的勇气。如果有一点忧伤，大约是烦恼肚子饿和爱睡觉。而食物和睡觉都不是时时可得，那就抽一支烟，烟不但解乏，有时还可以果腹。天气越热，仿佛看见夏天发光的影子，在摆荡、跳动，出没于树枝间透光的所在。想想，我或许是太用功所以生病了，进一步想，我 18 岁就开始抽烟，是不是得了癌症什么的，这样就可以在年轻的时候去世，真是绝美的一件事情。

他们都不知道，解决长大问题最有效的途径，其实就是抽烟。

居住在这座没有亲人的城市，奇怪我一点都不想家。我的想念，因禁在小小睡梦里，已很足够。也许简单，但安全，是一种通用的生活方式，容易让人习惯。

当然，也会冒出几颗疙瘩。像是这层楼里其他青春期的哥们，蹲厕所里，点一支烟背单词，没有风吹的烟雾冉冉上浮，呈一条细且直的线。生活在平凡的临界点，如果疲乏，睡一觉就好了。再不然，像我，去冲凉房冲冲蓬勃而单调的身子，然后就点一支烟，该干什么干什么去。

不知不觉，那年夏天踮起脚尖来，蹑手蹑脚地走过了，也许曾经有热烈的温度，却安静得很，就像我的 18 岁，仿佛一根烟的长度，仿佛没有青春的喧闹，便悄悄离开了。

第十一章 面对未来，给自己一个梦想

用最笨的方式感动你

她是一个普通的农村女孩，初中毕业，在北京一家保健品公司打工，每月底薪只有800元。起初，为了推销产品，她频频给客户打电话，极力描述产品的优越性。但是，因为普通话说得不标准，口才也不好，虽然她费尽口舌，推销效果却很不理想。

一次，有位河北的阿姨打电话来，说是在报纸上看到这种保健品，想咨询一下具体情况。她在电话里解释了半天，对方却怎么也听不懂。她急得就快掉眼泪了。当时，她的电话旁边，正好放着一叠空白的稿纸，情急之下，她对那位阿姨说："这样吧，我会给您写一封信，详细介绍我们公司的产品！"

放下电话，她立刻拿起笔来，把保健品的疗效和营养价值，认认真真抄写在稿纸上，足足抄了三大页，累得手都酸了。同事们都笑她傻，说公司有现成的产品宣传彩页，电脑里也有资料，这样做实在太笨了！

她没理会同事们的嘲笑，仔细粘贴好信封，很快投递了出去。不久，阿姨又打来一个电话，说是希望可以先试用产品，然后再决定是否购买。这下，她有点犯难了，公司的规定，从来都是先付款，后发货。

犹豫了半天，她又做出一个更“笨”的决定：自己掏钱买下一份价值360元的产品，邮寄给顾客试用。这次，她又在产品包装盒内附了一封信，里面详细注明了保健品的使用方法，注意的事项，还用彩笔画出来。信的最后，她祝阿姨身体健康，并且温馨提示，因为公司规定提货必须先付款，所以这份产品的货款是自己用工资先行垫付的，如果感觉对使用效果满意，请在方便时给她汇款360元。

把产品寄出去之后，她开始怀着忐忑的心情等待，一天，两天……就在她渐渐有些失望时，她的手机忽然收到银行的短信提示：有人给她汇了360元！

更令人惊喜的是，不久之后，这位阿姨打电话来，说自己年龄大了，记性不太好，称赞她的信成了自己的备忘录。此后，这位阿姨成了她的老顾客，还介绍了很多亲友来，而她继续坚持用手写信的方式，一次次和顾客交流，一个月内就用掉了厚厚的两大本信纸……半年之后，她的销售额遥遥领先，每月提成加奖金已经达到8000元，比当初的底薪高了10倍！

在公司的一次回访活动中，有人辗转找到了当初那位阿姨。她说自己当初之所以选定他们的保健品，主要是被她的“笨”感动了。她不怕麻烦，工工整整写那么长的信来。她还特别真诚，敢用自己的工资为顾客“埋单”……

三年以后的今天，她成了公司唯一一位只有初中文凭的销售主管，年薪达到10万元。有人向她请教销售秘诀时，她总是腼腆一笑：“哪有什么秘诀，我只是比较笨而已……”

你知道自己要什么吗

2009年7月7日，《新文化报》上有一则新闻让我很震撼——13岁男孩高考654分，考取北京航空航天大学。

孙天瑞，1996年6月30日出生，2009年毕业于长春市第二实验中学。6月21日，高考成绩出来了，他得了654分，这时离他13岁的生日还有9天。成绩一出来，孙天瑞的爸爸孙峰就赶紧跟各高校在长春市的招生组联系。北京航空航天大学表示非常愿意录取这个孩子，同时北京大学也表示可以录取他。

在选择大学这方面，孙天瑞头一次跟爸爸出现了分歧。爸爸希望他上北大，因为毕竟北大的名气要更大一些。但孙天瑞坚持要上北航，因为北航保证他可以学习飞行器动力工程专业——可以专门研究飞机的发动机，这是孙天瑞特别喜欢的。最后，还是爸爸向儿子“屈服”了。

看到这则新闻你想到了什么？也许你会赞叹，孙天瑞真是个神童，13岁参加高考居然考654分。但是，让我感到惊诧的是父子关于学校选择问题的争论。一个13岁的孩子，明确知道自己喜欢什么，明确知道自己要什么，更能为了自己的追求义无反顾地抛弃在别人看来光鲜诱人的东西，这多么难能可贵！

在北大，我有一个师妹，16岁参加高考，考了702分，在光华管理学院就读，今年19岁，已经大三了。在你眼里这是不是又是一个小天才？可是，她现在也有自己的迷茫，因为高考时她没有想过未来的专业是什么，将来自己要做什么，甚至现在她对自己未来的路也还在摸索中。两相比较，可以看出他们都是那么优秀，不同的是一个早早就知道了自己想要的，一个还在摸索中。

现在谈论未来，同学们说得最多的词是什么？迷茫！看看吧，高考后很多同学不知道自己喜欢什么专业，毕业后很多同学也不知道自己喜欢什么工作。而现实又逼着我们向前走，我们总要学点什么、干点什么，于是就稀里糊涂地上路了，但走来走去，却不知道自己要去哪儿。蓦然回首，我们顿时迷茫了……

你是否有同感呢？如果你明确知道自己要做什么，那么恭喜你！坚持下去，你迟早会成功的，也最终会迎来属于自己的“怒放的生命”。如果你还在迷茫之中，那么现在你该好好想想了。

好吧，现在先停下来，好好思考一下你想要什么，你的梦想是什么。

把自己逼上绝路

他如所有心怀梦想的年轻人一样，对未来充满了美好的憧憬。大学毕业后，他进了一家外贸公司，做了一名高级职员。这在别人看来是一份相当不错的工作，收入高，体面，也没有太大的压力。对于这份工作，他自己也十分满意。本打算就这么一直干下去，每天按时上班、下班，到了月末领取薪水，再奋斗几年，混个部门经理，然后买房、买车、成家、生儿育女，一切按部就班。

然而，天有不测风云，他美好的愿望随着一场金融风暴的到来而烟消云散。2006 年，美国及西方一些发达国家的经济走向衰退，国际贸易业受到很大的冲击，他所在的公司也厄运难逃，订单开始大幅度减少。公司为了生存和发展，只能裁员。他作为公司的一个新人，既无社会背景，也没有什么突出贡献，自然被列入了第一批被裁人员的名单。

失去了安稳的工作，他感觉自己的天空仿佛一下子坍塌了。接下来，他开始四处找工作，不幸的是，所到之处，不是别人看不上他，就是他瞧不上别人。忙活了好一阵子，工作依然没有着落，而他身上的钱也用得差不多了，再这样下去，他很可能会流落街头。那段时间，他郁闷到了极点，一边继续寻找工作，一边在网上写小说，以此排解心中的苦闷。

儿时，他最喜欢听爷爷、奶奶讲故事，而他们所讲的大部分是鬼故事。他天生胆小，最怕妖魔鬼怪，尽管每次他都被吓得哇哇直叫，却无法抗拒那些故事的诱惑，于是经常缠着爷爷、奶奶给他讲故事。渐渐地，他喜欢上了鬼故事，尤其是盗墓题材的故事。儿时的记忆唤起了他心中的梦想，他作出了一个大胆的决定——坐在家里写网络小说。一方面让那些鬼故事给活得不太轻松的人们带来一丝快乐的刺激，另一方面也可以换取一些稿酬，以维持生计。

他的这个决定无疑是将自己逼上绝路。他既没有写作的经验，也没有这方面的爱好，大学学的又是电子商务和网络编程，跟文学一点都不沾边。一个门外汉想吃文学这碗饭，简直就是天方夜谭，弄不好就把自己大好的青春耽搁了。面对重重压力，他没有退缩，而是认真地准备着相关的资料，计划写一部灵异探险类盗墓小说，取名为《盗墓笔记》。

没想到“有心栽花花不开，无心插柳柳成荫”。这部小说刚刚在网上连载，就引起了巨大的轰动。网友赞不绝口，好评如潮。接着，出版人、制片人、编剧，纷至沓来。一夜之间，他红遍了大江南北，其作品被加印了一次又一次。

他就是南派三叔徐磊。他以 1580 万元的版税收入，荣登作家富豪榜第二位，成为中国当代炙手可热的作家。

南派三叔的成功经历告诉我们：不要惧怕困境。虽然困境会让人产生压力，但是对于人而言，困境就是最好的老师，它能教会人生存，使人的脊梁比一般人要硬。只有将自己逼上绝路，你才会全力以赴，从中找到新的出路。所谓“凤凰涅槃，浴火重生”，希望常常隐藏在绝望中，山穷水尽之后，必是柳暗花明。

艰难背后，地狱背后，或许就是天堂。

梦想不是直线

在成长的过程中，你可能经历过这样的阶段，不知道自己擅长什么，不知道自己想要什么，所以只会听从家长或朋友的意见来确定自己的人生方向。但我告诉你，那是别人的，而不是你自己的愿望和梦想。

并不是每个人都能一开始找到自己真正的梦想。绝大多数同学开始的想法并不成熟，尤其是中学阶段的想法在大学和工作后会变化很多。甚至，大学毕业工作了几年后又发现自己并不适合那份工作，自己真正想做的是另一行。此类事情比比皆是。

从出生开始，我们便按照别人尤其是父母的想法成长，梦想一开始也带有强烈的他人色彩。这些想法不一定是错误的，而且绝大多数是正确的。在这些想法、观点的影响下，你开始成长为了他们想象的那个“人”。随着对社会的了解，你越来越能触摸到自己真实的梦想。一旦你找到了自己真实的梦想，明白自己真正想做什么时，你便发现自己的动力超越了以往所有的时候，效率也是最高的。

大多数人的梦想并不是自己真实的梦想，甚至有人活了一辈子都是在为别人的梦想而努力。所以，你也不必为了不断变换的梦想而发愁，只要你选择了这个梦想，就要认真努力地行动。

梦想绝不是一条直线，假如你一开始就找到了为之奋斗一生而不会改变的梦想，你真是太幸运了，你所要做的事情就是坚定不移地行动，去实现它。

但并不是每个人都可以实现自己的目标。从现实生活来看，很多人都没有实现自己的目标，这是为什么呢？下面我列出一些可能的原因，你思考下自己是否存在类似情形。

（1）目标太多太杂没有优先顺序，即没有核心目标。东做一个，西做一个，结果哪个都没做好。你需要瞄准最需要做的目标，竭尽全力去实现。

（2）不明确自己的目标。不太清楚自己为什么要设定这个目标和计划，不明白实现这目标对自己意味着什么，即自己不明白目标对自己的意义。

（3）目标没有书写出来。目标仅仅在自己的大脑中，结果想起来了就做，想不起来就不做。你需要把目标写出来，要天天甚至时时刻刻都能看到。

（4）别人不知道你的目标，即使自己实现不了别人也不知道。你应该让别人知道你的目标，同时，找到合适的监督者和考核者。如果完成不了自己的目标，则需要接受一定的惩罚。

（5）得不到别人的支持。不要做独行侠，正所谓“一个好汉三个帮”，你需要别人的帮助。

（6）没有定期检查和评估自己目标的进度。

（7）遇到困难就退缩甚至放弃自己的目标，缺乏坚持到底的决心。

书写的力量

你可能有过这种经历：一旦受了触动，就开始下决心去努力，刚开始还很兴奋很有动力，可是没过几天，当这种兴奋的感觉渐渐逝去的时候，就渐渐失去了毅力，又回到原来的生活轨道上，原来制定的目标也慢慢淡忘了。

为什么会这样呢？最大的原因就在于你不能每天温习自己的目标。做不到这一点，你就容易失去初期的兴奋感，你的行为也会渐渐偏离目标的指引，你的计划也就难以继续进行下去。最终的结果就是，再好的东西也会像你抛弃它一样毫不在意地将你抛弃。

美国有一份调查报告显示，只有大约3%的成年人拥有明确的书面目标，跟那些受过同等教育和具有同等能力但从不花时间确切地写出自己希望达到的目标的人相比，他们取得的成就将是那些人的5~10倍！

奥运会男子十项全能冠军布鲁斯·詹纳曾经询问十几个有希望拿到奥运奖牌的选手，有谁写过自己的目标清单，令人欣慰的是每个人都举起了手。可当詹纳又问有谁随身带着那张清单时，却只有一个人举起了手。这个人是丹·奥布莱恩，他也是在1996年亚特兰大奥运会上，赢得了当年男子十项全能金牌的人！所以，请记住：写在纸上的目标具有能量，随身携带着自己的“能量”，时不时地看到，会让你更专心！

目标要书面化，同时，最好能将自己该遵守的规则、目标实现后的奖励和违反规则后受到的惩罚一一列清楚，让自己知道什么该做，什么不该做，可以获得什么样的奖励，受到什么样的惩罚。

为了方便携带，你可以亲自制作一个“梦想笔记本”，用来记录你想做的事情、将来的目标、人生的计划，等等，并反复翻阅。如此一来，你每天、每小时、每一分、每一秒都不会忘记自己的梦想，并且朝梦想的方向前进。同时，你还可以列出来实现梦想所必须的事情。

记住哦：

看得见、摸得到的梦想才容易实现！

着手收集梦想，梦想将不断浮现！

列出实现梦想所必需的事情！

快要放弃梦想的时候，让记事本来提醒你吧！

没有选择，还是选择太多

考试中，我们常常遇到选择题。其实，你的生活、学习就犹如做选择题，有时是单选，有时是多选。面对单选，当你不知道答案时你很痛苦，可面对多选，你知道有多个答案，却不知道选哪个，更痛苦。

如同案例中的同学，自己选择了一件事，可是事后又往往羡慕别的事情，总觉得没选到的是好的。对于这样的同学，与其有选择，不如没有选择，至少那只是痛苦一次，而他却是选择时痛苦，选择后也痛苦——两次痛苦，真是不值得。不知道如何选择的痛苦在于自己的能力不够，而多个选择的痛苦在于不知道如何舍弃。有人说，人生不过是一连串的选择和决策的过程：从你早上起来要穿哪一套衣服出门开始，你就在选择；中午要去哪里吃饭，吃什么饭，你都在选择……正是你在生活中各个环节的选择和决策，塑造了你的人生，决定了你的成败。在生活中，无论做什么，我们常常希望选择多一些，正所谓“货比三家”，但是选择多了就一定好吗？心理学上有一个有名的效应，叫作“布里丹效应”。法国哲学家布里丹养了一头小毛驴，每天向附近的农民买一堆草料来喂。一天，送草的农民出于对哲学家的景仰，额外多送了一堆草料，放在旁边。这下子，毛驴站在两堆数量、质量和距离完全相同的干草之间，可为难坏了。它虽然享有充分的选择自由，但由于两堆干草价值相等，客观上无法分辨优劣。于是，它左看看，右瞅瞅，始终也无法分清究竟选择哪一堆好。于是，这头可怜的毛驴就这样站在原地，一会儿考虑数量，一会儿考虑质量，一会儿分析颜色，犹犹豫豫，来来回回，结果在无所适从中活活地饿死了。人们都希望得到最佳的抉择，所以常常在抉择之前反复权衡利弊，甚至犹豫不决。但是，在很多情况下，机会稍纵即逝，并没有足够的时间让我们去反复思考，而需要我们当机立断。如果我们犹豫不决，就会两手空空，一无所获。

我们经常听人讲“赢在起点，赢得未来”，可是并不是每个人都能“赢”在起点。很多同学开始时未必学习就很好，可是经过了自己的努力，也学习好了；很多同学没有考上大学，可是以后的工作中通过自己的不断努力，也成就了自己的事业。也许现在的你还有各种各样的问题，也许现在的你没有好的起点，但这些都不重要，重要的是，在问题的转折点你会不会选择，敢不敢面对。

不要让规划成为限制

我上法学院的第一年，男生宿舍举办了一次让同学们相互认识的座谈会。其中有一个议题是：你未来想做什么？我不太记得大家都说了些什么，但我清晰地记得我自己的回答：我希望40岁的时候，成为国内有一定影响力的律师，拥有一家自己的律师行。当时的我对法学有着由衷的热爱。

后来发生了什么？简单地说，随着学习的深入，我接触到了很多真正从事法律实务的人，认清了中国法律界的真实现状。我想我是不会去做律师了。

带着对未来的一无所知，大二开始，我又修了一个经济学的学位。修这个学位的时候，并没有想着它会给我未来的职业方向带来什么样的影响，只是单纯地想学一点东西而已。同时，我开始迷上了摄影，把家里给的学费挪用买了一台单反和一个镜头，开始拍东西玩。玩了一段时间以后，开始有人找我帮他们拍片子，于是我干脆成立了一个工作室。

大学的后两年，我基本没有上过课，要么窝在宿舍睡觉，要么背着相机出门。当时我甚至打算大学毕业以后当一名自由摄影师，拍半年片子就把工作室关了休息半年，到处走一走。这种伪文艺青年的生活状态一直持续到毕业。

那时学校正好在办一个影展，出于兴趣，我从头到尾把这个影展操办下来，大获成功，得到了学院老师的欣赏。在老师的推荐下，我获得了一个留在学院的机会。工作了半年后，我觉得这份工作实在是乏味透顶，没有悬念——我都能看见60岁的我是什么样子——于是我离职了。后来我去上海找了一份销售员的工作，开始了真正的职场之路。

刚进第一家公司，我就给自己定下目标：要用两年时间成为区域市场的销售经理。可我刚当上店长，就被调任到另一个部门；当我成为经理助理时，又被迫离开所在公司；刚刚适应副经理岗位，又出现了一个绝佳的创业的机会；后来又由于升职通道受阻，到了另一个城市。

回顾人生路径，我遗憾地发现：我总是习惯于为自己制定目标并规划行动，但最后的结果却都没有按照我自己的想象完成。欣慰的是：虽然走的是和预想中完全不同的路，我前进的速度却并不比自己计划的慢。更重要的是，我看到了未曾预料的风景，而且我很喜欢这一切。

我的女朋友有一个阶段很忧虑我们的未来。当时她在学校攻读学位，而我不停地在不同的城市间漂泊。异地恋几年的时间，几乎很难看到未来能在同一个城市的希望。我只能这样安慰她：我们各自努力，让自己变得更强大，才能拥有更多选择的自由。当然，我知道这样的说辞是很无力的，我们其实对未来毫无把握。

在她毕业前一年，我被邀请到北京担任现在所在公司的副总，而她，在刚上大学时一门心思要做记者，后来又成为一个优秀的历史学研究者，最后却来了北京尝试进入咨询业，一边写博士论文一边学着做商业研究。我们所有的期待都变成了事实——事业和生活虽然都才刚刚开始，但至少看到了方向。

我曾经执着地相信计划和控制，认为人生就应该树立一个宏伟的目标，设定一个完美的计划，然后坚定不移而高效地去实现它。但生活让我明白了个人的渺小无力。世界上永远不断有惊喜在等待着自己，而意外本身正是人生的乐趣所在。

我们的大脑并不如自认为的那么强大，我们对世界的所知更是极为有限，因此一切建立在此时此刻对自己和世界的认知基础上的规划，都无法抵御自身和环境的变化。反过来说，一个人如果始终笔直地走在自己事先规划好的路上，要么他是个早早就洞察世情的天才，要么他必须承认自己终其一生都没有超越自己最初的智识——他的所见、所为，都在当时自己的认知框架之内。这本身又是何其可悲的事。

不试图去预测未来，那我们能做什么？台湾新竹清华大学校长在给毕业生演讲时说："人生那么多不确定，你只能努力。"他还告诉大家"你们心中的疑惑是不会有答案的"，所以尽管去做吧。

放弃是一种智慧

两千多年前的孟子说过："鱼，我所欲也；熊掌，亦我所欲也。二者不可得兼，舍鱼而取熊掌者也。"当你面临选择时，鱼、熊掌都是你想得到的，可是一箭双雕、一石二鸟的事情很少发生，你不得不选择其中一个，舍弃另一个。可是，很多同学却选择鱼与熊掌一起吃，多么理想啊，不仅吃着碗里的还看着锅里的，结果往往是鸡飞蛋打，飞了老鹰又跑了兔子。你的精力是有限的，同一时间你不可能既学习又玩游戏。

很多同学听别人讲过"坚持一下，再坚持一下，成功就在坚持之后"，可是你们真的了解"坚持"吗？有很多同学把不明方向的固执当做了"坚持"。看看下面这个故事。

一对师徒走在路上，徒弟发现前方有一块大石头，他就皱着眉头停在石头前面。

师父问他："为什么不走呢？"

徒弟苦着脸说："这块石头挡着我路，我走不下去了，怎么办？"

师父说："路这么宽，你怎么不会绕过去呢？"

徒弟回答道："不，我不想绕，我就想从这个石头前穿过去！"

师父："可能做到吗？"

徒弟说："我知道很难，但是我就要穿过去，我要打倒这个大石头，我要战胜它！"

经过艰难的尝试，徒弟一次又一次地失败了。

最后徒弟痛苦地说："连这个石头我都不能战胜，我怎么能完成我伟大的理想！"

师父说："你太执着了，你要知道有时坚持不如放弃。"

执着是一种可贵而值得称赞的精神，可是，执迷不悟的固执，却是一种自欺欺人。与其一意孤行地固执下去，不如正视现实，咬咬牙勇敢地放弃。明智地放弃，胜过盲目地执着。在通往成功的道路上，有了执着的精神，便有了双足不断前行的动力，但千万不要在道路的岔口，被不理性的风沙迷了双眼，进入固执的死胡同而又不肯回头，否则就离成功越来越远。但是，你也记住一点：有时候放弃是对的，但是放弃选择肯定是错误的！

变通，让你的梦想更现实

有这样一个故事：

有一个青年大学毕业后，曾豪情万丈地为自己树立了许多奋斗的目标，可是几年下来，他一事无成，所以满怀烦恼地去找一位智者倾诉。当他找到智者时，智者正在河边的一间小屋里读书。智者微笑着听完青年的倾诉，对他说："来，你先帮我烧壶开水！"

青年见墙角放着一个很大的水壶，旁边是一个小火灶，可是周围却没有柴火，于是便出去捡拾。他在外面拾了一捆枯枝回来，从河里装满一壶水，然后将壶放在了灶台上，堆放了些柴火便烧起了水。可是由于水壶太大，一捆柴火烧尽了，水也没有烧开。

于是，他跑出去继续捡拾柴火，等拾到足够的柴火回来时，那一壶水已经凉得差不多了。这回他变得聪明了，没有急于点火，而是又出去捡拾了很多柴火。由于柴火准备得充足，一壶水不一会儿就被烧开了。

这时，智者忽然问他："如果没有足够的柴火，你该怎样把这壶水烧开？"青年想了片刻摇摇头。智者说："如果那样，就把壶里的水倒掉一些！"青年若有所思地点了点头。

“你一开始就踌躇满志，树立了太多的目标，就像这个大壶装的水太多一样，而你又没有准备足够多的柴火。要想把这壶水烧开，你或者倒出一些水，或者先去准备足够多的柴火！”青年顿时大悟。

回去后，他把原来计划中所罗列的不切实际的目标一个个删掉，利用业余时间刻苦学习相关的专业知识。两年之后，他的目标基本上都实现了。

生活中充满了无数的诱惑、机遇，选择多了眼就花了，心就乱了，欲望也就膨胀了，因此什么都去抓，什么都想拥有，但结果却是被机遇、好运撞了一下腰，什么都没有抓住。我觉得抓得住的就是机会，抓不住那就是诱惑！就像故事里的青年豪情万丈地设立了很多目标，给自己装了满满一大壶水，但在人生旅途上背负过重的包袱，又怎能快速攀登上成功的顶峰呢?

很多时候我们都希望自己能一次把水壶里的水烧开，其实，这样的想法往往让我们事倍功半，浪费了更多时间却达不到目标。很多同学一下子定了很多目标，却又不清楚哪些目标先做，哪些目标后做。即使这些目标都是对的，你做的顺序出了问题，也不会让你更接近终极目标。更何况，有很多目标原本就是不合理的。所以，你要学会变通，及时修正那些不切实际的目标，去做你现在最应该做的事。

一旦确定了自己的梦想，作出了正确的选择，就不要患得患失、瞻前顾后，你需要有放得下的魄力。

改变别人不如改变自己

在英国斯威敏斯特教堂地下室里，英国圣公会主教的墓碑上写着这样一段话：

在我年轻的时候，我的想象力没有任何局限，我梦想改变这个世界。当我渐渐成熟的时候，我发现这个世界是不可能改变的，于是我将眼光放得短浅了一些，那就只改变我的国家吧！但是后来我发现，我的国家似乎也是我无法改变的。

当我到了迟暮之年，抱着最后一丝希望，我决定只改变我的家庭、我亲近的人，但是，他们根本不接受改变。

现在临终之际，我才突然意识到：如果起初我只改变自己，接着我就可以依次改变我的家人。然后，在他们的激发和鼓励下，我也许就能改变我的国家。再接下来，谁又知道呢，也许我连整个世界都可以改变。

无论是父母还是孩子，都渴望别人改变，或者改变别人，可是否想过改变自己？一旦出了问题，我们总喜欢给自己找些借口，是环境不好，别人不好，别人应该如何，似乎只有改变了别人或别人改变了，这个事情才可以解决。譬如，看到城市中闯红灯现象，经常有人抱怨"现在的人啊一点秩序都没有"，可结果他自己也加入了闯红灯一族。总有人抱怨别人的素质差，可自己昵？我们似乎总愿意抱怨周围的环境如何不好，可是我们也是环境的一员。我们总渴望这个环境被改变，渴望其他人能够改变自己不好的一面，可结果总让人受伤。假如每个人都约束好自己，都试图努力改变自己，那样岂不是整个群体也改变了？不要总是想着改变别人，假如自己做得好，你就可以影响别人。不要轻视了自己的力量！

再看看下面这个故事吧：

一只乌鸦打算飞往南方，途中遇到一只鸽子，它们停在一棵树上一起休息。

鸽子问乌鸦："你这么辛苦，要飞到哪里去？为什么要离开这里呢？"

乌鸦伤心地说："其实，我也不想离开这里，可是这里的人都不喜欢我的叫声，所以我想飞到别的地方去。"

鸽子好心地说："别白费力气了，如果你不改变自己的声音，飞到哪儿都不会受欢迎的。”

很多问题，主要原因还是在自己身上，你需要从自己身上找原因。父母责备你，你也不要总觉得父母在故意找碴儿，故意跟你过不去，他们也不是无理取闹的人，要想想自己身上的问题。

不要总是从别人身上找原因，也不要总是想着改变别人，其实改变了自己就可能改变别人。

与其改变世界，不如先改变自己，改变自己的某些观念和做法，以抵御外来的侵袭。当自己改变后，眼中的世界自然也就跟着改变了。

我很喜欢下边几句话，送给你：

也许你不能左右天气，但你可以改变心情。

也许你不能改变容貌，但你可以展现笑容。

也许你不能控制他人，但你可以掌握自己。

也许你不能预知未来，但你可以把握今天。

也许你不能事事如意，但你可以事事尽力。

也许你不能每战必胜，但你可以竭尽全力。

也许你不能决定生命的长度，但你可以拓展它的宽度。

别为自己设限

美国著名心理学家塞利格曼做过一个经典的“习得性无助”实验，他把狗分为两组：实验组和对照组。

试验情境一：先把实验组的狗放进一个笼子里，狗无法从此笼子里逃出来。笼子里安装有电击装置。试验开始后，给狗施加电击，电击的强度能够引起狗的痛苦，但不会伤害狗的身体。实验者发现，狗在刚开始被电击时，拼命挣扎，四处乱窜，大声狂叫，想逃脱这个笼子，但经过数次努力发现仍然无法逃脱后，狗的挣扎程度逐渐降低了，以致后来无助地趴在地上，不再挣扎，默默地忍受着电击带来的痛苦，原来洪亮的狂吠也变成了低声的痛苦呻吟声。

试验情境二：随后，实验者把这只狗放进另一个笼子——由两部分构成，中间用隔板隔开，隔板的高度狗可以轻易跳过去。隔板的一边有电击，另一边没有电击。当把经过前面实验的狗放进这个笼子时，实验者发现狗除了在刚开始很短的时间内惊恐之外，此后一直卧倒在地上接受电击的痛苦。这只狗完全有能力跳过隔板避开电击，但是，它却没有做任何逃离和挣扎的行动。

试验情境三：实验者把对照组中的狗，即那些没有经过情境一的狗，直接放进情境二那个笼子里，却发现这些狗不费吹灰之力就都能逃脱电击之苦，轻而易举地从有电击的一边跳到没有电击的另一边。

这就是经典的“习得性无助”实验。当你发现无论自己如何努力，无论自己干什么，都以失败告终时，就会产生一种放弃的想法，觉得自己控制不了局面了，即使再努力也可能无法解决问题，于是，精神支柱瓦解，斗志随之丧失。这是一种典型的自我挫败思维，是一种自我设限。我想，你肯定听过类似这样的声音：“我不行！”“我不是这块料！”“我就是学习不好！”“我是世界上最没用的人！”“我做什么都做不好！”……

学习和生活中，很多同学曾经洒过汗水辛勤努力过，但无论怎么努力，仍然常常失败。一次次的失败，导致他们对此做出了不正确的归因，认为自己天生“愚蠢”、能力不强、不是学习的料，因而主动地放弃了努力，举起了白旗。有的同学同样也努力过，但往往不如他人，很少得到老师和父母的肯定，长期被忽视，便丧失了自信心，开始破罐子破摔，形成了“习得性无助”的学生群体。其实，在很多目标面前，我们常常不是因为事情难以做到，才失去了信心，而是我们失去了信心，才导致了最终的失败。

塞利格曼的实验并没有结束，他与同伴又把实验组的狗放到有隔板的笼子里，用手把这些不情愿动的狗拖过来拖过去，越过中间的隔板以逃避电击。结果发现，一旦狗发现它们的行动对逃避电击是有效的，这个“治疗”就百分之百地有效了。原来，通过学习可以消除曾经习得的无助。

学习和生活中，我们经常听到有人说：“我很想做，但我担心……”这也是一种心理上的自我设限。你所担心的那些因素，真的存在吗？

事实上，引起忧虑、害怕进而放弃的10个问题中，真正值得重视、考虑的问题平均还不到1个。

有这样一个故事：

在一座无人居住的房子外，一只鸟儿每日总是准时光顾。它站在窗台上，不停地以头撞击玻璃窗，每次总被撞落回窗台。但它坚持不懈，每天总要撞上十来分钟才离开。人们猜测这只鸟大概是为了飞进那房间。然而，在鸟儿站立的窗台边，另一扇窗户是大开的，于是人们便得出这样的结论：这是一只笨鸟。后来，有人仔细观察发现那玻璃窗上粘满了小飞虫的尸体，鸟儿每次都吃得不亦乐乎！人们怎么也没有想到鸟儿有如此独特的觅食方式，而人类总是按照自己日常的思维方式去评判鸟儿的世界。

在学习和生活中，一旦我们形成了某种固定观念，就会束缚住自己的手脚，限制住自己的思维，形成可怕的思维偏见、思维定式，成为我们认识事物的障碍。

记住：你过去的知识、过去的经验决定了你的思维方式，你的思维方式决定了你看人的角度，你看人的角度决定了你对人的判断，你对人的判断又决定了你对人的态度，你对人的态度又影响了别人对你的反馈，而别人的反馈又进一步确认了你一开始的那个判断。

知道还要做到

在“2004 年杰克 · 韦尔奇与中国企业高峰论坛”上，有两千多名中国工商界精英参与，许多人都希望从杰克 · 韦尔奇那儿得到“一招灵”式的秘诀。当时有一幕给所有人留下了深刻印象。

有中国企业家问：“我们大家知道的都差不多，但为什么我们与你们的差距却那么大?”

这位通用电气前总裁、20 世纪全球最杰出的经理人一字一句地回答说：“你们‘知道’了，但我们‘做到’了。”

知道了永远是不够的，只有行动才可以把想到的变为现实，也只有做到了才会让你的梦想成真。我们的人性中有两大弱点：知而不行和行而不恒。也正是由于无法克服这两大弱点，大多数人无法取得自己设想的成就。

其实学习也是如此，很多同学明显带有浮躁心理，总希望得到“灵丹妙药”，希望一下子“得道成仙”解决自己所有问题。自己不是不知道方法，而是觉得这个方法不是最好的，有时候即使明明知道了方法，又觉得执行起来太辛苦，想找一个省力又最有效果的方法。其实，这些方法可能就是好方法，只不过你只是“知道”却没有“做到”。假如你认真做了，结果可能比你想象的更令你满意。

我举一个简单的例子。很多人都知道做笔记，这是我们在学校都坚持的事情，可一旦离开了学校有多少人还会坚持记笔记？现在的人喜欢参加各种辅导和培训，而在这个过程中我们往往要学大量的内容，仅靠听是不可能完成整个学习过程的，除非我们能够拥有一对照相机般的眼睛。听到的东西，过一段时间就会忘记，记了笔记，过一段时间至少我们可以温习，可以让以往的学习内容重现。但这不是应付公事，不能当做任务来做，而应该让其成为自己的习惯。也许起初不易，但时间久了、重复次数多了也就容易了。

习惯帮你实现梦想

我的恩师周士渊老师，是中国习惯养成的践行者、传播者和集大成者，他发现了习惯养成的秘密。我从周老师的“秘密”中受益良多，现在分享给读者。让我们一起来实践习惯养成的方法吧！

1. 习惯养成的必要性

毫无疑问，习惯具有莫大的力量，但莫大的力量与你相关吗？假如习惯不能和自己关联起来，它的重要性就要大打折扣。所以，当你要培养一个好习惯或征服一个坏习惯时，要考虑其必要性。你可以从三个角度思考习惯与自己的相关性。

角度一：如果养成这个习惯对自己有哪些好处？

角度二：如果不养成这个习惯对自己有哪些坏处？

角度三：什么时间养成这个习惯对自己的好处大？

另外，你要考虑习惯从哪里来，即培养什么好习惯，征服什么坏习惯。习惯的来源有以下几个。

来源一：理想和抱负。理想和抱负是我们努力奋斗的动力，有益于实现理想和抱负的事情都是习惯的重要来源。

来源二：目标。当下目标、中长期目标，这些你迫切想实现的目标为你提供了思考的素材。要实现目标你需要具备什么特质，这也是习惯的重要来源。

来源三：问题、困难，瓶颈和短板。遇到的问题和困难，阻碍你的瓶颈，亟待提升的短板，这些你内心迫切想解决的事情，都是习惯的重要来源。一旦从中提取了某种习惯，你实施的劲头就会很大。

来源四：增加“回头率”，渴望别人称赞的东西。谁都想赢得别人的认可，获得别人的关注，有助于正向增加“回头率”的事情，也是习惯的重要来源。

随身携带三个习惯列表，随时查看习惯记录，让好习惯印象更深刻，让坏习惯无所遁形。尝试一下吧！

2. 习惯养成的可行性

考虑可行性，我们可以借鉴前面提到过的“精灵原则”——SMART 原则。

Specific：习惯要具体化。“我要锻炼身体”，那么做什么才能锻炼身体？跑步、打篮球……要具体些。

Measurable：习惯要数字化。“我每天跑步锻炼身体”，跑步可以，但你要跑多远？跑多久？最好有一个具体的数字。

Attainable：习惯的门槛不要太高，要易于实现。“我每天背诵 100 个单词。”不错，可问题是能坚持多久。开始的时候数量不要太多，如果对英语兴趣小，那就每天背诵 3 个单词。

Relevant：习惯要符合自己的实际，具有相关性。“我每天 5 点钟起床跑步”，可这能坚持多久？下雨、下雪还出去吗？养成习惯的行动一旦中断两三次，就可能荒废掉。

Time - based：养成习惯要考虑时间。什么时候开始培养习惯？什么时候养成习惯？你要考虑习惯养成的时间期限。

如果习惯既必要又可行，实施起来就会节节胜利，你的劲头就会越来越大，情绪也会越来越高涨；相反，如果仅有必要性，却不可行，一旦遇到挫折，问题暴露了，你就容易放弃，进而影响自信心，以致放弃。

3. 习惯养成的策略性

当习惯既必要又可行，就要付诸行动，下面介绍习惯养成的一些策略。

策略一：关键是“少”和“小”。

少：从总体战略而言，要阶段性培养习惯，要讲究一个“少”字，不要贪“多”。不要想着一口气养成好多习惯，要一个一个来，集中火力逐个养成，一旦养成，兴趣就大了，劲头儿也就足了，就容易接二连三地养成，形成良性循环。

小：从具体战术而言，每个习惯开始培养时，要讲究一个“小”字，不要贪“大”。习惯养成之初，注重从容易处、细处着手，一口气背100个单词不容易，可是背5个、10个还是容易的。每天抽出一小时锻炼不容易，可是5分钟原地舒展下筋骨还是很容易的。

策略二：注意“开头关”，关键是前三天。要中彩票，必先买彩票，你必须走出第一步。记住：习惯养成的前三天很重要。俗话说“不管三七二十一”，认真前三天，之后是一星期，如果一星期后还能兴趣盎然，那就努力坚持21天——行为主义心理学认为，一种行为重复21天就会初步形成习惯，重复90天就会形成稳定的习惯。

策略三：从容易处着手。养成一个新习惯意味着改变自身的“状态”，有一定的难度，所以要从容易处着手，不要意气用事，不要逞能。

策略四：逐个击破。左右开弓很酷，但不是每个人都能。要善于聚焦，从一点开始突破，千万不要着急，先从众多习惯中挑出一个，全力盯住它、对准它，这样就很容易成功。

策略五：循序渐进——迈小步，不停步。一口吃不成胖子，路要一步一步走，养成习惯更是如此，注重“少”和“小”的结合，小进步，不停步，进入良性循环，养成一个又一个好习惯，从而不断超越。

策略六：从好习惯开始。每个同学身上都有坏习惯，我们也想克服坏习惯，但坏习惯不容易克服，它不是一朝一夕产生的，而是几年甚至十几年逐步形成的。如果一开始就针对坏习惯，很容易碰上钉子，遭遇打击后我们很容易对克服坏习惯失去信心。相比之下，养成一个好习惯则要容易得多，而且养成了好习惯并不妨碍克服坏习惯；相反，好习惯养成得多了还有助于坏习惯的克服。比如，有些同学有痴迷游戏的习惯，可是一旦养成了阅读的习惯，就会挤占玩游戏的时间，当阅读习惯占上风时，便有利于克服痴迷游戏的习惯。

策略七：好习惯加法，坏习惯减法。这是著名儿童教育专家孙云晓和著名心理学家张梅玲教授做了大量研究后发现的一种重要策略。培养好习惯要用加法，假如让一个不读书的人养成读书的习惯，可先从小说、杂志开始，然后再是一些理论性较强的书籍，如果上来就是《资本论》《微积分》，那就麻烦了。克服坏习惯要用减法，比如克服“网瘾”，让你一下子就戒掉很难，但是可以一天一天减少上网时间，这样成功率就会大些。当然，你也可以通过养成与坏习惯对应的好习惯，来帮助克服坏习惯。比如，要养成利用零碎时间的好习惯，就可以从养成随身带一本书的习惯开始，一旦有空闲，就可以拿出书来看两眼。因此你想克服某个坏习惯时，就可以先把它转化为一个或几个相应的好习惯。养成好习惯总比坏习惯容易些，这样克服坏习惯也就随之被克服了。

策略八：注意时常提醒、监督和检查。养成习惯的过程中要时常提醒自己，看看是否做到了每天的要求，是否达到要做的量，一旦走错了方向，要马上纠正。

4. 习惯养成的操作性

“工欲善其事，必先利其器。”养成习惯还要考虑适合自己的“工具”。建议各位同学参考下边的“习惯养成说明表”，自己动手用 A4 纸或笔记本纸制作属于自己的习惯养成工具。

惰性与梦想

有多少梦想，止步于惰性；节制惰性，牵手梦想。

——题记

明媚的早晨。起床，刷牙，吃早餐，上班。今天的早餐特意点了几个面包。看着眼前的面包，感触由然而生。梦想与面包的关系早有人谈论，梦想成真是众多人心中希望的结果，梦想成真的关键是什么？梦想跟惰性之间又存在什么联系呢。

“有梦就追”在很多人眼中，是一个多么具有豪情壮举的词语。很多人一直迷恋，也是很巧妙的四个字。梦想的追求是要有方法和智慧的。曾经听过这么一段对话：

“你认为我应该辞职做个专业作家吗？”曾有位银行职员这么问我，“我想在家里写写稿子就好，印书就好像在印钞票，比我现在银行当过路财神好。”

“我现在太忙了，我打算辞职后再开始写。”他说，“我以前作文写得还不错，被老师称赞过。”

“我想，你最好考虑考虑。”我忍不住说了，“因为，现实不像你想象的这么简单。”我钦佩那些“肯定自己的梦想后决定辞职”的追梦人，却很怕那些“辞了职才想试探自己的梦想”的妄想者。后者因为想得太简单、做事太草率，实现梦想的可能性实在太小了。

听到这个故事，心里总有那么一种纠结，纠结的不是梦想的实现的困难，而是实现梦想关键是什么。其实，这在于一念之间后的做法。在我们的生活中，成功开设超市或餐厅的转业者的人很多，他们都不是在开店前才学经营须知、才去恶补如何经营，如何学炒菜的。他们早已花了很多的时间去考察和尝试，像神农氏尝试百草一样兢兢业业。很多时候，我们缺少的并不是想法，而是节制惰性的一种能力。每天看一页书，每天坚持看新闻，在很多时候，经过日积月累，最后你所掌握的就是一种强过别人的一种能力。不仅仅是知识，还有那个习惯，那份心态和坚持。

其实，有想法就去做，不是去犹豫，有千万个想法，还不如一次的行动。即使做不成，但是收获了一种经历，经历就是财富。这笔财富的价值远超越金钱带给我们的好处。梦想，不是不可能，关键看你对你自己的惰性是否有节制。

节制惰性，是一种能力。

现实生活中，很多人一下班回家，在看电视、睡觉、打电话聊天的时候，有那些真正想追梦的人为了日后有源头活水喝，还在花力气为自己掘井，在下班后不断地充电。或许，有人会认为没有用，会觉得这样对于梦想的实现只是冰山一角。然而，不积跬步，无以致千里。人对惰性节制点，不怕寂寞，一直默默地准备着，那么，滴下的汗水总会有收获。

节制惰性，在于一念之间后，成就了梦想的悄然而至。

追梦本身是什么？它本身是个赌博，但也不是单纯的赌博。在这个追梦过程中，你的才华愈高、想法愈周全、技术愈无懈可击、经验愈丰富、付出的努力愈多，或者人缘愈好，赢的概率就愈大。值不值得，就只有自己能判断了。赢了，通常还得感激许多懂得赏识自己的人；输了，则没有任何理由可以怨天尤人。问题在于，到底你追寻的是梦想，是理想，还是白日梦？追梦，不是放弃现在的所有，不是从头再来，不需要你重新回到起点再跑，只需要你积累。它是一种过程，也是一种必须逐渐建立的生活习惯。

一直喜欢那句话："阻碍你追求梦想的，不是你手头食之无味、弃之可惜的鸡肋，而是自己的惰性"。

读书的艺术

我认为最理想的读书方法，最懂得读书之乐者，莫如中国第一女诗人李清照及其夫赵明诚。我想象到他们夫妇典当衣服，买碑文水果，回来夫妻相对展玩咀嚼的情景，真使我向往不已。你想他们两人一面剥水果，一面赏碑帖，或者一面品佳茗，一面校经籍，这是如何的清雅，如何了得的读书真味。易安居士于《金石录后序》自叙他们夫妇的读书生活，有一段极逼真、极活跃的写照。她说："余性偶强记，每饭罢，坐归来堂烹茶，指堆积书史，言某事在某书某卷第几页第几行，以中否决胜负，为饮茶先后。中即举杯大笑，至茶倾覆怀中，反不得饮而起，甘心老是乡矣！故虽处忧患困穷，而志不屈……于是几案罗列，枕席枕藉，意会心谋，目往神授，乐在声色狗马之上……"你能用李清照读书的方法来读书，能感到李清照读书的快乐，你大概也就可以读书成名，可以感觉读书一事，比巴黎跳舞场的"声色"、逸园的赛狗、江湾的赛马有趣。不然，还是看逸园赛狗，江湾赛马比读书开心。

什么才叫做真正的读书呢？

这个问题很简单，一句话说，兴味到时，拿起书本来就读，这才叫真正的读书，这才是不失读书之本意。

这就是李清照的读书法。你们读书时，需放开心胸，仰视浮云，无酒且过，有烟更佳。或在暮春之夕，与你们的爱人携手同行，共到野外读《离骚》，或在风雪之夜，靠炉围坐，佳茗一壶，淡巴菰一盒，哲学、经济、诗文，史籍十数本狼藉横陈于沙发之上，然后随意所之，取而读之，这才得了读书的兴味。

现在你们手里拿一书本，心里计算及格不及格，升级不升级，注册部对你态度如何，如何靠这书本骗一只较好的饭碗，娶一位较漂亮的老婆——这还能算为读书，还配称为"读书种子"吗？还不是沦为"读书谬种"吗？

别让故事只是故事

我做的事情很有意思，每天大江南北的热心人将励志益智故事丢给我，我负责审核它们是否能够起到使大部分读到的人都激昂澎湃地想要做一番事业，或者能否拯救一些失恋、失意以及失落的心。

励志的名人、草根、英雄们用各自不同的故事展示着他们的人生，或许他们想说“成功是可以复制的，快来看我走的路线啊，你也可以有”。事实上，谁的成功能被轻易复制呢？

有一类故事说，某人在失误中发现了商机，或者科学家由于误差创造了人类大发现。生活里，我们每天都会犯各式各样的错误，多得叫人烦躁甚至抓狂，哪有心思去想什么大发现？如果没有一双善于发现的眼睛，你还是你，成功者还是成功者，故事永远只是个故事。

更多的一类讲某人贫困潦倒，但志向不改，通过自己的恒心终于天降奇遇，于是便稳、准、狠地抓住了机遇并开创新天地。每当看完之后我都热血沸腾，就像看壮丽恢宏的电影大结局。慨叹对方的坚持与幸运的同时，总会反观渺小的自己：为什么我不这么坚强？为什么我没有这个运气？甚至于感叹为什么我没有经历过这些挫折与成功。之后很可能是自我防卫般的条件反射，给自己找个台阶下，我之所以没有那么辉煌的成功是因为经历平淡，之所以没有决心与毅力是由于缺乏锻炼……人啊，就怕这种文过饰非。

还有一些这样的故事，它们情节跌宕起伏，看上去光怪陆离，虽是事实，看上去却缺少现实性。好假啊——我们看了会大呼一声，然后忽略掉故事本身的意义。对于这样的故事的确无可奈何，有时生活本来就比戏剧还要戏剧化。

而有一类故事，我笑称它为“最后的半个烧饼”。一些名人伟人在经过大师的点拨、棒喝，或者路人不经意的一句话的提示下，顿时开了窍，从此踏上一条金光大道大展宏图。或许我们看完这类故事，会想我就等这叫我质变的情节发生了，这完全是现代版的守株待兔。一个很简单的道理，那些名人伟人的质变是由于量变的稳扎稳打而成的，大师的点拨不过是一个触点而已。《百喻经》里有段小故事叫《欲食半饼》，此人吃到第六个半烧饼的时候吃饱了，痛悔早知道就只吃最后的半个烧饼了，白浪费了前面六个。我们在笑这个愚人的时候，殊不知自己或许也常犯此类错误，五十步笑百步而已。

如果一个人的“自我”守护得坚不可摧，就是多伟大庄严的故事都无法撼动他。哲学家奥修说过，要做一个“脆弱的人”，这个“脆弱”便是指心灵的开放程度。一颗完全“脆弱”的心就如一张白纸，能接受任何的涂鸦创作。《射雕英雄传》里的郭靖，就有一颗“脆弱”的心，到了每个师父那里都是无知愚童，笨是笨了点，但总比“自我”强大的徒弟可教。哪个师父是傻瓜，会认笨人为徒？反过来说，哪个师父都是精明人，知道这“脆弱之心”最珍贵。物理学上有个词叫“内应力”，物体由于外因而变形时，在物体内各部分之间产生相互作用的内力，以抵抗这种外因的作用。每个人心里都有内应力，这种力越大，心灵城池的守卫就越严密，就越缺少“脆弱之心”。

这个世界并不缺少故事，也不缺少感动。缺少的是，感动之后的行动力。有了知，而无行，知识永远是知识，故事还是那个故事。

版权声明